职业教育“双高建设”规划教材
交通与土建类专业技术群校企合作一体化教材

工程计量与计价

主　编　侯献语　王　亮　尹　晶
副主编　王万德　王旭东　杜丽英
　　　　王振香
主　审　李振国

本书立体化资源

黄河水利出版社
·郑州·

内 容 提 要

本书按照工程量清单的编制和计价的实际工作顺序分为三大部分、十个项目。第一部分为工程计量与计价的基础知识，主要介绍工程造价的构成、工程定额和工程量清单的编制；第二部分为工程算量，主要介绍建筑面积，房屋建筑工程、装饰装修工程、地铁工程、隧道工程、措施项目工程的工程量计算规则和方法；第三部分为工程量清单的计价，主要介绍招标控制价和投标报价的编制。

本书可作为高职高专路桥、土建、监理、检测等专业教材，也可作为市政、建筑类等其他专业参考用书，同时也可供职业教育、专业资格培训等相关人员参考。

图书在版编目（CIP）数据

工程计量与计价/侯献语，王亮，尹晶主编. —郑州：黄河水利出版社，2024. 2

ISBN 978-7-5509-3682-9

Ⅰ. ①工… Ⅱ. ①侯… ②王… ③尹… Ⅲ. ①建筑工程-计量-高等职业教育-教材 ②建筑造价-高等职业教育-教材 Ⅳ. ①TU723. 3

中国国家版本馆 CIP 数据核字（2023）第 145633 号

策划编辑：贾会珍　电话：0371-66028027　E-mail：110885539@qq.com

责任编辑　陈彦霞　　责任校对　鲁　宁
封面设计　黄瑞宁　　责任监制　常红昕
出版发行　黄河水利出版社
地址：河南省郑州市顺河路 49 号　邮政编码：450003
网址：www.yrcp.com　E-mail：hhslcbs@126.com
发行部电话：0371-66020550
承印单位　河南承创印务有限公司
开　　本　787 mm×1 092 mm　1/16
印　　张　18.5
字　　数　430 千字
版次印次　2024 年 2 月第 1 版　　2024 年 2 月第 1 次印刷

定　　价　49.00 元

前言

本书是以党的二十大精神“到2035年，要建成教育强国、科技强国、人才强国、文化强国、体育强国、健康中国，国家文化软实力显著增强”和“全面贯彻党的教育方针，落实立德树人根本任务，培养德智体美劳全面发展的社会主义建设者和接班人”为教育目标，根据高职高专土建施工类专业工程计量与计价课程理论和实践教学需要，组织多年在建筑领域生产和教学第一线、具有扎实专业基础理论知识和丰富实践经验的专业教师和企业工程师编写的，做到技能和素养双提升。

工程计量与计价课程是高职土建施工类专业开设的一门专业核心课程，目标是让学生通过本课程的学习，了解工程计量与计价的基本原理，了解概预算软件，熟悉工程量清单计价的计价方法，掌握工程定额的使用方法，掌握工程施工图预算的编制方法，使学生具有在工程造价工作岗位及相关岗位上解决实际问题的职业能力。

本书的编写结合了国家现行规范、规程和标准，同时努力结合工程实践。本书依据土建施工类专业的人才培养方案的要求进行编写，可操作性强、特色鲜明。通过本书的学习，可以使学生了解工程造价计价基础理论，掌握房屋建筑工程、装饰装修工程、地铁工程、隧道工程等的工程量计量与计价的有关知识，培养学生编制工程量清单，进行工程量清单计价的能力，做好工程造价工作。

本书内容新颖、针对性和实用性较强，并且针对知识点列举了大量的计算例题，完整地演示了定额计量与计价以及工程量清单计量与计价两种方法，使学生能够更好地理解这两种计价方法。

本书按照工程量清单的编制和计价的实际工作顺序分为三大部分十个项目。第一部分为工程计量与计价的基础知识，包括项目一、项目二、项目三，主要介绍工程造价基础知识、工程定额和工程量清单的编制；第二部分为工程算量，包括项目四、项目五、项目六、项目七、项目八、项目九，主要介绍建筑面积、房屋建筑工程、装饰装修工程、地铁工程、隧道工程、措施项目工程的工程量计算规则和方法；第三部分为工程量清单的计价，包括项目十，主要介绍招标控制价和投标报价的编制。项目具体内容及课时安排建议见下表。

内容		课时
项目一	工程造价基础知识	2
项目二	工程定额	6
项目三	工程量清单的编制	6
项目四	建筑面积计算	2
项目五	房屋建筑工程计量	30
项目六	装饰装修工程计量	4
项目七	地铁工程计量	6
项目八	隧道工程计量	4
项目九	措施项目工程计量	6
项目十	工程量清单计价	4
合计		70

本书为辽宁省交通高等专科学校与大连三川建设集团有限公司校企合作教材。本书编写人员与分工如下:项目一、项目五、项目七、项目九由辽宁省交通高等专科学校侯献语编写,项目二由辽宁省交通高等专科学校尹晶编写,项目三由辽宁省交通高等专科学校杜丽英编写,项目四由辽宁省交通高等专科学校王旭东编写,项目六由辽宁省交通高等专科学校王万德编写,项目八由辽宁省交通高等专科学校王亮编写,项目十由大连三川建设集团有限公司王振香编写。全书由侯献语、王亮、尹晶担任主编,侯献语负责全书的统稿;由王万德、王旭东、杜丽英、王振香担任副主编;由李振国担任主审。

由于编者水平有限,恳切希望广大读者对书中的错误和不足之处给予指出,并提出宝贵意见,以便修订时完善。

编　者

2023 年 5 月

目 录

项目一　工程造价基础知识

知识目标

1. 了解基本建设的概念、内容及分类。
2. 了解建设项目的概念和划分，熟悉项目建设基本程序。
3. 理解工程造价的含义和作用。
4. 掌握建筑安装工程费用项目组成。
5. 掌握工程造价的分类及其与基本建设的关系。
6. 理解工程造价的计价模式。

技能目标

1. 能根据要求对建设项目进行逐级划分。
2. 能理解建设工程造价和建筑安装工程费之间的关系。
3. 能按费用构成要素对建筑安装工程费用进行划分。
4. 能按工程造价形成对建筑安装工程费用进行划分。
5. 能理解确定工程造价的方法和步骤。

素质目标

1. 培养学生热爱国家、坚定理想信念、自觉维护国家和公众利益的意识。
2. 培养学生具有良好的爱岗敬业、吃苦耐劳的职业道德。
3. 培养学生具备精益求精、认真细致的工匠精神。
4. 培养学生具备良好的团结合作，与人沟通、协调的能力。
5. 培养学生具备良好的自我管理与约束的能力，具备持续学习、终身学习的能力。

项目重点

1. 基本建设的含义及组成。
2. 建设项目的逐级划分。
3. 工程造价的两种含义。

项目难点

1. 建筑安装工程费两种划分方法之间的联系。

2. 工程造价不同阶段计价方法的不同。

案例引入

港珠澳大桥是中国境内一座连接香港、珠海和澳门的桥隧工程，位于珠江口伶仃洋海域内，为珠江三角洲地区环线高速公路南环段。因其超大的建筑规模、空前的施工难度以及顶尖的建造技术而闻名世界，是世界上总体跨度最长的跨海大桥。根据《港珠澳大桥工程可行性研究报告》和相关报道，港珠澳大桥工程投资预算约 729 亿元，这是当时充分研究后认为可能的工程总造价。2018 年工程竣工实际总投资大概 1 269 亿元，实际投资比预算增加高达 540 亿元，每千米造价 25.38 亿元。请大家思考以下问题：

1. 港珠澳大桥工程招标时，建设方是否要预先确定该工程的造价？

2. 项目的工程造价都有哪些组成部分？

3. 项目的工程造价为什么会随着建设时间变化？在建设过程可以通过哪些方式控制造价超过预算？

任务一　基本建设基础知识

一、基本建设概述

(一) 基本建设的概念

基本建设是指国民经济各部门实现新的固定资产再生产的一种经济活动，也就是进行设备购置、安装和建筑的生产活动以及与之相联系的其他各项工作。基本建设的过程是把一定的物质资料，如建筑材料、机械设备等，通过购置、建造、安装和调试等活动转化为固定资产，形成新的生产能力或使用效益的过程。与之相关的其他工作包括土地的征用、勘察设计、筹建机构和生产工人的培训等工作，也属于基本建设的组成内容。

码 1-1　基本建设概述

所谓固定资产，是指在社会再生产过程中，使用一年以上，单位价值在规定限额以上的主要劳动资料和其他物质资料，如建筑物、构筑物、运输设备、电气设备等。凡不同时具备使用年限和单位价值限额两项条件的劳动资料均为低值易耗品。

(二) 基本建设的内容

按照专业性质的不同，基本建设一般划分为以下四个方面。

1. 建筑工程

建筑工程是指通过对各类房屋建筑及其附属设施的建造和与其配套的线路、管道、设备的安装活动所形成的工程实体。建筑工程主要包括以下几类:①永久性和临时性的各种建筑物和构筑物,如住宅、办公楼、厂房、仓库、桥梁、矿井、道路、电站等新建、扩建、改建或复建工程;②各种民用管道和线路的敷设工程,设备基础、炉窑砌筑、金属结构件工程,绿化及农田水利工程等。

2. 设备及工器具购置

设备及工器具购置是指按设计文件规定,对用于生产或服务于生产的达到固定资产标准的设备、工器具的加工、订购和采购过程。

3. 设备安装工程

设备安装工程是指永久性和临时性生产、动力、起重、运输、传动等设备的装配、安装工程,包括各种机械设备和电气设备的安装,与设备相连的工作台、梯子等的装设,附属于被安装设备的管线敷设和设备的绝缘、保温、油漆等,以及为测定安装质量对单个设备进行试运转的工作。

4. 工程建设其他工作

工程建设其他工作是指除上述各类工作外的与基本建设有关的各项工作,如地质勘察、地形测量、工程设计、筹建机构、征用土地、拆迁、安置、生产工人的培训及其他生产准备工作等。

(三)基本建设的分类

基本建设是固定资产再生产的重要手段,是国民经济发展的重要物质基础,可从不同角度对基本建设进行分类。

1. 按建设性质不同分类

(1)新建项目。指全新建设的项目,或对原有项目重新进行总体设计,并使其新增固定资产价值超过原有固定资产价值3倍以上的建设项目。

(2)扩建项目。指为了扩大原有产品的生产能力或使用效益,原单位进行建设的新项目。

(3)改建项目。指原单位对原有设备或工程进行改造的项目。

(4)迁建项目。指原有单位由于某些原因进行的搬迁建设,不论规模是维持原状还是扩大建设,均称作迁建项目。

(5)恢复项目。指企业、事业单位因受自然灾害、战争等特殊原因,其原有固定资产已全部或部分报废,需按原来规模重新建设或在恢复中同时进行扩建的项目。

2. 按经济用途分类

(1)生产性建设项目。指直接用于物质生产或满足物质生产需要的建设项目。它包括工业、农业、林业、水利、气象、交通、邮电、商业和物资供应建设项目,以及地质勘探建设项目等。

(2)非生产性建设项目。指用于满足人们物质文化需要的建设项目,包括文化、教育、卫生、科学试验、公共事业和其他建设。

3. 按建设规模分类

(1)大中型建设项目。指生产性建设项目投资额在5 000万元以上,非工业建设项目投资额在3 000万元以上的建设项目。

(2)小型建设项目。指投资额在上述限额以下的建设项目。

(四)基本建设程序

基本建设程序是建设项目从设想、论证、评估、决策、勘测、设计、施工到竣工验收、投入生产或交付使用等整个建设过程中,各项工作必须遵循的先后次序的法则。按照建设项目发展的内在联系和发展过程,将建设程序划分为若干阶段,这些阶段有严格的先后次序,不能任意颠倒,这是建设项目科学决策和顺利进行的重要保证。基本建设一般由以下九个环节组成。

1.提出项目建议书

项目建议书是根据区域发展和行业发展规划的要求,结合与该项目相关的自然资源、生产力状况和市场预测等信息,经过调查分析,说明拟建项目建设的必要性、条件的可行性、获利的可能性,向国家和省、市、地区主管部门提出立项建议书。

项目建议书的主要内容有:项目提出的依据和必要性;拟建规模和建设地点的初步设想,资源情况、建设条件、协作关系、引进技术和设备等方面的初步分析;投资估算和资金筹措的设想;项目的进度安排;经济效果和投资效益的分析和初步估价等。

项目建议书根据拟建项目规模大小报送有关部门审批。

2.可行性研究

有关部门根据国民经济发展规划以及批准的项目建议书,运用多种科学研究法(政治上、经济上、技术上等),对建设项目投资决策前进行技术经济论证,并得出可行与否的结论,即可行性研究报告。其主要任务是研究基本建设项目的必要性、可行性和合理性。

3.编制设计任务书

设计任务书是工程建设项目编制设计文件的主要依据。设计任务书的编制依据是批准的项目建议书和可行性研究报告,由主管部门组织建设单位、设计单位编制。大中型项目的设计任务书一般包括以下内容:建设目的和依据;建设规模;水文地质资料;资源综合利用和“三废”治理方案;建设地址和拆迁方案;人防及抗震方案;建设工期;投资控制额度;劳动定员数量;达到的技术及经济效益,包括投资回收年限等。

设计任务书必须经有关部门批准。

4.编制设计文件

设计任务书被批准后,设计文件一般由主管部门或建设单位委托设计单位编制。一般建设项目设计应分阶段进行,有三阶段设计和两阶段设计之分。

三阶段设计:初步设计、技术设计、施工图设计。

两阶段设计:初步设计、施工图设计。

对于技术复杂且缺乏经验的项目,经主管部门指定按三阶段设计。一般项目可采用两阶段设计,有的小型项目可直接进行施工图设计。

5.工程招标投标、签订施工合同

招标投标是市场经济中的一种竞争形式,对于缩短基本建设工期、确保工程质量、降低工程造价、提高投资经济效益等均具有重要的作用,即建设单位根据已批准的设计文件和概预算书,对拟建项目实行公开招标或邀请招标,选定具有一定技术、经济实力和管理经验,能胜任承包任务,效率高,价格合理而且信誉好的施工单位承揽招标工程任务。施工单位中标后,应与建设单位签订施工合同,确定承发包关系。

6. 进行施工准备

开工前,应做好施工前的各项准备工作。主要内容是:征地拆迁、技术准备、做好“四通一平”(施工现场通水、通电、通路、通信和平整场地);修建临时生产和生活设施;协调图纸和技术资料的供应;落实建筑材料、设备和施工机械;组织施工力量按时进场。

7. 全面施工、生产准备

施工准备就绪,办理开工手续,取得当地建设主管部门颁发的建筑许可证方可正式施工。在施工前,施工单位要编制施工预算。为确保工程质量,必须严格按施工图纸、施工验收规范等要求进行施工,按照合理的施工顺序组织施工,加强经济核算。

在进行全面施工的同时,建设单位应当根据建设项目或主要单项工程生产技术特点,适时组成专门班子或机构,做好各项生产准备工作,以保证及时投产并尽快达到生产能力。如招收和培训必要的生产人员、组织生产管理机构和物资准备工作等。

8. 竣工验收、交付使用

建设项目按批准的设计文件所规定的内容建完后,便可以组织竣工验收,这是对建设项目的全面性考核。验收合格后,施工单位应向建设单位办理竣工移交和竣工结算手续,交付建设单位使用。

9. 工程项目后评价

工程项目建设完成并投入生产或使用之后所进行的总结性评价,称为后评价。后评价是对项目的执行过程及项目的效益、作用和影响进行系统的、客观的分析、总结与评价,确定项目目标达到的程度,由此得出经验教训,为将来新的项目决策提供指导与借鉴。

二、建设项目的概念与划分

(一)建设项目的概念

建设项目又称基本建设项目,是基本建设活动的体现。它是指按一个总体设计进行施工,经济上实行独立核算,由独立法人的组织机构负责建设或运营,可以形成生产能力或使用价值的一个或几个单项工程的总体。例如:建设一座工厂、一所学校、一条高速公路、一条地铁线等。

码 1-2　建设项目的划分

(二)建设项目的划分

为了准确地确定出一个建设项目的全部建设费用,必须对整个基本建设项目进行科学分析、研究及合理划分,以便计算出工程建设费用。为此,根据由大到小、从整体到局部的原则对建设项目进行多层次的分解和划分。计算工程造价时按由小到大、从局部到整体的顺序逐层汇总出整个建设项目的工程造价。所以,基本建设项目按照基本建设管理和合理确定工程造价的需要,划分为建设项目、单项工程、单位工程、分部工程、分项工程五个层次。

1. 建设项目

建设项目一般是指在一个总体设计或初步设计范围内,由一个或几个单项工程组成,经济上实行独立核算,行政上实行统一管理的建设单位。一般以一个企业(或联合企业)、事业单位或独立工程作为一个建设项目,如一座工厂、一所学校、一所医院等。

凡属于一个总体设计中的主体工程和相应的附属配套工程、综合利用工程、环境保护工程、供水供电工程等,都统一作为一个建设项目;凡不属于一个总体设计,经济上分别核算,工艺流程上没有直接联系的几个独立工程,应分别列为几个建设项目。

2. 单项工程

单项工程又称工程项目,是建设项目的组成部分。一个建设项目可能是一个单项工程,也可能包含若干个单项工程。单项工程是指具有独立的设计文件,建成后可以独立发挥生产能力和使用效益的工程,如一所学校的教学楼、办公楼、图书馆、学生宿舍、食堂等。又如××城市地铁建设项目中的一号线、二号线等。

3. 单位工程

单位工程是单项工程的组成部分。单位工程是指具有独立设计文件,可以独立组织施工,但建成后一般不能独立发挥生产能力和使用效益的工程。如办公楼是一个单项工程,该办公楼的土建工程、室内给水排水工程、室内电气照明工程等,均属于单位工程。又如地铁一号线中的土建工程、信号工程、通风工程等,均属于单位工程。

4. 分部工程

分部工程是单位工程的组成部分。分部工程是指在一个单位工程中,按工程部位及使用的材料和工种进一步划分的工程。如一般土建工程的土石方工程、桩基础工程、砌筑工程、脚手架工程、混凝土和钢筋混凝土工程、金属结构工程、构件运输及安装工程、楼地面工程、屋面工程、装饰工程等,均属于分部工程。

5. 分项工程

分项工程是分部工程的组成部分。分项工程是指在一个分部工程中,按不同的施工方法、不同的材料和规格,对分部工程进一步划分,用较为简单的施工过程就能完成,以适当的计量单位就可以计算其工程量的基本单元。如砌筑工程可划分为砖基础、内墙、外墙、空斗墙、空心砖墙、砖柱、钢筋砖过梁等分项工程;又如明挖车站混凝土可划分为矩形柱、圆形柱、异形柱、矩形梁、异形梁、拱形梁等分项工程。分项工程没有独立存在的意义,它只是为了便于计算建筑工程造价而分解出来的“假定产品”。

××学校建设项目划分示意图见图1-1。

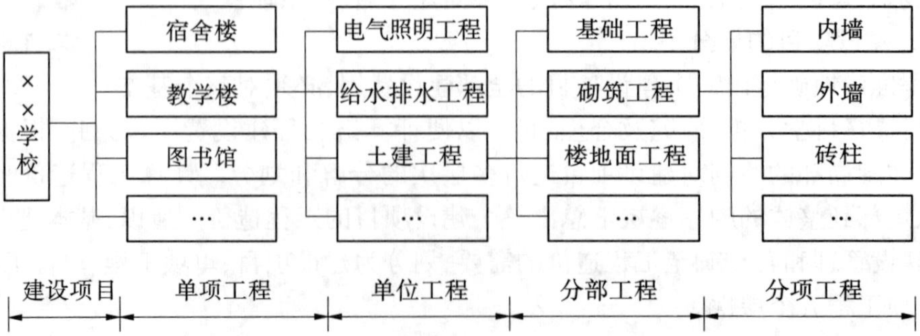

图1-1　××学校建设项目划分示意图

任务二　建设项目工程造价的构成

工程造价是建设工程造价的简称,是工程费用、工程价格的统称。按照计价的范围和内容的不同,工程造价分为建设项目工程造价和建筑安装工程造价两种情况。

建设项目工程造价是从投资者——业主的角度来定义的,是指一项建设工程项目预计开支或实际开支的全部固定资产投资费用。建设项目工程造价具体指一个建设项目,通过项目评估进行投资决策、勘察设计、招标投标、工程施工、设备采购招标,直至竣工验收整个投资活动过程中所支付的全部费用。从这个意义上说,工程造价就是完成一个工程建设项目所需费用的总和,一般由建筑工程费、设备安装工程费、设备购置费、工器具及生产家具购置费、工程建设其他费用、预备费、固定资产投资方向调节税(该税自 2000 年 1 月 1 日起,国家暂停征收,但并未取消)、建设期贷款利息等八个部分构成。

码 1-3　工程造价概述

建筑安装工程造价也称建筑安装工程费,它是建设项目工程造价的主要组成部分,包括建筑工程费和设备安装工程费。建筑安装工程造价是从市场的角度来定义的,是建设单位支付给施工单位的全部费用,是建筑安装工程产品作为商品进行交换所需的货币量。在建筑市场,建筑安装企业所生产的产品作为商品,既有使用价值也有价值。只是由于建筑安装产品所具有的技术经济特点,其交易方式、计价方法、价格的构成因素,以至于付款方式都存在许多的特点。

一、建筑安装工程费的组成

根据《建筑安装工程费用项目组成》(建标〔2013〕44 号文),建筑安装工程费按构成要素组成划分为人工费、材料费、施工机具使用费、企业管理费、利润、规费和税金。按工程造价形成顺序划分为分部分项工程费、措施项目费、其他项目费、规费和税金。

码 1-4　建筑安装工程费(按费用构成要素划分)

(一)建筑安装工程费用项目组成(按费用构成要素划分)

建筑安装工程费按照费用构成要素划分为人工费、材料(包含工程设备,下同)费、施工机具使用费、企业管理费、利润、规费和税金,如图 1-2 所示。

1. 人工费

人工费是指按工资总额构成规定,支付给从事建筑安装工程施工的生产工人和附属生产单位工人的各项费用。内容包括:

(1)计时工资或计件工资。指按计时工资标准和工作时间或对已做工作按计件单价支付给个人的劳动报酬。

(2)奖金。指对超额劳动和增收节支支付给个人的劳动报酬。如节约奖、劳动竞赛奖等。

(3)津贴、补贴。指为了补偿职工特殊或额外的劳动消耗和因其他特殊原因支付给个人的津贴,以及为了保证职工工资水平不受物价影响支付给个人的物价补贴。如流动

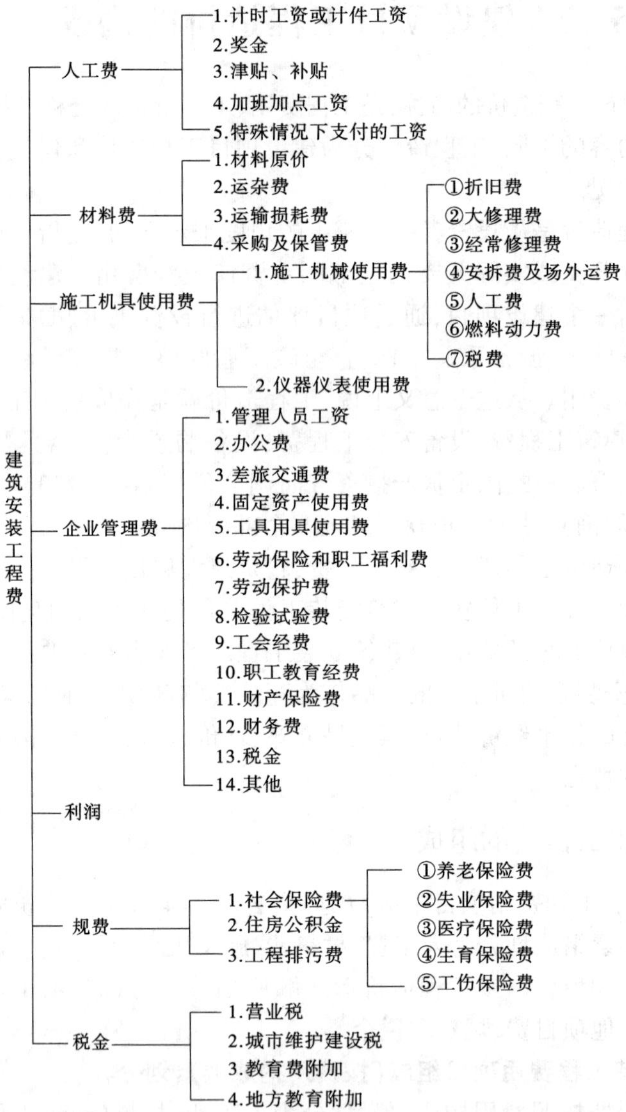

图 1-2　建筑安装工程费用项目组成(按费用构成要素划分)

施工津贴、特殊地区施工津贴、高温(寒)作业临时津贴、高空津贴等。

(4)加班加点工资。指按规定支付的在法定节假日工作的加班工资和在法定日工作时间外延时工作的加点工资。

(5)特殊情况下支付的工资。指根据国家法律法规和政策规定,因病、工伤、产假、计划生育假、婚丧假、事假、探亲假、定期休假、停工学习、执行国家或社会义务等原因按计时工资标准或计时工资标准的一定比例支付的工资。

2. 材料费

材料费是指施工过程中耗费的原材料、辅助材料、构配件、零件、半成品或成品、工程设备的费用。内容包括:

(1)材料原价。指材料、工程设备的出厂价格或商家供应价格。

(2)运杂费。指材料、工程设备自来源地运至工地仓库或指定堆放地点所发生的全部费用。

(3)运输损耗费。指材料在运输装卸过程中不可避免的损耗。

(4)采购及保管费。指在组织采购、供应和保管材料、工程设备的过程中所需要的各项费用,包括采购费、仓储费、工地保管费、仓储损耗。

工程设备是指构成或计划构成永久工程一部分的机电设备、金属结构设备、仪器装置及其他类似的设备和装置。

3.施工机具使用费

施工机具使用费是指施工作业所发生的施工机械、仪器仪表使用费或其租赁费。

(1)施工机械使用费。以施工机械台班耗用量乘以施工机械台班单价表示,施工机械台班单价应由下列7项费用组成:

①折旧费。指施工机械在规定的使用年限内,陆续收回其原值的费用。

②大修理费。指施工机械按规定的大修理间隔台班进行必要的大修理,以恢复其正常功能所需的费用。

③经常修理费。指施工机械除大修理外的各级保养和临时故障排除所需的费用。包括为保障机械正常运转所需替换设备与随机配备工具附具的摊销和维护费用、机械运转中日常保养所需润滑与擦拭的材料费用及机械停滞期间的维护和保养费用等。

④安拆费及场外运费。安拆费指施工机械(大型机械除外)在现场进行安装与拆卸所需的人工、材料、机械和试运转费用,以及机械辅助设施的折旧、搭设、拆除等费用。场外运费指施工机械整体或分体自停放地点运至施工现场或由一施工地点运至另一施工地点的运输、装卸、辅助材料及架线等费用。

⑤人工费。指机上司机(司炉)和其他操作人员的人工费。

⑥燃料动力费。指施工机械在运转作业中所消耗的各种燃料及水、电等。

⑦税费。指施工机械按照国家规定应缴纳的车船税、保险费及年检费等。

(2)仪器仪表使用费。指工程施工所需使用的仪器仪表的摊销及维修费用。

4.企业管理费

企业管理费是指建筑安装企业组织施工生产和经营管理所需的费用。内容包括:

(1)管理人员工资。指按规定支付给管理人员的计时工资、奖金、津贴补贴、加班加点工资及特殊情况下支付的工资等。

(2)办公费。指企业管理办公用的文具、纸张、账表、印刷、邮电、书报、办公软件、现场监控、会议、水电、烧水和集体取暖降温(包括现场临时宿舍取暖降温)等费用。

(3)差旅交通费。指职工因公出差、调动工作的差旅费、住勤补助费,市内交通费和误餐补助费,职工探亲路费,劳动力招募费,职工退休、退职一次性路费,工伤人员就医路费,工地转移费以及管理部门使用的交通工具的油料、燃料等费用。

(4)固定资产使用费。指管理和试验部门及附属生产单位使用的属于固定资产的房屋、设备、仪器等的折旧、大修、维修或租赁费。

(5)工具用具使用费。指企业施工生产和管理使用的不属于固定资产的工具、器具、家具、交通工具和检验、试验、测绘、消防用具等的购置、维修和摊销费。

(6)劳动保险和职工福利费。指由企业支付的职工退职金、按规定支付给离休干部的经费、集体福利费、夏季防暑降温补贴、冬季取暖补贴、上下班交通补贴等。

(7)劳动保护费。企业按规定发放的劳动保护用品的支出。如工作服、手套、防暑降温饮料以及在有碍身体健康的环境中施工的保健费用等。

(8)检验试验费。指施工企业按照有关标准规定,对建筑以及材料、构件和建筑安装物进行一般鉴定、检查所发生的费用,包括自设试验室进行试验所耗用的材料等费用。不包括新结构、新材料的试验费,对构件做破坏性试验及其他特殊要求检验试验的费用和建设单位委托检测机构进行检测的费用,对此类检测发生的费用,由建设单位在工程建设其他费用中列支。但对施工企业提供的具有合格证明的材料进行检测不合格的,该检测费用由施工企业支付。

(9)工会经费。指企业按《中华人民共和国工会法》规定的全部职工工资总额比例计提的工会经费。

(10)职工教育经费。指按职工工资总额的规定比例计提,企业为职工进行专业技术和职业技能培训,专业技术人员继续教育、职工职业技能鉴定、职业资格认定以及根据需要对职工进行各类文化教育所发生的费用。

(11)财产保险费。指施工管理用财产、车辆等的保险费用。

(12)财务费。指企业为施工生产筹集资金或提供预付款担保、履约担保、职工工资支付担保等所发生的各种费用。

(13)税金。指企业按规定缴纳的房产税、车船税、城镇土地使用税、印花税等。

(14)其他。包括技术转让费、技术开发费、投标费、业务招待费、绿化费、广告费、公证费、法律顾问费、审计费、咨询费、保险费等。

5. 利润

利润是指施工企业完成所承包工程获得的盈利。

6. 规费

规费是指按国家法律法规规定,由省级政府和省级有关权力部门规定必须缴纳或计取的费用。包括:

(1)社会保险费。

①养老保险费。指企业按照规定标准为职工缴纳的基本养老保险费。

②失业保险费。指企业按照规定标准为职工缴纳的失业保险费。

③医疗保险费。指企业按照规定标准为职工缴纳的基本医疗保险费。

④生育保险费。指企业按照规定标准为职工缴纳的生育保险费。

⑤工伤保险费。指企业按照规定标准为职工缴纳的工伤保险费。

(2)住房公积金。指企业按照规定标准为职工缴纳的住房公积金。

(3)工程排污费。指按照规定缴纳的施工现场工程排污费。

其他应列而未列入的规费,按实际发生计取。

7. 税金

税金是指国家税法规定应计入建筑安装工程造价内的营业税、城市维护建设税、教育费附加以及地方教育附加。

(二)建筑安装工程费用项目组成(按工程造价形成划分)

建筑安装工程费按照工程造价形成划分为分部分项工程费、措施项目费、其他项目费、规费、税金(见图1-3)。

码1-5　建筑安装工程费(按造价形成划分)

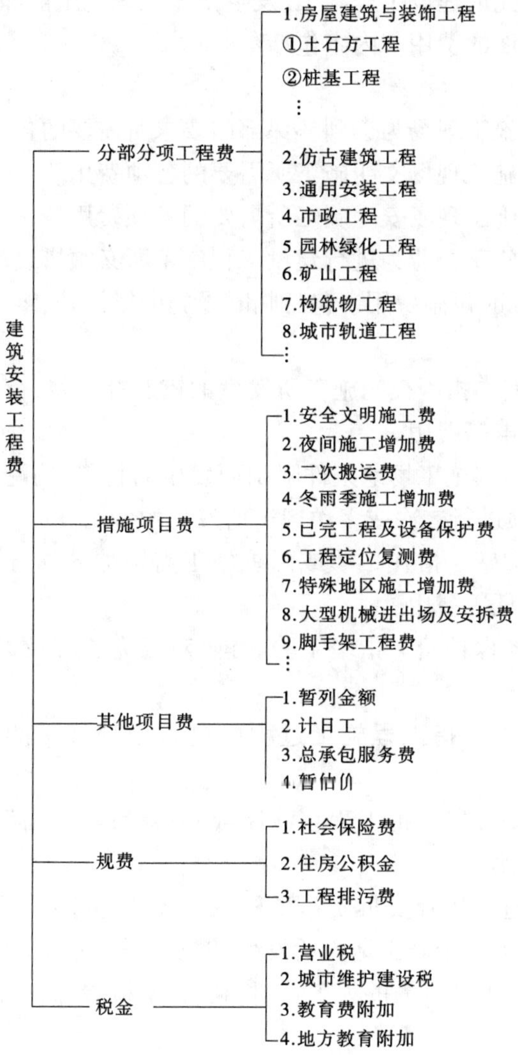

图1-3　建筑安装工程费用项目组成(按工程造价形成划分)

1.分部分项工程费

分部分项工程费是指各专业工程的分部分项工程应予列支的各项费用。

(1)专业工程。指按现行国家计量规范划分的房屋建筑与装饰工程、仿古建筑工程、通用安装工程、市政工程、园林绿化工程、矿山工程、构筑物工程、城市轨道交通工程、爆破工程等。

(2)分部分项工程。按现行国家计量规范对各专业工程划分的项目。如房屋建筑与装饰工程划分的土石方工程、地基处理与桩基工程、砌筑工程、钢筋及钢筋混凝土工程等。

各类专业工程的分部分项工程划分见现行国家或行业计量规范。

2. 措施项目费

措施项目费是指为完成建设工程施工,发生于该工程施工前和施工过程中的技术、生活、安全、环境保护等方面的费用。内容包括:

(1)安全文明施工费。

①环境保护费。指施工现场为达到环保部门要求所需要的各项费用。

②文明施工费。指施工现场文明施工所需要的各项费用。

③安全施工费。指施工现场安全施工所需要的各项费用。

④临时设施费。指施工企业为进行建设工程施工所必须搭设的生活和生产用的临时建筑物、构筑物和其他临时设施费用。包括临时设施的搭设费、维修费、拆除费、清理费或摊销费等。

(2)夜间施工增加费。指因夜间施工所发生的夜班补助费、夜间施工降效、夜间施工照明设备摊销及照明用电等费用。

(3)二次搬运费。指因施工场地条件限制而发生的材料、构配件、半成品等一次运输不能到达堆放地点,必须进行二次或多次搬运所发生的费用。

(4)冬雨季施工增加费。指在冬季或雨季施工需增加的临时设施、防滑、排除雨雪,人工及施工机械效率降低等费用。

(5)已完工程及设备保护费。指竣工验收前,对已完工程及设备采取的必要保护措施所发生的费用。

(6)工程定位复测费。指工程施工过程中进行全部施工测量放线和复测工作的费用。

(7)特殊地区施工增加费。指工程在沙漠或其边缘地区,高海拔、高寒、原始森林等特殊地区施工增加的费用。

(8)大型机械设备进出场及安拆费。指机械整体或分体自停放场地运至施工现场,或由一个施工地点运至另一个施工地点所发生的机械进出场运输以及转移费用,以及机械在施工现场进行安装、拆卸所需的人工费、材料费、机械费、试运转费和安装所需的辅助设施的费用。

(9)脚手架工程费。指施工需要的各种脚手架搭、拆、运输费用,以及脚手架购置费的摊销(或租赁)费用。

(10)模板工程费。指混凝土工程施工所需的模板材料制作安装,支持和固定模板杆件、联结件、金属附件和工作便桥等支撑体系所需要的费用。

(11)其他。现行工程量清单计算规范和其他规定确定的其他各项措施费。

3. 其他项目费

(1)暂列金额。指建设单位在工程量清单中暂定并包括在工程合同价款中的一笔款项,用于施工合同签订时尚未确定或者不可预见的所需材料、工程设备、服务的采购,施工中可能发生的工程变更,合同约定调整因素出现时的工程价款调整以及发生的索赔、现场签证确认等的费用。

(2)计日工。指在施工过程中,施工企业完成建设单位提出的施工图纸以外的零星项目或工作所需的费用。

(3)总承包服务费。指总承包人为配合、协调建设单位进行的专业工程发包,对建设单位自行采购的材料、工程设备等进行保管,以及施工现场管理、竣工资料汇总整理等服务所需的费用。

(4)暂估价。指招标人在工程量清单中提供的用于支付必然发生但暂时不能确定价格的材料,工程设备的单价及专业工程的金额。

4. 规费

规费与按费用构成要素划分中的完全一样。

5. 税金

税金与按费用构成要素划分中的完全一样。

二、设备购置费、工器具及生产家具购置费

(一)设备购置费

设备购置费是指为工程项目购置或自制的达到固定资产标准的各种国产或进口设备、工具、器具的购置费用,由设备原价和设备运杂费构成。国产设备的原价一般是指设备制造厂的交货价,即出厂价或订货合同价。进口设备的原价是指进口设备的抵岸价,即抵达买方边境港口或边境车站,且缴完关税等税费后形成的价格。设备运杂费是指除设备原价外的关于设备采购、运输、途中包装及仓库保管等方面支出费用的总和。

(二)工器具及生产家具购置费

工器具及生产家具购置费是指新建或扩建项目初步设计规定的,保证初期正常生产必须购置的没有达到固定资产标准的设备、仪器、工卡模具、器具、生产家具和备品备件等的购置费用。一般以设备购置费为基数,按照部门或行业规定的工具、器具及生产家具费率计算。

三、工程建设其他费用

工程建设其他费用是指从工程筹建起到工程竣工验收交付使用止的整个建设期间,除建筑安装工程费用和设备及工器具购置费用外的,为保证工程建设顺利完成和交付使用后能够正常发挥效用而发生的各项费用,包括土地使用费、与工程建设有关的其他费用、与未来企业生产经营有关的其他费用三大类费用。

(一)土地使用费

土地使用费包括土地征用及拆迁补偿费和土地使用权出让金。

土地使用费是指建设单位为了获得建设用地的使用权而支付的费用。土地使用费有两种形式,一是通过划拨方式取得土地使用权而支付的土地征用及拆迁补偿费;二是通过土地使用权出让方取得土地使用权而支付的土地使用权出让金。

(二)与工程建设有关的其他费用

与工程建设有关的其他费用主要包括建设单位管理费、勘察设计费、研究试验费、建设单位临时设施费、监理费、工程保险费、施工机构迁移费、引进技术和进口设备其他费用、工程承包费等。

(三)与未来企业生产经营有关的其他费用

与未来企业生产经营有关的其他费用主要包括联合试运转费、生产准备费、办公和生活家具购置费等。

四、预备费

预备费包括基本预备费和价差预备费。

(一)基本预备费

基本预备费是指在初步设计及概算内难以预料的工程费用。主要包括在批准的初步设计范围内,技术设计、施工图设计及施工过程中所增加的工程费用,设计变更、局部地基处理等增加的费用;一般自然灾害造成的损失和预防自然灾害所采取的措施费用,实行工程保险的工程项目费用应适当降低;竣工验收时为鉴定工程质量,对隐蔽工程进行必要的挖掘和修复费用。基本预备费一般用建筑安装工程费用、设备及工器具购置费和工程建设其他费用三者之和乘以基本预备费费率进行计算。

(二)价差预备费

价差预备费是指为在建设期内利率、汇率或价格等因素的变化而预留的可能增加的费用,亦称为价格变动不可预见费。价差预备费的内容包括人工、设备、材料、施工机械的价差费,建筑安装工程费及工程建设其他费用调整、利率和汇率调整等增加的费用。

五、建设期贷款利息

建设期贷款利息包括向国内银行和其他非银行金融机构贷款、出口信贷、外国政府贷款、国际商业银行贷款以及在境内外发行的债券等在建设期间内应偿还的借款利息。

任务三　工程造价计价概述

一、工程计量与计价概述

工程计量与计价是正确确定工程造价的重要工作。工程计量与计价是按照不同工程的用途和特点,综合运用科学的技术、经济、管理的手段和方法,根据工程量清单计价规范、工程定额以及特定的工程施工图纸,对其分项工程、分部工程以及整个单位工程的工程量和工程价格,进行科学合理的预测、优化、计算和分析等一系列活动的总称。

工程计量与计价是一项烦琐且工作量大的活动。工程计量与计价不能仅从字面的简单释义来理解,认为只根据施工图纸对分部分项工程以及单位工程的工程量和工程价格进行一般的计算。建设工程造价涉及国民经济的各部门、各行业,以及社会再生产的各环节,直接关系到国计民生。工程计量与计价的准确性对单位工程造价的预测、优化、计算、分析等多种活动的成果,以及控制工程造价管理的效果都会产生重要的影响。

二、工程造价的计价特点

工程计价是指依据一定的计价模式,采用科学、合理的方法计算工程造价,即建筑产品的价格。工程造价具有的大额性、差别性、动态性、层次性等特点,决定了工程造价以下的计价特点。

(一)计价的单件性

单件性计价是由建筑产品生产的单件特点所决定的。每项建筑工程都有各自不同的结构、造型、功能、用途、建设规模、建设时期、施工生产者等,所使用的建筑材料、机械设备等也不同;由于地区各方面经济、技术、地域条件各不相同,即使采用同一套施工图,计算出来的工程造价也不相同。这就使得必须对每项建筑工程分别进行工程造价的确定。

(二)计价的多次性

项目建设周期长、规模大、造价高,因此按建设程序要分阶段进行,相应地也要在不同阶段多次计价,以保证工程造价计算的准确性和控制的有效性。多次性计价是个逐步深化、细化和接近实际造价的过程。对于大型建设项目,其计价过程如图 1-4 所示。

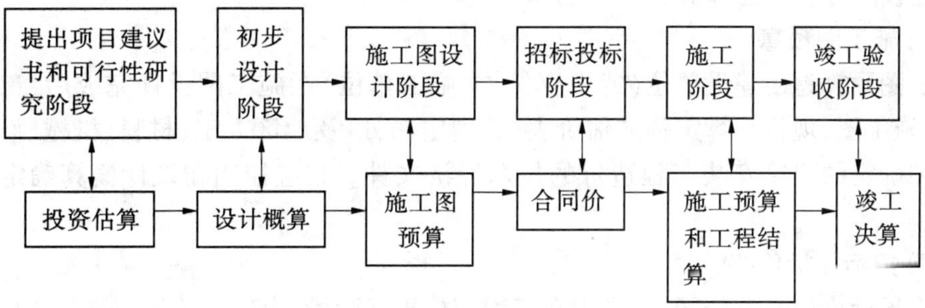

图 1-4 大型建设项目的计价过程

(三)计价的组合性

一个建设项目往往含有多项能够独立发挥生产能力或效益的单项工程,一个单项工程是由能够各自发挥专业效能的多个单位工程组成的,而一个单位工程又是由若干个分部分项工程组成的。在计价过程中,通常是先计算分部分项工程费用,汇总成单位工程费用,最后确定出单项工程费用。只有通过这种多层次的计算汇总,才能最后确定一个建筑工程的总造价。工程造价的多层次性是非常突出的。

(四)计价的动态性

一个建设项目从决策筹建开始直到竣工验收交付使用,要经历一个较长的建设时期,在此期间,要受到各种不确定因素的影响,如国家宏观政策的变化,工程设计变更,人工、材料、机械设备等市场价格的变化,费率、利率、汇率调整等,都会影响工程造价。正是这些原因的影响,建设工程造价才根据建设工程各个阶段的条件,分别计算确定,使之形成切合实际的建设工程造价。

三、工程造价文件的分类

根据编制阶段、编制依据和编制目的的不同，建设工程造价可分为建设项目投资估算、设计概算、施工图预算、招标投标价格、施工预算、工程结算、竣工决算等。

（一）投资估算

投资估算是指在项目建议书和可行性研究阶段，由建设单位或其委托的咨询机构根据投资估算指标、类似工程的有关资料、现行的设备材料价格并结合工程的实际情况，对拟建工程的投资进行预测和确定的过程。投资估算是项目决策、筹资和控制造价的主要依据。

（二）设计概算

设计概算是设计文件的重要组成部分，是在投资估算的控制下由设计单位根据初步设计图样及说明、概算定额（或概算指标）各项取费标准、设备及材料的价格等资料编制和确定的建设项目从筹建到交付使用所需全部费用的文件。概括来讲，就是根据设计要求对工程造价进行的概略计算，设计概算是工程项目投资的最高限额。

设计概算按编制先后顺序和范围大小可分为单位工程设计概算、单项工程综合设计概算和建设项目设计总概算三个级别。

（三）施工图预算

施工图预算是由建设单位（或中介机构、施工单位）在施工图设计完成后、工程开工前，根据施工图、现行预算定额或估价表、费用定额，以及地区人工、材料、机械、设备等价格编制和确定的建筑安装工程造价的技术经济文件。它应控制在设计概算确定的造价之内。

（四）招标投标价格

招标投标价格又称合同价，是指在工程招标投标阶段，由建设单位或委托相应的造价咨询机构预先确定建设工程的造价，作为建设工程招标的标底，投标单位编制投标报价，再通过评标、定标，确定中标单位后，在工程承包合同中确定的工程造价。

（五）施工预算

施工预算是指施工企业在工程实施阶段，根据施工定额（或劳动定额、材料消耗定额及机械台班使用定额）、单位工程施工组织设计或分部分项工程施工方案和降低工程成本技术组织措施等资料，计算和确定完成一个单位工程中的分部分项工程所需的人工、材料、机械台班消耗量及其相应费用的经济文件。

（六）工程结算

工程结算是指施工单位在工程实施过程中，依据承包合同中有关付款条件的规定和已经完成的工程量，并按照规定的程序向建设单位收取工程价款的一项经济活动。工程结算是该工程的实际价格，是支付工程价款的依据。工程结算分为工程中间结算、年终结算和竣工结算。

（七）竣工决算

竣工决算是指在工程竣工验收交付使用后，由建设单位编制的建设项目从筹建到竣工验收、交付使用全过程中实际支付的全部建设费用。竣工决算是整个建设项目的最终价格，作为建设单位财务部门汇总固定资产的主要依据。

四、工程造价的计价模式

码 1-6　工程造价的两种计价模式

目前，工程计价包括定额计价和清单计价两种模式。

（一）定额计价模式

定额计价模式是我国传统的计价模式（见图 1-5），以各地的预算定额为依据按其规定的分项工程子目和计算规则，逐项计算各分项工程的工程量，套用预算定额中的工、料、机单价确定直接工程费，然后按规定取费标准确定构成工程价格的其他费用和利税，获得建筑安装工程造价。

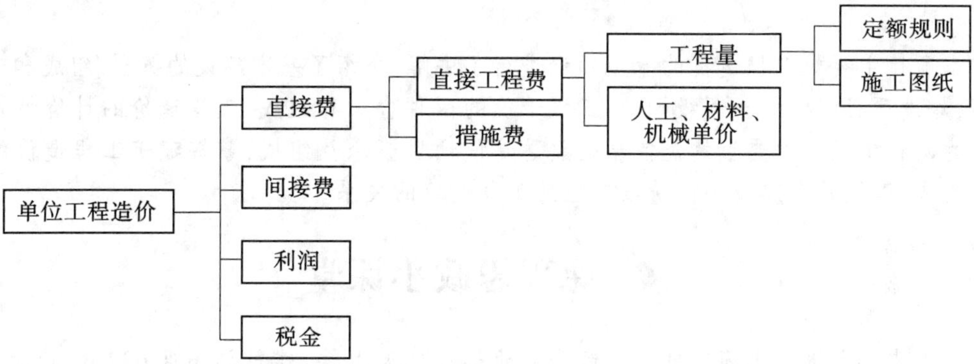

图 1-5　定额计价模式

由于定额中工、料、机的消耗量是根据各地的“社会平均水平”综合测定的，费用标准也是根据不同地区平均测算的，因此企业采用这种模式的报价是一种社会平均水平，与企业的技术水平和管理水平无关，体现不了市场公平竞争的基本原则。

（二）清单计价模式

清单计价模式是在建设工程招标投标中，招标人或委托具有资质的中介机构按照国家统一的工程量清单计价规范，编制反映工程实体消耗和措施消耗工程量清单，并作为招标文件中的一部分提供给投标人，由投标人依据工程量清单，根据各种渠道所得的工程造价信息和经验数据，结合企业定额自主报价的计价方式。清单计价模式的主要内容如图 1-6 所示。

在工程招标投标中采用清单计价是国际上较为通行的做法，是我国目前广泛推行的先进计价方法，这种方法有利于促进工程招标投标公平、公正进行。清单计价通常采用综合单价计价法。

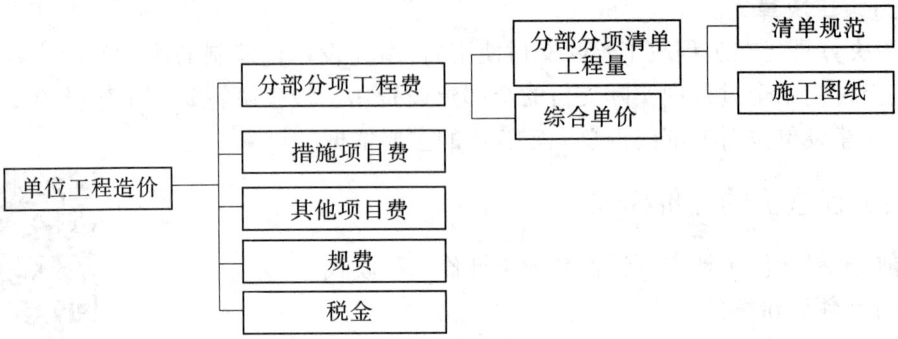

图 1-6 清单计价模式

项目小结

本项目主要对工程造价的基本知识进行了讲解,介绍了基本建设的概念、组成和建设程序,建设项目的概念和逐级划分,工程造价的两种含义和组成,工程造价的计价特点和计价的两种模式。主要目的是使学生熟悉建设项目概念及组成,掌握建筑工程造价的概念和构成,以及基本建设不同阶段对应的工程造价的关系。

课程思政小课堂

上海中心大厦是上海市的一座超高层地标式摩天大楼,建筑总高度 632 m,地上 127 层,地下 5 层,总建筑面积 57.8 万 m^2,是目前中国第一、世界第二的高楼,标志着我国的建筑技术已达到世界领先水平。上海中心大厦细部深化设计以美国 Gensler 建筑设计事务所的"龙形"方案作为蓝本,由同济大学建筑设计研究院完成施工图出图。上海中心大厦的总造价为 148 亿元。

习 题

一、填空题

1. 基本建设的内容包括__________、__________、设备及工器具的购置、工程建设其他工作。

2. 基本建设项目按由大到小可划分为建设项目、__________、__________、分部工程、分项工程五个层次。

3. __________是指具有独立的设计文件,建成后可以独立发挥生产能力和使用效益的工程,是__________的组成部分。

4. __________是指具有独立设计文件,可以独立组织施工,但建成后一般不能独立发挥生产能力和使用效益的工程,是__________组成部分。

5. 工程造价分为__________和__________两种情况。

6. 建筑安装工程费用按构成要素组成划分为__________、__________、__________、企业管理费、利润、规费和税金。

7. 建筑安装工程费用按工程造价形成顺序划分为__________、__________、__________、规费和税金。

8. 预备费包括__________和__________。

9. 工程造价的计价特点包括__________、__________、组合性和动态性。

10. 建设工程造价可分为建设项目投资估算、设计概算、__________、__________、__________、工程结算、竣工决算等。

11. 工程造价的计价模式分为__________和__________两种。

二、选择题

1. 在民用建筑中，一所医院中的住院大楼是一个(　　)。

A. 建设项目　　B. 单项工程　　C. 单位工程　　D. 分项工程

2. 一般来讲，在建设项目的初步设计阶段需通过编制(　　)确定总的建设费用。

A. 设计概算　　B. 修正概算　　C. 投资估算　　D. 总预算

3. 建设项目的竣工决算应包括(　　)全过程的全部实际支出费用。

A. 从开工到竣工　　B. 从筹建到竣工

C. 从开工到竣工验收　　D. 从筹建到竣工验收

4. 单位工程是(　　)的组成部分。

A. 建设项目　　B. 单项工程　　C. 分部工程　　D. 分项工程

5. (　　)是单位工程的组成部分。

A. 建设项目　　B. 单位工程　　C. 分部工程　　D. 分项工程

6. 分项工程是(　　)的组成部分。

A. 建设项目　　B. 单位工程　　C. 分部工程　　D. 分项工程

7. (　　)一般是指不能独立发挥生产能力或效益，但具有独立施工条件的工程。

A. 单位工程　　B. 分部工程　　C. 分项工程　　D. 建设项目

8. 竣工决算是由(　　)编制的反映建设项目实际造价和投资效果的文件。

A. 设计单位　　B. 施工单位　　C. 建设单位　　D. 监理单位

9. 一个生产车间的土建工程为(　　)。

A. 单项工程　　B. 单位工程　　C. 分部工程　　D. 分项工程

10. 在建筑安装工程费用中，营业税是(　　)的组成部分之一。

A. 企业管理费　　B. 财务费用　　C. 计划利润　　D. 税金

11. 建筑安装工程费用按工程造价形成划分，冬雨季施工增加费是(　　)的组成部分之一。

A. 税金　　B. 间接费　　C. 企业管理费　　D. 措施项目费

12. 建筑安装工程费用中，(　　)属于规费。

A. 工程排污费　　B. 临时设施费　　C. 劳动保险费　　D. 缩短工期增加费

三、思考题

1. 什么是基本建设？它是如何划分的？
2. 基本建设程序包括哪些内容？
3. 建设项目划分为哪几个项目层次？每个层次的含义是什么？并举例说明。
5. 简述工程造价的含义及其组成。
6. 简述工程造价的分类。
7. 建筑安装工程费用按工程造价形成可划分为哪几部分？
8. 工程项目建设程序与工程计量与计价的关系？
9. 工程造价的计价特点有哪些？
10. 工程造价的计价模式有哪些？其区别有哪些？

项目二　工程定额

知识目标

1. 了解定额的特点和分类。
2. 理解预算定额的概念及作用。
3. 熟悉定额消耗量和基价的确定方法。
4. 掌握预算定额的使用方法。

技术目标

1. 能够根据定额确定分项工程的人工、材料及机械用量。
2. 能够正确应用定额确定分项工程的直接工程费、人工费、材料费及机械费。

素质目标

1. 培养学生热爱国家、坚定理想信念、自觉维护国家和公众利益的意识。
2. 培养学生具有良好的爱岗敬业、吃苦耐劳的职业道德。
3. 培养学生具备精益求精、认真细致的工匠精神。
4. 培养学生具备良好的团结合作，与人沟通、协调的能力。
5. 培养学生具有讲究规则、有法必依的工作态度。
6. 培养学生具备良好自我管理与约束的能力，具备持续学习、终身学习的能力。

项目重点

1. 定额的含义及分类。
2. 预算定额的直接套用和换算。

项目难点

1. 预算定额中人工、材料和机械消耗量的确定。
2. 混凝土的换算。

案例引入

某建设单位新建办公楼工程，在招标投标时，建设单位需要编制标底，施工单位需要编制投标价。具体思考问题如下：

1. 建设工程项目也是产品，会消耗大量的人工、材料和机械，那么各分项工程的人工、材料、机械的消耗量是如何确定的？

2. 定额中的人工、材料和机械的单价是如何确定的？

3. 建设单位编制标底的主要依据是什么？

4. 施工单位投标报价的依据是什么？

任务一　定额概述

一、定额的概念及作用

码 2-1　定额概述

（一）定额的概念

定额从广义理解，就是规定的额度或限度。工程定额指在正常的施工条件、合理的劳动组织、合理地使用材料及机械的条件下，完成单位合格建筑产品所必须消耗的人工、材料及机械等资源的数量标准。工程定额是一个综合概念，是各类工程定额的总称，反映了工程建设与各种资源消耗之间的客观规律。

“正常的施工条件”是指绝大多数施工企业和施工队、班组，在合理组织施工的条件下所处的施工条件。正常的施工条件应该符合有关的技术规范，符合正确的施工组织和劳动组织条件，符合已经推广的先进的施工方法、施工技术和操作。“合理的劳动组织、合理地使用材料及机械”是指应该按照定额规定的劳动组织条件来组织生产（包括人员、设备的配置和质量标准），施工过程中应当遵守国家现行的施工规范、规程和标准等。“合格”是指建筑产品符合施工验收规范和业主的质量要求。

（二）定额的作用

定额作为加强企业经营管理、组织施工、决定分配的工具，主要作用表现为以下几点：

（1）定额有利于节约社会劳动和提高生产效率。

（2）定额有利于建筑市场的公平竞争。

（3）定额有利于市场行为的规范。

（4）定额有利于完善市场的信息系统。

二、定额的特点

（一）真实性和科学性

首先，定额必须能够真实地反映和评价生产力的发展水平，也只有这样才能促进生产力的发展。其次，定额是在认真研究客观规律的基础上，实事求是地运用科学的方法，在总结广大工人生产经验的基础上根据技术测定和统计分析等资料，并经过综合分析研究后制定的。制定定额要同现代的科学管理技术紧密结合，充分利用现代管理科学的理论、方法和手段，所以说定额具有科学性。

(二)系统性和统一性

定额是相对独立的系统,它是由多种定额组合而成的有机整体。它结构复杂,层次鲜明,目标明确。建设工程是一个庞大的实体系统,定额是为这个实体系统服务的。建设工程本身的多种类、多层次决定了以它为服务对象的定额的多种类、多层次。

定额的统一性,主要是由国家对经济发展有计划的宏观调控职能决定的。为了使国民经济按照既定的目标发展,就需要借助某些标准、定额、规范等对建设工程进行规划、组织、调节、控制。从影响力和执行范围来看,定额有全国统一定额、地区统一定额和行业统一定额。

(三)稳定性和时效性

任何一种定额都反映一定时期的技术发展和管理水平,在使用时期内,定额都具有稳定性。但是,定额的稳定性又是相对的,随着生产力的发展,定额就会与生产力发展不相适应,当定额不能促进生产力发展时,就需要对定额进行修订或重新编制,即定额的时效性。新定额一旦产生,旧定额即停止使用。在各种定额中,工程项目划分和工程量计算规则比较稳定,一般可保持几十年不变;人、材、机消耗定额,一般能保持5~10年不变;材料单价和工程造价指数的稳定时间较短。

三、工程定额的分类

在工程造价的计量与计价中,需要依据不同情况套用不同的定额。工程定额的种类很多,根据不同的分类标准可以划分为不同的定额,下面介绍几种主要的分类。

(一)按生产要素分类

工程定额按生产要素可分为人工消耗定额、材料消耗定额和机械台班定额。

1. 人工消耗定额

人工消耗定额又称劳动定额,是指在正常生产条件下,完成单位合格产品所需要消耗的劳动力的数量标准。人工消耗定额按其表现形式的不同,又分为时间定额和产量定额,两者互为倒数关系。人工时间定额是指在一定的生产技术和生产组织条件下,生产单位合格产品所必须消耗的劳动的时间数量标准。其计量单位为“工日”。按照我国现行的工作制度,1工日=8工时。人工产量定额是指在一定的生产技术和生产组织条件下,生产工人在单位时间内生产合格产品的数量标准。其没有统一的计量单位,以产品的计量单位为准。

2. 材料消耗定额

材料消耗定额是指在正常施工条件下,生产单位合格产品所必须消耗的一定品种及规格的原材料、半成品、成品或结构构件的数量标准。

3. 机械台班定额

机械台班定额是指在正常施工条件下,完成单位合格产品所需要消耗的机械的数量标准。机械台班定额同样表现为时间定额和产量定额两种形式。

机械台班时间定额是指在一定的生产技术和生产组织条件下,生产单位合格产品所消耗机械的时间数量标准。其计量单位为“台班”。按现行工作制度,1台班的含义是机械工作8 h。

机械台班产量定额是指在一定的生产技术和生产组织条件下，机械在单位时间内生产合格产品的数量标准。其没有统一的计量单位，以产品的计量单位为准。为了便于综合和核算，机械台班定额大多采用时间定额的形式。

（二）按定额的编制程序和用途分类

工程定额按编制程序和用途可分为施工定额、预算定额、概算定额、概算指标、投资估算指标。

1. 施工定额

施工定额是以同一性质的施工过程为标定对象，确定在正常施工条件下，完成一定计量单位的某一施工过程所需人工、材料和机械台班消耗的数量标准。施工定额由劳动定额、材料消耗定额和机械台班定额三个相对独立的定额组成，是一种计量性定额。施工定额由施工单位编制，是在施工企业内部使用的生产性定额，属于基础性定额，是编制其他定额的依据。

施工定额的作用主要体现在以下几个方面：

（1）施工定额是施工单位编制施工组织设计的基本依据，也是企业编制施工作业计划的依据。

（2）施工定额是计算工人劳动报酬与奖励、按劳分配的依据。

（3）施工定额是编制施工预算，加强成本管理和经济核算的基础。

（4）施工定额是编制预算定额的基础。

（5）施工定额有利于推广先进技术。

2. 预算定额

预算定额是以各分部分项工程为单位编制的，是确定一定计量单位的分项工程或结构构件的人工、材料、机械台班耗用量及其资金消耗的数量标准。预算定额是以施工定额为基础编制的，它是施工定额的综合和扩大。

预算定额的作用主要体现在以下几个方面：

（1）预算定额是编制施工图预算、确定和控制建筑工程造价的基础。

（2）预算定额是施工企业进行经济活动分析的依据。

（3）预算定额是编制施工组织设计的依据。

（4）预算定额是编制标底和投标报价的基础。

（5）预算定额是工程结算的依据。

（6）预算定额是编制概算定额和概算指标的基础。

预算定额与施工定额的区别如下：

（1）研究对象不同。

预算定额以分部分项工程为研究对象，施工定额以施工过程或工序为研究对象。预算定额是在施工定额的基础上，对研究对象进行了科学的综合扩大。

（2）编制单位和使用范围不同。

预算定额由国家主管部门或授权单位组织编制并颁发，是国家、行业或地区建筑工程造价计价的标准。施工定额由施工企业编制，是企业内部使用的定额。

（3）编制水平不同。

预算定额采用社会平均水平编制,施工定额采用企业平均先进水平编制。一般情况下,在人工消耗数量方面,预算定额比施工定额低10%~15%。

(4)所起作用不同。

施工定额为非计价定额,是施工企业内部管理使用的一种工具;而预算定额是一种计价定额,是确定建筑工程价格的依据。

3. 概算定额

概算定额又称为扩大结构定额,以扩大结构构件、分部工程或扩大分项工程为单位编制,是确定一定计量单位的扩大分项工程或结构构件所必须消耗的人工、材料和机械台班耗用量及其资金消耗的数量标准。概算定额是以预算定额为基础进行编制的,内容包括文字说明、项目表和附录三个基本部分。它是预算定额的综合和扩大,项目是按照扩大的分项工程划分的,比较粗。

概算定额的作用主要体现在以下几个方面:

(1)概算定额是编制设计概算的依据。

(2)概算定额是进行设计方案技术经济比较的依据。

(3)概算定额主要用于编制概算指标和投资估算指标。

(4)实行工程总承包时,概算定额也可作为投标报价的参考依据。

4. 概算指标

概算指标是以每100 m^2 建筑面积或每1 000 m^3 建筑体积或构筑物为对象,规定人工、材料或机械台班耗用量及其资金消耗的数量标准。概算指标比概算定额更加综合与扩大。概算定额是以现行预算定额为基础,通过计算之后才确定出各种消耗量指标;而概算指标中各种消耗量指标的确定,则主要来自于各种预算和结算资料。

概算指标的作用主要体现在以下几个方面:

(1)概算指标主要用于编制投资估算,初步设计阶段编制设计概算、确定工程概算造价的依据。

(2)概算指标是设计单位进行设计方案的技术经济分析、衡量设计水平、考核建设成本的标准。

(3)概算指标是建设单位编制基本建设计划、申请投资贷款和主要材料计划的依据。

5. 投资估算指标

投资估算指标非常概略,往往以独立的单项工程或完整的工程项目为计算对象,在项目建议书和可行性研究阶段编制投资估算、计算投资需要量时使用,是对建设项目全面的技术性和经济性论证的依据。投资估算指标往往根据历史的预算、决算资料和价格变动资料进行编制,但其编制基础仍然离不开预算定额、概算定额。

(三)按定额的适用范围分类

工程定额按适用范围可分为全国统一定额、行业统一定额、地区统一定额、企业定额、补充定额。

1. 全国统一定额

全国统一定额是由国家建设行政主管部门综合全国工程建设中技术和施工组织管理

的具体情况编制,并在全国范围内执行的定额。例如,全国统一建筑工程基础定额、全国统一安装工程预算定额。

2. 行业统一定额

行业统一定额是考虑到各行业专业工程的技术特点,以及施工生产和管理水平编制的,一般只在本行业和相同专业性质的范围内使用。例如,公路工程预算定额、冶金工程定额、水利工程定额等。

3. 地区统一定额

地区统一定额主要是根据地区性特点对全国统一定额水平做适当的调整和补充。它包括省、自治区、直辖市定额。地区统一定额对地区的针对性很强,故只能在相应地区内使用,例如辽宁省建设工程预算定额。

4. 企业定额

企业定额是由施工企业考虑本企业的具体情况,参照国家、行业或地区定额的水平制定的定额。企业定额只在企业内部使用,是企业素质的一个标志。企业定额水平一般应高于国家现行定额,这样才能满足生产技术发展、企业管理和市场竞争的需要。随着社会经济的不断发展,企业定额的作用将更加突出。

5. 补充定额

补充定额是指随着设计、施工技术的发展以及新技术、新工艺和新方法的不断出现,在现行定额不能满足需要的情况下,为了弥补缺陷而编制的定额。补充定额只能在指定的范围内使用,可以作为修订定额的基础。

(四)按专业性质分类

工程定额按专业性质可分为建筑工程定额、设备安装工程定额、市政工程定额、仿古建筑及园林工程定额、公路工程定额、铁路工程定额、井巷工程定额等。

上述各种定额虽然适用于不同的情况,有着不同的用途,但是它们是一个互相联系的有机整体,在实际工作中要配合使用。

任务二　施工定额

一、施工定额概述

施工定额是施工企业直接用于建筑工程施工管理的一种定额。为了适应组织生产和劳动的需要,施工定额的项目划分得非常细致,是建筑工程定额中分项最细、定额子目最多的一种定额,也是工程建设定额中的基础性定额。

码 2-2　施工定额

(一)施工定额的作用

1. 施工定额是施工单位编制施工组织设计的基本依据

施工组织设计是根据劳动定额的标准进行计算的,通过计算确定出合理的施工方案,保证施工合理有序地进行。

2. 施工定额是计算工人劳动报酬与奖励、实现按劳分配的依据

施工定额是衡量工人劳动数量和质量、计算成果和效益的主要标准，是考核工人劳动成果的主要依据，是计算工人计件工资的基础。只有依据施工定额进行计算才能真正实现按劳分配的原则。

3. 施工定额是编制施工预算、加强成本管理和经济核算的基础

施工预算是施工单位通过施工图纸和说明书确定单位工程人工、机械、材料和资金需要量的计划文件，它以施工定额为编制基础，既要反映设计图纸的要求，又要考虑在现实条件下可能采取的节约人工、材料、机械和降低成本的各项具体措施。严格执行施工定额不仅可以起到控制消耗、降低成本和费用的作用，而且为贯彻经济核算制、加强班组核算和增加盈利创造了有利条件。

4. 施工定额是编制预算定额的基础

在施工定额的基础上编制预算定额可以减少现场测定定额的大量繁杂工作，使预算定额更加符合施工生产和管理水平。当施工中采用了新技术、新工艺、新结构时，在预算定额或单位估价表中会出现缺项的情况，这时要以施工定额为基础来编制新的预算定额及单位估价表。

5. 施工定额有利于推广先进技术

施工定额属于作业性定额，它是多数人能够达到、少数人可以接近、个别人可以超过的水平。工人要达到和超过定额，就必须掌握和运用先进技术，注意改进工具和改进操作方法，注意原材料的节约，避免浪费。

(二) 施工定额的编制原则

编制施工定额时要遵循一定的原则，这样有利于保证施工定额的编制质量。通常编制施工定额时，要遵循“定额水平要平均先进”“定额的结构形式简明适用”“专业人员与群众结合，以专业人员为主”的原则。

1. 定额水平要平均先进

施工定额水平是指定额的劳动力、材料和施工机械台班的消耗标准。施工定额水平的确定，必须符合“平均先进”的原则。也就是说，在正常的施工条件下，经过努力，多数人可以达到、少数人可以接近、个别人可以超过的定额水平。通常，它低于先进水平，略高于平均水平。贯彻“平均先进”原则，能促进企业加强科学管理和不断提高劳动生产率，达到提高企业经济效益的目的。

2. 定额的结构形式要简明适用

所谓简明适用，是指定额结构合理，定额步距大小适当，文字通俗易懂，计算方法简便，易为群众掌握，具有多方面的适应性，能在较大的范围内满足不同情况、不同用途的需要。

3. 专业人员与群众结合，以专业人员为主

制定定额是一项政策性很强的技术经济工作。它要求编制人员具有丰富的技术知识和管理工作经验，而且需要专门的机构来进行大量的组织、协调、指挥工作。广大工人群众对劳动消耗情况最为了解，对定额的执行情况和存在的问题也最为清楚，因此制定定额应以专业人员为主，同时征求广大工人群众的意见。

(三)施工定额手册的内容

施工定额手册主要包括文字说明、定额项目表和附录3部分。

1. 文字说明

文字说明主要包括总说明、分册说明和分节说明。总说明一般包括定额的编制原则和依据、定额的用途及适用范围、工程质量及安全要求、定额消耗指标的计算方法和有关规定等。分册说明主要是对本册定额有关编制和执行方面的问题与规定进行阐述。分节说明主要包括具体的工作内容、施工方法、劳动小组成员等。

2. 定额项目表

定额项目表主要包括定额编号,计量单位,项目名称,人工、材料和机械台班消耗指标等内容。

3. 附录

附录位于施工定额手册的最后,主要包括定额名词解释、混凝土及砂浆配合比表和材料指标计算的相关资料等。

二、人工消耗定额

(一)人工消耗定额的表达形式

生产单位产品的劳动消耗量可用劳动时间来表示,同样在单位时间内的劳动消耗量也可以用生产的产品数量来表示。因此,劳动定额有时间定额和产量定额两种表现形式。

1. 时间定额

时间定额也称工时定额,是指参加施工的工人在正常生产技术组织条件下,采用科学合理的施工方法,生产单位合格产品所必须消耗的时间的数量标准,一般以工日/m^3、工日/m^2、工日/m、工日/t等作为计量单位。根据现行劳动制度的规定,每工日的工作时间为8 h。

时间定额的计算公式如下:

$$\text{时间定额}=\frac{1}{\text{每工日产量}} \quad \text{或} \quad \text{时间定额}=\frac{\text{班组成员工日数总和}}{\text{班组完成产品数量总和}} \tag{2-1}$$

2. 产量定额

产量定额是指参加施工的工人在正常生产技术组织条件下,采用科学合理的施工方法,在单位时间内生产合格产品的数量标准。产量定额的单位以产品的计量单位来表示,如m^3/工日、m^2/工日、m/工日、t/工日等。

产量定额的计算公式如下:

$$\text{产量定额}=\frac{1}{\text{单位产品时间定额}} \quad \text{或} \quad \text{产量定额}=\frac{\text{产品数量}}{\text{消耗总工日数}} \tag{2-2}$$

3. 时间定额与产量定额的关系

在实际应用中,经常会碰到要由时间定额推算出产量定额,或由产量定额折算出时间定额的问题,这就需要了解两者之间的关系。

时间定额与产量定额在数值上是互为倒数的关系,即

$$\text{时间定额}=\frac{1}{\text{产量定额}} \tag{2-3}$$

(二)人工消耗定额的编制方法

人工消耗定额的编制方法是随着劳动生产力水平的不断提高而不断改进的,目前制定人工定额的方法主要有经验估计法、统计分析法、比较类推法、技术测定法等。

1. 经验估计法

经验估计法是由定额编制人员、工序技术人员和工人三方相结合,以工序(或单项产品)为对象,根据个人或集体的实践经验,经过图纸分析和现场观察,了解施工工艺,分析施工的生产技术组织条件和操作方法的难易程度,进行分析讨论,从而制定定额的方法。

经验估计法的优点是方法简单、速度快、工作量小,但制定出的定额精确度差且容易受到制定人员的主观因素和局限性的影响,而使制定的定额出现偏高或偏低的现象。因此,经验估计法只适用于企业内部作为某些局部项目的补充定额的编制。

2. 统计分析法

统计分析法是把过去施工中同类工程或同类产品的工时消耗的统计资料,与当前生产技术组织条件的变化因素结合在一起进行研究,经过整理加工得到新定额的方法。由于统计分析资料反映的是工人过去已经达到的水平,在统计时没有也不可能剔除施工过程中的不合理因素,因而这个水平一般偏于保守。统计分析法的优点在于简便易行、数据准确可靠,缺点是与当前的实际情况仍有差距。

3. 比较类推法

比较类推法又称典型定额法,它是以同类型、相似类型产品或工序的典型定额项目的定额水平为标准,经过分析比较,类推出同一组定额中相邻项目定额水平的方法。这种方法简便、工作量小,只要典型定额选择得恰当、切合实际、具有代表性,则类推出的定额一般都比较合理,适用于同类型规格多、批量小的施工过程。为了提高定额水平的精确度,通常采用主要项目作为典型定额来类推。

4. 技术测定法

技术测定法是指在正常的施工条件下,对施工过程各个组成部分的工作进行现场观察,详细测定出各个组成部分的工时消耗、完成产品的数量及有关影响因素,然后对测定的结果进行整理、分析、计算来制定定额的一种方法。这种方法有较充分的科学依据,准确程度高、时效性强,但工作量较大,测定的方法和技术较复杂。为了保证定额的质量,对那些工料消耗比较大的定额项目,应首先选择这种方法。

三、材料消耗定额

材料消耗定额既是编制材料需用量计划、运输计划,计算库房面积与贮存场地,签发限额领料单,考核成本和经济核算等生产管理的依据,也是编制施工定额和预算定额的依据。

在我国建筑工程的直接成本中,由于材料的种类多、消耗量大,通常材料费占整个工程造价的60%~70%。材料消耗量的多少、是节约还是浪费,直接关系到资源的有效利用,因此合理利用材料、降低材料消耗,对于降低工程成本具有重要意义。

(一)材料消耗定额的表达形式

工程施工中所消耗的材料可以分为实体性材料和周转性材料两种类型。

1. 实体性材料

实体性材料是指在施工中一次性消耗构成工程实体的材料，如钢筋、水泥、砂、石子等。实体性材料的消耗量由材料净用量和不可避免的损耗量两部分构成。其中，材料净用量是指直接用到工程上构成工程实体的材料消耗量；材料损耗量是指不可避免的施工废料和施工操作中的损耗量。材料消耗量的表达式如下：

$$材料消耗量 = 材料净用量 + 材料损耗量 \tag{2-4}$$

在实际计算中，可把材料损耗量与材料净用量之比作为损耗率，即

$$材料损耗率 = \frac{材料损耗量}{材料净用量} \tag{2-5}$$

$$材料消耗量 = 材料净用量 \times (1 + 材料损耗率) \tag{2-6}$$

2. 周转性材料

周转性材料是指不能直接构成工程实体，在施工中周转使用，但不是一次性被消耗掉的材料，如模板、脚手架、挡土板等。这种材料一般可以多次使用，是逐渐被消耗掉的，是在工程实体形成过程中发挥辅助作用的材料。

周转性材料的定额消耗量是指每使用一次摊销的数量，也称摊销量。周转性材料的消耗定额应该按照多次使用、分次摊销的方法确定。

以现浇钢筋混凝土结构中模板摊销量为例，其计算公式如下：

$$一次使用量 = 每计量单位构件的模板接触面积 \times 每平方米接触面积所需模板量 \tag{2-7}$$

$$摊销量 = 周转使用量 - 回收量 \times 回收系数 \tag{2-8}$$

其中

$$周转使用量 = \frac{一次使用量 + 一次使用量 \times (周转次数 - 1) \times 补损率}{周转次数} \tag{2-9}$$

$$回收量 = \frac{一次使用量 - (一次使用量 \times 补损率)}{周转次数} \tag{2-10}$$

$$补损率 = \frac{平均每次损耗量}{一次使用量} \tag{2-11}$$

式中，一次使用量为第一次投入使用时的模板数量；周转使用量为每周转使用一次平均所需的材料用量；回收量为每周转使用一次平均可以回收材料的数量；回收系数一般取50%；补损率为每周转一次因损坏不能重复使用，必须另作补充的数量占一次用量的百分比，又称为平均每次周转补损率；周转次数为周转材料可以重复使用的次数。

（二）材料消耗定额的测定方法

材料消耗定额可通过观测法、试验法、统计分析法和理论计算法等方法确定。

1. 观测法

观测法是指在施工现场对材料的实际消耗情况进行观测，经过分析、整理和计算确定材料消耗定额的方法。观测的成果是取得施工过程单位产品的材料消耗量。观测中要区分不可避免的材料损耗和可以避免的材料损耗，后者不应包括在定额损耗量内。必须经过科学的分析研究把确切的材料消耗标准列入定额。

2. 试验法

试验法是指在实验室内通过专门的试验仪器设备测定材料消耗量的一种方法。这种

方法主要是对材料的结构、物理性能和化学成分进行科学的分析，从而给材料消耗定额提供可靠的技术依据。试验法的优点是能够深入细致地研究各种因素对材料消耗的影响，其缺点是无法估计施工过程中某些因素对材料消耗的制约。

3. 统计分析法

统计分析法是通过对单位工程、分部工程、分项工程实际领用的材料量和剩余材料量进行统计、分析、计算来确定材料消耗定额的方法。这种方法主要是对现场进料、用料的大量统计资料进行分析计算，获得材料消耗的数据。统计分析法一般适用于统计资料准确、施工条件变化不大的工程。

4. 理论计算法

理论计算法是通过对施工图纸、建筑材料、建筑构件的研究，运用一定的理论计算公式制定材料消耗定额的方法。理论计算法只能计算出单位产品的材料净用量，材料的损耗量仍要通过现场实测获得。

四、机械台班定额

(一)机械台班定额的表达形式

机械台班定额以台班为计量单位，其表达形式与劳动定额相同，也有机械台班时间定额和机械台班产量定额两种形式。

1. 机械台班时间定额

机械台班时间定额是指在合理的施工组织和正常的施工条件下，某种机械生产单位合格产品所必须消耗的台班数量标准。计算公式如下：

$$\text{机械台班时间定额}=\frac{1}{\text{机械台班产量}} \tag{2-12}$$

机械台班时间定额的常用单位有台班/m^3、台班/m^2、台班/m、台班/t 等。

2. 机械台班产量定额

机械台班产量定额是指某种机械在合理的施工组织和正常的施工条件下，单位时间内完成合格产品的数量标准。计算公式如下：

$$\text{机械台班产量定额}=\frac{1}{\text{机械台班时间定额}} \tag{2-13}$$

3. 机械配合班组作业的机械台班定额

机械配合班组作业的机械台班定额关系式为

$$\text{人工时间定额}=\frac{\text{班组总工日数}}{\text{机械台班产量定额}} \tag{2-14}$$

$$\text{机械台班产量定额}=\frac{\text{每台班产量}}{\text{班组总工日数}} \tag{2-15}$$

(二)机械台班定额的制定方法

1. 拟定机械工作的正常条件

拟定机械工作的正常条件，主要是拟定工作地点的合理组织和合理的工人编制。

拟定工作地点的合理组织，就是对施工地点机械和材料的放置、工人从事操作的场所做出科学合理的平面布置和空间安排。拟定合理的工人编制，就是根据施工机械的性能、工人的专业分工和劳动工效，合理确定操纵机械的工人和直接参加机械化施工过程的工人人数。拟定合理的工人编制，应保持机械的正常生产率和工人正常的劳动工效。

2. 确定机械纯工作 1 h 的生产率

确定机械正常的生产率，首先要确定机械纯工作 1 h 的生产率。施工机械可分循环动作机械和连续动作机械两类，应分别计算其生产率。

(1) 循环动作机械纯工作 1 h 的生产率。循环动作机械纯工作 1 h 的生产率 N_h，取决于该机械纯工作 1 h 的循环次数 n 和每次循环中生产合格产品的数量 m，即

$$N_h = nm \tag{2-16}$$

(2) 连续动作机械纯工作 1 h 的生产率。连续动作机械纯工作 1 h 的生产率主要是根据机械性能来确定的。在一定条件下，纯工作 1 h 的生产率通常是一个比较稳定的数值。

3. 确定施工机械的正常利用系数

机械的工作时间是由定额时间和非定额时间组成的。确定施工机械的正常利用系数，是指机械在工作班内对工作时间的利用率，即机械在一个工作班内纯工作时间与工作班延续时间的比值。

4. 计算施工机械台班产量定额

在确定了机械正常工作条件、机械纯工作 1 h 的生产率和施工机械的正常利用系数之后，即可采用下列公式计算施工机械的产量定额。

施工机械台班产量定额 = 机械纯工作 1 h 正常生产率 × 工作班纯工作时间 (2-17)

或 施工机械台班产量定额 = 机械纯工作 1 h 正常生产率 × 工作班延续时间 × 施工机械的正常利用系数 (2-18)

任务三　预算定额

一、预算定额的概念及组成

(一) 预算定额的概念

码 2-3　预算定额概述

预算定额是确定一定计量单位分项工程或结构构件的人工、材料、机械台班和资金消耗的数量标准，由此可见，预算定额是计价性定额。预算定额是由各省(市、自治区)有关部门组织编制并颁布的一种指导性指标，反映的是当地完成一定计量单位分项工程或结构构件的人工、材料、机械台班消耗量的平均水平。

预算定额是编制施工图预算、编制标底和投标报价的基础；是施工企业编制施工组织设计，进行工程结算等经济活动分析的依据；同时，预算定额也是编制概算定额和概算指标的基础。

(二)预算定额的组成

本书以 2017 年辽宁省建设工程计价依据《房屋建筑与装饰工程定额》(简称 2017 年辽宁省《定额》)为例进行介绍,该定额是依据国家《建设工程工程量清单计价规范》(GB 50500—2013)(简称 13 版《计价规范》)、《仿古建筑工程工程量计算规范》(GB 50855—2013)、《房屋建筑与装饰工程消耗量定额》(TY01-31—2015)及国家有关现行产品标准、设计规范、施工及验收规范、技术操作规程、质量评定标准、安全操作规程,以及新技术、新材料、新工艺在施工中的应用编制的。2017 年辽宁省《定额》是在国家规范、消耗量定额的基础上结合辽宁省实际,对项目设置、计量单位、计算规则进行了适当的补充和完善。

预算定额主要由总说明、目录、建筑面积的计算规范、分部工程说明、工程量计算规则、分部工程定额项目表及附录组成。

1. 总说明

在总说明中主要阐述预算定额的用途、编制依据、适用范围、定额中已考虑的因素和未考虑的因素、使用时应注意的事项和相关问题的说明。

2. 建筑面积的计算规范

建筑面积是一项重要的技术经济参数。建筑面积的计算规范严格、系统地规定了计算建筑面积的范围和计算方法,同时也规定了不能计算建筑面积的范围。

3. 分部工程说明

分部工程说明是使用定额的指南,是预算定额手册的重要组成部分,主要阐述本分部工程所包括的定额项目、有关问题的说明、定额使用时的具体规定和处理方法等。

4. 工程量计算规则

工程量计算规则规定了各分部分项工程量计算中如何列项、计算工程量的规定、工程量的计量单位、工程量计算的起止边界等。

5. 分部工程定额项目表

分部工程定额项目表主要包括工作内容、项目编号、项目名称、计量单位、工料机消耗量、人工费、材料费、机械费等内容,它是预算定额的核心内容。表 2-1 为 2017 年辽宁省《定额》中"现浇混凝土梁"项目表,为了在清单计价模式下使用该定额的方便,将清单编号与定额编号一一对应,一个定额项目就是一个清单项目。本定额是以综合单价的形式表现的,综合单价包括人工费、材料费、机械费和综合费用,综合费用等于企业管理费和利润之和。

以表 2-1 中定额编号为"5-17"为例,解释定额项目表。2017 年辽宁省《定额》中编号分为清单编号和定额编号,这两者为一一对应关系。表 2-1 中"5-17"为定额编号,项目名称为基础梁现浇混凝土,工作内容包括混凝土的浇筑、振捣和养护等。定额的含义为每完成 10 m^3 的现浇混凝土基础梁分项工程,需要消耗人工为 1.845 工日;消耗的材料包括预拌 C30 混凝土 10.100 m^3,塑料薄膜 31.765 m^2,水 3.040 m^3,电 3.750 kW·h。因为是预拌混凝土,故该分项不需消耗机械。

6. 附录

附录一般位于预算定额的最后,包括人工、材料和机械台班的预算价格表,混凝土、砂浆配合比取定表,材料损耗率取定表等资料,这些资料可为定额使用和定额换算提供依据,它是预算定额应用时的重要补充资料。

表 2-1 现浇混凝土梁(编码:010503)

工作内容:浇筑,振捣,养护等。　　计量单位:10 m^3

清单编号			001001	002001	003001
定额编号			5-17	5-18	5-19
项目			基础梁	矩形梁	异形梁
综合单价/元			3 751.92	3 780.43	3 788.40
其中	人工费/元		173.43	198.43	206.72
	材料费/元		3 550.74	3 550.25	3 548.61
	机械费/元		—	—	—
	综合费用/元		27.75	31.75	33.07
名称		单位	消耗量		
人工	合计工日	工日	1.845	2.111	2.199
材料	预拌混凝土 C30	m^3	10.100	10.100	10.100
	塑料薄膜	m^2	31.765	29.750	36.150
	水	m^3	3.040	3.090	2.100
	电	kW · h	3.750	3.750	3.750

二、预算定额中人工、材料、机械台班消耗量的确定

(一)预算定额人工消耗量的确定

预算定额中人工消耗量是指完成某一计量单位的分项工程所需的各种用工数量(工日)的总和。2017 年辽宁省《定额》中人工工日以“综合工日”表现,是按 8 h 工作制编制的,人工等级分普通工(简称普工)、技术工(简称技工)和高级技术工(简称高级工),消耗量包括基本用工和其他用工。

1. 基本用工

基本用工量指完成某一计量单位的分项工程所需消耗的主要用工量。例如,现浇混凝土梁分项工程的基本用工包括混凝土的浇筑、振捣和养护的用工量。

2. 其他用工

其他用工包括超运距用工、辅助用工和生产班组组织者用工、人工幅度差用工。

(1)超运距用工量。指预算定额中取定的材料、成品、半成品等运距超过劳动定额规定的运距时应增加的用工量。超运距及超运距用工量的计算公式为

$$超运距 = 预算定额取定的运距 - 劳动定额已包括的运距 \tag{2-19}$$

$$超运距用工量 = \sum(分项工程中超运距材料量 \times 相应时间定额) \tag{2-20}$$

（2）辅助用工量和生产班组组织者用工量。辅助用工量指定额中对某些消耗材料进行辅助加工等辅助工序的用工量，是劳动定额中未包括而预算定额又必须考虑的用工量。例如，机械土石方工程配合用工、材料加工用工（筛砂、洗石、淋石灰膏）、电焊点火用工等。辅助用工量的计算公式为

$$辅助用工量 = \sum (分项工程中各辅助工序工程量 \times 相应时间定额) \tag{2-21}$$

生产班组组织者用工量是指班组组织者进行必要的安全教育、技术交底等必要用工时间。

（3）人工幅度差用工量。即预算定额与劳动定额的差额，主要指在劳动定额中未包括而在一般正常施工条件下不可避免，但又无法计算的用工。它一般包括不可避免的停歇工时间损失，工序交叉、搭接停歇的时间损失，机械临时维修和小修移动不可避免的时间损失，工程检验影响的时间损失，以及施工作业中不可避免的其他零星用工等。人工幅度差用工量的计算公式为

$$人工幅度差用工量 = (基本用工量 + 生产班组组织者用工量 + 超运距用工量) \times 人工幅度差系数 \tag{2-22}$$

国家现行规定的人工幅度差系数一般取为10%～15%。

综上所述，定额人工综合工日量按下式计算：

$$分项定额综合工日量 = 基本用工量 + 生产班组组织者用工量 + 超运距用工量 + 人工幅度差用工量 \tag{2-23}$$

即

$$分项定额综合工日量 = \sum (基本用工量 + 生产班组组织者用工量 + 超运距用工量) \times (1 + 人工幅度差系数) \tag{2-24}$$

【例2-1】 某砌筑工程，工程量为100 m^3，完成1 m^3砌筑需要基本用工量为0.85工日，辅助用工和生产班组组织者用工量和超运距用工量分别是基本用工量的25%和15%，人工幅度差系数为10%，则该砌筑工程的人工工日消耗量是多少工日？

解 人工工日消耗量＝基本用工量＋其他用工量

＝基本用工量＋辅助用工量＋超运距用工量＋人工幅度差用工量

＝（基本用工量＋辅助用工量＋超运距用工量）×（1＋人工幅度差系数）

＝［0.85＋0.85×（25%＋15%）］×（1＋10%）×100

＝130.9（工日）

（二）预算定额材料消耗量的确定

材料消耗量是完成单位合格产品所必须消耗的材料数量，工程材料按用途可分为主要材料、辅助材料、周转性材料和其他材料。

1. 主要材料

主要材料指直接构成工程实体的材料，其中也包括成品、半成品的材料，如水泥、石子、钢筋等。

2. 辅助材料

辅助材料指构成工程实体的除主要材料外的其他材料，如垫木、钉子、铅丝等。

3. 周转性材料

周转性材料指多次周转使用、不构成工程实体的材料，如脚手架、模板、挡土板等。

4. 其他材料

其他材料指用量较少、难以计量的零星用料，如棉纱、编号用的油漆等。

预算定额的材料消耗量由材料净用量和材料损耗量两部分组成。材料净用量是指直接用于建筑和安装工程上构成建筑产品的材料用量。材料损耗量是指在正常条件下不可避免的材料损耗，如材料在场内管理、加工制作、运输、施工操作过程中的损耗等。其计算公式为

$$材料消耗量 = 材料净用量 + 材料损耗量$$

或
$$材料消耗量=材料净用量\times(1+材料损耗率)$$

其中
$$材料损耗量=材料净用量\times材料损耗率 \tag{2-25}$$

【例 2-2】 标准砖的长×宽×厚为 240 mm×115 mm×53 mm，灰缝的厚度取 10 mm。计算 1 m^3 1 砖墙厚砌体砖和砂浆的净用量和消耗量（砖和砂浆的损耗率都为 1%）。

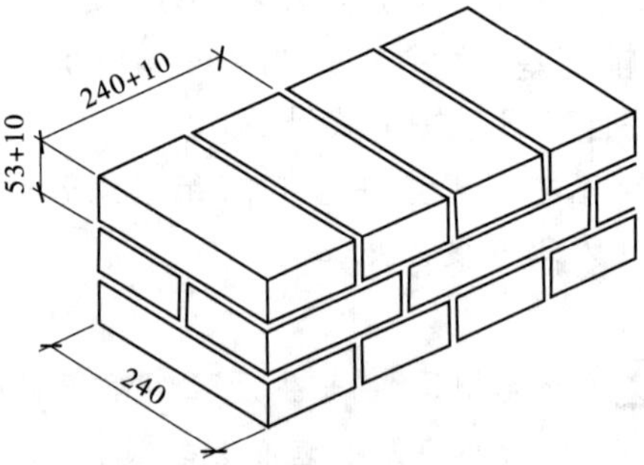

图 2-1 砖砌体计算尺寸示意图 （单位:mm）

解 (1)砖的净用砌体量。

在 1 m^3 1 砖墙厚砌体中取一块标准砖及灰缝作为一个计算单元，其体积为

$$砖长 \times (砖宽 + 灰缝) \times (砖厚 + 灰缝)$$
$$= 0.24 \times (0.115 + 0.01) \times (0.053 + 0.01) = 0.001\ 89(m^3)$$

则 1 $m^3$1 砖墙厚砌体中砖的净用量为

$$砖块数 = \frac{1}{砖长 \times (砖宽 + 灰缝) \times (砖厚 + 灰缝)} = \frac{1}{0.001\ 89} \approx 529(块)$$

(2)砂浆的净用量。

由于砖的体积与砂浆的体积之和为 1 m^3，因此砂浆的净用量为：

$$砂浆净用量 = 1 - 砖块体积$$
$$= 1 - 529 \times 0.24 \times 0.115 \times 0.053$$
$$= 1 - 0.773\ 8 = 0.226\ 2(m^3)$$

(3)计算 1 $m^3$1 砖墙厚砌体砖和砂浆的消耗量。

$$砖的消耗量 = 砖的净用量 \times (1 + 砖的损耗率) = 529 \times (1 + 1\%) \approx 534(块)$$

砂浆的消耗量=砂浆的净用量×(1+砂浆的损耗率)

$=0.2262\times(1+1\%)\approx0.2285(m^3)$

(三)预算定额机械台班消耗量的确定

预算定额中的机械台班消耗量是指在正常施工条件下,生产单位合格产品所必须消耗的机械台班的数量标准。预算定额中施工机械台班消耗量指标有以下两种确定方法。

1.根据施工定额确定预算定额机械台班消耗量指标

这种方法是按施工定额或劳动定额中的机械台班产量,并考虑一定的机械幅度差进行计算的。机械幅度差是指在施工定额中未包括的,而机械在合理的施工组织条件下所必须的停歇时间,主要包括:①正常施工组织条件下不可避免的机械空转时间;②施工技术原因造成的中断及合理停滞时间;③因供电供水故障及水电线路移动检修而发生的运转中断时间;④因气候变化或机械本身故障影响工时利用的时间;⑤施工机械转移工作面及配套机械相互影响损失的时间;⑥配合机械施工的工人因与其他工种交叉造成的间歇时间;⑦因检查工程质量影响机械操作的机械停歇的时间;⑧工程收尾和工作量不饱满造成的机械停歇时间等。

大型机械幅度差系数为:土石方机械25%,打桩机械33%,吊装机械30%。砂浆、混凝土搅拌机由于按小组配合使用,以小组产量计算机械台班产量,不另增加机械幅度差。在其他分部工程中,如钢筋、木材、水磨石加工等各项专用机械的幅度差为10%。

综上所述,预算定额的机械台班消耗量计算公式为

$$\text{预算定额机械台班消耗量}=\text{劳动定额机械台班消耗量}\times(1+\text{机械幅度差系数}) \tag{2-26}$$

2.以现场测定资料为基础确定机械台班消耗量指标

如遇到施工定额(劳动定额)缺项,则需要依据单位时间完成的产量确定机械台班消耗量。

三、预算定额中基价的确定

根据前面的介绍,预算定额是计价性定额,2017年辽宁省《定额》的基价即为综合单价,综合单价由人工费、材料费、机械费和综合费用四部分组成,其中综合费用包括管理费和利润。

$$\text{综合单价}=\text{人工费}+\text{材料费}+\text{机械费}+\text{综合费用} \tag{2-27}$$

根据分项工程的人工、材料、机械消耗量和基础单价,可以计算出该分项工程的人工费基价、材料费基价和机械费基价以及综合单价,即

$$\text{某分项工程人工费基价}=\sum(\text{该分项工程综合工日数量}\times\text{人工工日单价}) \tag{2-28}$$

2017年辽宁省《定额》人工工日以综合工日表现,是按8 h工作制编制的,人工等级分普通工(简称普工)、技术工(简称技工)和高级技术工(简称高级工),定额人工工日单价分别为普工85元、技工130元、高级工260元。

$$\text{某分项工程材料费基价}=\sum(\text{该分项工程定额材料用量}\times\text{材料预算单价}) \tag{2-29}$$

$$某分项工程机械费基价 = \sum(该分项工程定额机械台班使用量 \times 机械台班单价) \quad (2\text{-}30)$$

$$该分项工程综合费用 = (人工费基价 + 机械费基价) \times 基础费率 \quad (2\text{-}31)$$

2017 年辽宁省《定额》的费用标准不再区分工程类别、承包方式，统一为一个费率标准，费率标准为社会平均水平的基础费率或最低标准。企业管理费按表 2-2 的取费基数和基础费率计算。

表 2-2 企业管理费取费基数和基础费率

专业	取费基数	基础费率
《房屋建筑与装饰工程定额》第 1、16 章	人工费与机械费之和的 35%	8.50%
《市政工程定额》第 1、10 册		
《房屋建筑与装饰工程定额》第 2～15、17 章	人工费与机械费之和	
《通用安装工程定额》		
《装配式建筑工程定额》		
《绿色建筑工程定额》		
《市政工程定额》第 3～9、11 册 《绿化园林工程》		
《市政工程定额》第 2 册	人工费与机械费之和	12.75%

利润按表 2-3 的取费基数和基础费率计算。

表 2-3 利润取费基数和基础费率

专业	取费基数	基础费率
《房屋建筑与装饰工程定额》第 1、16 章	人工费与机械费之和的 35%	7.5%
《市政工程定额》第 1、10 册		
《房屋建筑与装饰工程定额》第 2～15、17 章	人工费与机械费之和	
《通用安装工程定额》		
《装配式建筑工程定额》		
《绿色建筑工程定额》		
《市政工程定额》第 3～9、11 册 《绿化园林工程》		
《市政工程定额》第 2 册	人工费与机械费之和	11.25%

例如，基础梁现浇混凝土分项中综合单价为 3 751.92 元，等于人工费 173.43 元+材料费 3 550.74 元+机械费 0 元+综合费用 27.75 元。综合费用 27.75 元=(人工费 173.43 元+机械费 0 元)×(企业管理费基础费率 8.5%+利润基础费率 7.5%)

根据《住房和城乡建设部办公厅关于做好建筑业营改增建设工程计价依据调整准备工作的通知》(建办标〔2016〕4 号)、《财政部　国家税务总局关于全面推开营业税改增值税试点的通知》(财税〔2016〕36 号)等文件的精神,建筑业实行增值税。增值税实行价外税,所以工程造价各要素中不含可抵扣进项税额。

四、预算定额的应用

(一)预算定额的直接套用

根据施工图纸,当分项工程项目的设计要求、结构特征、施工方法、材料规格等与定额项目的内容完全相符时,可以直接套用定额;当与定额不完全一致且不允许换算时,也只能直接套用。直接套用的方法如下:

(1)根据施工图的分项工程的项目内容选择定额项目。

(2)将各分项工程所需的内容如定额编号、项目基价、人工费、材料费、机械费等分别填入预算表的相应空格内。

【例 2-3】 某土方工程的土壤类别为二类,无地下水,包括人工平整场地 15 000 m^2 和人工挖沟槽,挖深为 1.4 m,工程量为 1 200 m^3。计算完成该工程人工平整场地所需的工日数和人工费;人工挖沟槽所需的人工费,如果计划 15 d 挖完,每天需要安排几名工人?

解 (1)套用定额计算人工费。

查 2017 年辽宁省《定额》,得人工平整场地定额编号为 1-1(见表 2-4),人工挖沟槽土方分项定额编号为 1-11(见表 2-5),这两项目与定额做法完全一致,可以直接套用定额(见表 2-6)。

表 2-4　人工平整场地(编码:010101)

工作内容:就地挖,填,平整。　　　　计量单位:100 m^2

清单编号			001001
定额编号			1-1
项目			人工场地平整
综合单价/元			161.75
其中	人工费/元		153.17
	材料费/元		—
	机械费/元		—
	综合费用/元		8.58
名称		单位	消耗量
人工	合计工日	工日	1.802

(2)平整场地的工日数计算。

$$工日数=15\ 000/100\times1.802=270.3(工日)$$

人工挖沟槽每天需要的工人数量:

$$1\ 200\div15\div10\times2.577=20.62(人)\approx21\ 人$$

表 2-5 人工挖沟槽土方

工作内容:挖土,弃土于槽,坑边 1 m 以外自然堆放,修整边底。 计量单位:10 m^3

清单编号			003001	003002	003003
定额编号			1-11	1-12	1-13
项目			人工挖沟槽土方(槽深)		
			一、二类土		
			≤2 m	≤4 m	≤6 m
综合单价/元			231.32	263.09	275.12
其中	人工费/元		219.05	249.14	260.53
	材料费/元		—	—	—
	机械费/元		—	—	—
	综合费用/元		12.27	13.95	14.59
名称		单位	消耗量		
人工	合计工日	工日	2.577	2.931	3.065

表 2-6 分项工程定额预算书(直接套用)

定额编号	项目名称	计量单位	数量	综合单价/元	合价/元
1-1	人工平整场地	100 m^2	150	161.75	24 262.5
1-11	人工挖沟槽,二类土,1.4 m	10 m^3	120	231.32	27 758.4

【例 2-4】 混凝土框架矩形梁,预拌混凝土强度等级为 C30,现场浇筑,工程量为 560 m^3。计算完成该分项工程所需的人工费、材料费、机械费及综合费用合计。

解 (1)确定定额编号。查 2017 年辽宁省《定额》,得定额编号为 5-18,计量单位为 10 m^3。定额综合单价为 3 780.43 元,其中人工费为 198.43 元,材料费为 3 550.25 元,机械费为 0 元。

(2)人工费、材料费、机械费及综合费用合计计算。

人工费: 560/10 × 198.43 = 11 112.08(元)

材料费: 560/10 × 3 550.25 = 198 814(元)

机械费: 0 元

综合费用合计: 560/10 × 3 780.43 = 211 704.08(元)

分项工程定额预算书见表 2-7。

表 2-7 分项工程定额预算书(直接套用)

定额编号	项目名称	计量单位	数量	综合单价/元	合价/元
5-18	矩形框架梁,C30,现浇混凝土	10 m^3	56	3 780.43	211 704.08

(二)预算定额的换算

当分项工程项目的设计要求、结构特征、施工方法、材料规格等与定额项目的内容不完全相符时,则不能直接套用定额,必须根据总说明、分部工程说明、附注等有关规定在定额范围内加以换算。经过换算的子目定额编号应写个“换”字,以示区别。预算定额的换算主要有砂浆的换算、混凝土的换算、系数换算、其他换算。

1. 砂浆的换算

1)砌筑砂浆的换算

(1)换算原因。当设计图纸要求的砌筑砂浆强度等级与基价项目的强度等级不同时,需要换算砂浆的强度等级,求出新的定额基价。

(2)换算特点。在调整基价时因为砂浆的用量不变,所以人工费与机械费也不变,只需换算砂浆的强度等级和调整砂浆材料费。

(3)换算公式。

换算后定额基价 = 原定额基价 + 定额砂浆用量 × (换入砂浆单价 - 换出砂浆单价) (2-32)

2)抹灰砂浆的换算

(1)换算原因。当设计图纸要求的抹灰砂浆配合比或抹灰厚度与基价项目的抹灰砂浆配合比或抹灰厚度不同时,需要换算砂浆的配合比或厚度,求出新的定额基价。

(2)换算特点。抹灰砂浆的换算有两种情况:第一种情况,抹灰厚度不变,只是砂浆配合比变化,此时只调整材料费,人工费、机械费不做调整;第二种情况,抹灰厚度发生变化时,砂浆用量改变,人工费、材料费、机械费均发生改变。

(3)换算公式。

第一种情况:

换算后定额基价=原定额基价+抹灰砂浆定额用量×(换入砂浆单价 - 换出砂浆单价)

第二种情况:

换算后定额基价 = 原定额基价 + (定额人工费 + 定额机械费) × ($K-1$) + $\sum$(各层换入砂浆用量 × 换入砂浆基价 - 各层换出砂浆用量 × 换出砂浆基价) (2-33)

式中,K 为工、机费换算系数,且 K=设计抹灰砂浆总厚/定额抹灰砂浆总厚;各层换入砂浆用量=定额砂浆用量/定额砂浆厚度×设计厚度;各层换出砂浆用量 = 定额砂浆用量 。

2. 混凝土的换算

(1)换算原因。当设计要求采用的混凝土强度等级在预算定额中没有符合的项目时,可以根据定额说明的规定对混凝土的强度等级和石子粒径进行换算。

(2)换算特点。因为混凝土用量不变,所以人工费、机械费不变,因而只换算混凝土强度等级和石子粒径。

(3)换算公式。

换算后定额基价 = 原定额综合单价 + 定额混凝土用量 × (换入混凝土单价 - 换出混凝土单价) (2-34)

【例 2-5】 混凝土框架矩形梁,预拌混凝土强度等级为 C25,现场浇筑,C30 混凝土单价为 337 元,C25 混凝土单价为 321 元,工程量为 560 m^3。计算完成该分项工程所需的人工费、材料费、机械费及综合费用合计。

解 (1)确定定额编号。查 2017 年辽宁省《定额》,得定额编号为$(5\text{-}18)_{换}$,计量单位为 10 m^3,预制混凝土用量 10.1 m^3。

(2)人工费、材料费、机械费及综合费用合计计算。

人工费: 560/10×198.43=11 112.08(元)

材料费: 560/10×[3 550.25+(321−337)×10.1]=189 764.4(元)

机械费: 0 元

换算后的定额综合单价 3 780.43+(321−337)×10.1=3 618.83(元)

综合费用合计: 560/10×3 618.83=202 654.48(元)

该分项工程定额预算书见表 2-8。

表 2-8 分项工程定额预算书

定额编号	项目名称	计量单位	数量	综合单价/元	合价/元
$(5\text{-}18)_{换}$	矩形框架梁,C25,现浇混凝土	10 m^3	56	3 618.83	202 654.48

3. 系数换算

系数换算是指用预算定额说明中规定的系数乘以相应的定额基价(或人工费、材料费、机械费)的一种换算。例如:人工挖、运湿土时,相应项目人工乘以系数 1.18;机械挖、运湿土时,相应项目人工、机械乘以系数 1.15。单独打试桩、锚桩,按相应定额的打桩人工及机械乘以系数 1.5。

4. 其他换算

其他换算是指定额应用中,除上述三种情况外的换算。这些换算是对人工、材料、机械的部分量进行增减,或利用辅助定额对基本定额进行换算。

(三)预算定额的补充

当分项工程的设计要求与定额规定完全不相符,或者设计采用的新结构、新材料、新工艺没有相近的定额可以套用,属于定额缺项时,应编制补充预算定额。补充定额就是采用前面介绍的定额测定方法,测定出相关的人工、材料、机械的消耗量,进而获得人工费、材料费、机械费,并在此基础上组成综合单价。

五、施工图预算的编制方法

施工图预算是指在施工图设计完成后,根据已批准的施工图纸,考虑实际的施工方案或施工组织设计,按照现行预算定额、费用标准、材料预算价格和建设主管部门规定的费用计算程序及其他取费规定等确定的单位工程、单项工程及建设项目建筑安装工程造价的技术经济文件。施工图预算包括直接工程费、间接费、利润和税金四项内容。利用预算定额编制施工图预算主要有单价法和实物法两种。

(一)单价法

单价法是根据施工图纸计算出各分项工程的工程量,将各分项工程的工程量分别乘以地区统一预算定额中各分项工程的预算单价,汇总得到单位工程的直接工程费,措施费、间接费、利润和税金按规定的计费基数乘以相应的费率计算，最后汇总即可得到单位工程的施工图预算（建筑安装工程造价）。

用单价法编制施工图预算的主要公式如下：

$$单位工程施工图预算直接工程费 = \sum(分项工程的工程量 \times 分项工程的预算单价) \tag{2-35}$$

$$措施费、间接费、利润和税金 = 规定的计费基数 \times 相应费率 \tag{2-36}$$

$$含税工程造价 = 直接工程费 + 间接费 + 利润 + 材差 + 税金 \tag{2-37}$$

利用单价法编制施工图预算的步骤如下：

（1）收集资料，熟悉图纸、定额和施工方案。

（2）划分项目，计算分项工程的工程量。

（3）套用定额单价计算直接工程费。

（4）计算其他各项费用。

（5）工料分析。

（6）复核。

（7）填写编制说明、装订成册。

（二）实物法

实物法是根据施工图纸计算出各分项工程的工程量，将各分项工程的工程量分别乘以地区统一预算定额中各分项工程一定计量单位的人工、材料、施工机械台班消耗数量，计算出各分项工程的人工、材料、施工机械台班消耗数量，分别乘以当时、当地的市场价格，计算出人工费、材料费、机械费，最后相加得到单位工程的直接工程费。措施费、间接费、利润和税金按规定的计费基数乘以相应的费率计算，最后汇总即可得到单位工程的施工图预算（建筑安装工程造价）。

用实物法编制施工图预算的主要公式：

$$\begin{aligned}单位工程施工图预算直接工程费 = &\sum(分项工程的工程量 \times 人工预算定额用量 \times \\ &当时当地人工工资单价) + \sum(分项工程的工程量 \times 材料预算定额用量 \times \\ &当时当地材料价格) + \sum(分项工程的工程量 \times 机械预算定额用量 \times \\ &当时当地机械台班单价)\end{aligned} \tag{2-38}$$

$$措施费、间接费、利润和税金 = 规定的计费基数 \times 相应费率 \tag{2-39}$$

$$含税工程造价 = 直接工程费 + 措施费 + 间接费 + 利润 + 税金 \tag{2-40}$$

注：利用实物法编制施工图预算，能比较准确地反映编制预算时各种人工、材料和机械台班的市场价格水平，因此利用实物法不需要进行价差的调整。

项目小结

本项目主要介绍了定额的含义和分类、施工定额的组成、预算定额中消耗量和基价的确定以及应用；要求学生能理解定额的含义以及分类，能使用预算定额进行直接套用和换算，从而计算分项工程的人工、材料和机械的用量和费用。

课程思政小课堂

定额是企业管理的一门分支学科，19 世纪末 20 世纪初，企业管理成为科学，始于弗·温·泰勒(1856—1915)，他是 19 世纪末的美国工程师，为了解决和提高工人的劳动效率，从 1880 年开始，他进行了各种试验，努力把当时科学技术的最新成就应用于企业管理。泰勒通过研究，于 1911 年发表了著名的《科学管理原理》一书，由此开创了科学管理的先河，并提出了一整套系统的、标准的科学管理方法，形成了有名的“泰勒制”。“泰勒制”的核心是：制定科学的工时定额，实行标准的操作方法，强化和协调职能管理，实行有差别的计件工资制。

在我国唐代有一本《大唐六典》。北宋时期，丁渭修复皇宫工程中采用的挖沟取土，以沟运料，废料填沟的办法，取得“一举三得”的效果，可谓古代工程管理的范例，著名的北宋土木建筑家李诫编著的《营造法式》，成书于 1100 年，它不仅是土木建筑工程技术的巨著，也是工料计算方面的巨著。清工部《工程做法则例》是一部算工算料的书，梁思成在《清式营造则例》一书序言中明确肯定清代计算工程工料消耗的方法和工程费用的方法。我国定额相对于其他国家早出很多年，体现了中华民族智慧勤劳、自强不息的优良传统。

习　题

一、填空题

1. 定额指在正常的施工条件下，完成单位合格产品所需消耗的__________、__________和机械等资源数量标准。

2. 定额按编制程序和用途分为__________、__________、概算定额、概算指标、投资估算指标 5 种。

3. 定额的特点是__________、系统性和统一性、__________。

4. 定额中人工工日消耗量由基本用工、__________、超运距用工和__________组成。

5. 材料消耗定额中的消耗量由__________和__________组成。

6. 预算定额中的基价=人工费+__________+__________。

7. 预算定额体现__________水平，施工定额体现__________水平。

8. 人工消耗定额的两种表现形式是__________和__________。

9. 工程定额按生产要素可分为__________、材料消耗定额和__________ 3 种。

10. 2017 年辽宁省《定额》的基价即为综合单价，综合单价由人工费、材料费、__________和__________四部分组成，

11. 2017 年辽宁省《定额》的分项表中的综合费用等于__________和__________之和。

二、选择题

1. 施工预算指(　　)编制的一种预算。

A. 施工阶段,施工企业内部　　B. 设计阶段,建设单位内部

C. 工程竣工后,建设单位内部　　D. 施工阶段,监理单位内部

2. 在劳动定额中, 时间定额×产量定额=(　　)。

A. 1　　B. 2　　C. 3　　D. 4

3. 定额是指在合理的劳动组织和合理地使用材料、机械的条件下,完成单位合格产品所消耗的(　　)。

A. 资源数量标准　　B. 人工数量标准

C. 机械台班数量标准　　D. 材料数量标准

4. (　　)是按照社会平均先进水平来确定其定额水平的。

A. 预算定额　　B. 概算定额　　C. 施工定额　　D. 概算指标

5. 预算定额中,材料的消耗量是指(　　)。

A. 净用量　　B. 损耗量

C. 净用量与损耗量之和　　D. 一次使用量

6. 建筑工程定额按(　　)分类,可分为劳动消耗定额、材料消耗定额和机械使用定额。

A. 其生产因素　　B. 编制程序和用途

C. 其编制单位和执行范围　　D. 其费用性质

7. 劳动定额根据表达方式分为时间定额和(　　)两种。

A. 非时间定额　　B. 产量定额　　C. 人工机械定额　D. 施工定额

8. 当时间定额减少 10%时,产量定额则(　　)。

A. 减少 10%　　B. 增加 11.1%　　C. 减少 11.1%　　D. 增加 10%

三、思考题

1. 什么是定额? 定额的特点是什么?

2. 工程定额按生产要素分为哪几种? 按编制的程序和用途分为哪几种?

3. 什么是施工定额? 施工定额的作用有哪些?

4. 简述施工定额、预算定额、概算定额和概算指标的编制对象和作用有何区别。

5. 什么是材料消耗定额? 材料消耗定额由哪些内容构成?

6. 什么是机械台班定额? 其表现形式有哪些?

7. 什么是预算定额? 预算定额的作用有哪些?

8. 预算定额与施工定额的区别是什么?

9. 预算定额中人工消耗量指标由哪几部分组成?

10. 什么是人工幅度差? 主要包括哪些内容?

11. 预算定额的应用有哪几种?

项目三 工程量清单的编制

知识目标

1. 了解实行工程量清单计价的意义和作用。
2. 理解工程量清单的概念及组成。
3. 熟悉《建设工程工程量清单计价规范》(GB 50500—2013)的主要内容。
4. 掌握工程量清单的编制方法。

能力目标

1. 能编制分部分项项目工程量清单。
2. 能编制措施项目工程量清单。
3. 能编制其他项目工程量清单。

素质目标

1. 培养学生热爱国家、坚定理想信念、自觉维护国家和公众利益的意识。
2. 培养学生具有良好的爱岗敬业、吃苦耐劳的职业道德。
3. 培养学生具备认真、严谨的工作态度。
4. 培养学生具备良好的团结合作,与人沟通、协调的能力。
5. 培养学生具备良好自我管理与约束的能力,具备持续学习、终身学习的能力。

项目重点

1. 理解《建设工程工程量清单计价规范》(GB 50500—2013)的适用条件以及强制性条文。

2. 工程量清单的组成以及编制。

项目难点

1. 清单计价和定额计价之间的联系和区别。
2. 工程量清单中分部分项清单的编制。

案例引入

某国有企业拟建一座办公楼，采用国有资金投资，框架结构，共6层，建筑面积24 000 m^2，在招标前，建设方需按照《建设工程工程量清单计价规范》(GB 50500—2013)编制工程量清单作为招标文件的组成部分，思考以下问题：

1. 建设方应采用什么招标方式？
2. 工程量清单如何编制？
3. 分部分项工程费的组成和如何编制？
4. 措施项目清单和其他清单如何编制？

任务一　工程量清单计价模式简述

工程量清单计价模式，是指由招标人按照国家统一规定的工程量计算规则计算工程数量和招标控制价，由投标人按照企业自身的实力，根据招标人提供的工程数量，自主报价的一种计价方式。由于“工程数量”由招标人提供，增大了招标市场的透明度，为投标企业提供了一个公平合理的基础和环境，真正体现了建设工程交易市场的公平、公正。“工程价格由投标人自主报价”即定额不再作为计价的唯一依据，政府不再进行任何参与，而是企业根据自身技术专长、材料采购渠道和管理水平等，制定企业自己的报价定额，自主报价。工程量清单计价方法是一种区别于定额计价模式的新计价模式，是一种主要由市场定价的计价模式。

码3-1　工程量清单计价模式概述

一、工程量清单计价的作用

(一)提供一个平等的竞争条件

采用施工图预算进行投标报价，由于设计图纸的缺陷，不同施工企业的人员理解不一，计算出的工程量也不同，报价就更相差甚远，容易产生纠纷。而工程量清单报价就为投标者提供了一个平等竞争的条件，相同的工程量，由企业根据自身的实力来填不同的单价。投标人的这种自主报价，使得企业的优势体现到投标报价中，可在一定程度上规范建筑市场秩序，确保工程质量。

(二)满足市场经济条件下竞争的需要

招标投标过程就是竞争的过程，招标人提供工程量清单，投标人根据自身情况确定综合单价，利用单价与工程量逐项计算每个项目的合价，再分别填入工程量清单表内，计算出投标总价。单价成了决定性的因素，定高了不能中标，定低了又要承担过大的风险。单价的高低取决于企业管理水平和技术水平的高低，这种局面促成了企业整体实力的竞争，有利于我国建设市场的快速发展。

(三)有利于提高工程计价效率，能真正实现快速报价

采用工程量清单计价方式，避免了传统计价方式下招标人与投标人在工程量计算上

的重复工作,各投标人以招标人提供的工程量清单为统一平台,结合自身的管理水平和施工方案进行报价,促进了各投标人企业定额的完善和工程造价信息的积累和整理,满足了现代工程建设中快速报价的要求。

(四)有利于工程款的拨付和工程造价的最终结算

中标后,业主要与中标单位签订施工合同,中标价就是确定合同价的基础,投标清单上的单价就成了拨付工程款的依据。业主根据施工企业完成的工程量,可以很容易地确定进度款的拨付额。工程竣工后,根据设计变更、工程量增减等,业主也很容易确定工程的最终造价,可在某种程度上减少业主与施工单位之间的纠纷。

(五)有利于业主对投资的控制

采用现在的施工图预算形式,业主对因设计变更、工程量的增减所引起的工程造价变化不敏感,往往等到竣工结算时才知道这些变更对项目投资的影响有多大。而采用工程量清单报价的方式则可对投资变化一目了然,在欲进行设计变更时,能马上知道它对工程造价的影响,业主就能根据投资情况来决定是否变更或进行方案比较,以确定最恰当的处理方法。

二、工程定额计价法与工程量清单计价法的联系与区别

目前,我国既广泛推行了工程量清单计价模式,又保留了传统的工程定额计价模式。因此,我国现行的工程造价计价方式有两种:工程定额计价法和工程量清单计价法。

(一)工程定额计价法与工程量清单计价法的联系

工程造价计价的基本原理就在于项目的分解与组合,无论是工程定额计价法还是工程量清单计价法,它们的工程造价计价都是一种从下而上的分部组合计价方法。在我国,工程造价计价的主要思路也是将建设项目细分至最基本的构成单位(如分项工程),用其工程量与相应单价相乘后汇总,即为整个建设项目的工程造价,其计算公式为

$$\text{建筑安装工程造价}=\sum[\text{单位工程基本构造要素工程量(分项工程)}\times\text{相应单价}] \quad (3\text{-}1)$$

无论对定额计价还是清单计价,式(3-1)都同样有效,只是公式中的各要素有不同的含义。

1. 单位工程基本构造要素不同

单位工程基本构造要素即分项工程项目。定额计价时,是按工程定额划分的分项工程项目;清单计价时,是指清单项目。

2. 工程量计算规则有所不同

工程量是指根据工程项目的划分和工程量计算规则,按照施工图或其他设计文件计算的分项工程实物量。工程实物量是计价的基础,不同的计价依据有不同的计算规则。

目前,工程量计算规则包括13版《计价规范》各附录中规定的计算规则和各类工程定额规定的计算规则两大类。

3. 单价构成不同

单价是指完成单位工程基本构造要素的工程量所需要的基本费用,工程定额计价方法下的分项工程单价是指概预算定额基价,通常是指工料单价,仅包括人工、材料、机械台

班费用;工程量清单计价方法下的分项工程单价是指综合单价,包括人工费、材料费、机械台班费,还包括企业管理费、利润和风险因素。综合单价应该根据企业定额和相应生产要素的市场价格来确定。

(二)工程定额计价法与工程量清单计价法的区别

工程定额计价法与工程量清单计价法相比有一些重大的区别,这些区别也体现了工程量清单计价法的特点。

1. 两种模式适合不同定价阶段

两种模式的最大差别在于体现了我国建设市场发展过程中的不同定价阶段。我国建设产品价格市场化经历了"国家定价—国家指导价—国家调控价"三个阶段。定额计价是以概预算定额、各种费用定额为基础依据,按照规定的计算程序确定工程造价的特殊计价方法。因此,利用工程建设定额计算工程造价就价格形成而言,介于国家定价和国家指导价之间。在工程定额计价模式下,工程价格或直接由国家决定,或由国家给出一定的指导性标准,承包商可以在该标准的允许幅度内实现有限竞争。例如,在我国的招标投标制度中,一度严格限定投标人的报价必须在限定标底的一定范围内波动,超出此范围即为废标,这一阶段的工程招标投标价格即属于国家指导性价格,体现了在国家宏观计划控制下的市场有限竞争。

工程量清单计价模式则反映了市场定价阶段。在该阶段中,工程价格是在国家有关部门间接调控和监督下,由工程承发包双方根据工程市场中建筑产品供求关系的变化自主确定工程价格。其价格的形成可以不受国家工程造价管理部门的直接干预,而此时的工程造价是根据市场的具体情况,有竞争形成、自发波动和自发调节的特点。

2. 两种模式的主要计价依据及其性质不同

工程定额计价模式的主要计价依据为国家、省、有关专业部门制定的各种定额,其性质为指导性,定额的项目划分一般按施工工序分项,每个分项工程项目所含的工程内容一般是单一的。

工程量清单计价模式的主要计价依据为 13 版《计价规范》,其性质是含有强制性条文的国家标准,清单的项目划分一般是按"综合实体"进行分项的,每个分项工程一般包含多项工程内容。

3. 编制工程量的主体不同

在定额计价方法中,建设工程的工程量由招标人和投标人分别按图计算。而在清单计价法中,工程量由招标人统一计算或委托有关工程造价咨询单位统一计算,工程量清单是招标文件的重要组成部分,各投标人根据招标人提供的工程量清单,根据自身的技术装备、施工经验、企业成本、企业定额、管理水平自主填写单价与合价。

4. 单价与报价的组成不同

工程定额计价法的单价包括人工费、材料费、机械台班费,而清单计价法采用综合单价形式,综合单价包括人工费、材料费、机械使用费、管理费、利润,并考虑风险因素。工程量清单计价法的报价除包括定额计价法的报价外,还包括预留金、材料购置费和零星工作项目费等。

5. 适用阶段不同

从目前我国现状来看，工程定额计价主要用于在项目建设前期各阶段对于建设投资的预测和估计，在工程建设交易阶段，工程定额计价通常只能作为建设产品价格形成的辅助依据，而工程量清单计价主要适用于合同价格形成以及后续的合同价格管理阶段。

6. 合同价格的调整方式不同

工程定额计价法形成的合同价格，其主要调整方式有变更签证、定额解释、政策性调整。而工程量清单计价法在一般情况下单价是相对固定的，减少了在合同实施过程中的调整"活口"。通常情况下，如果清单项目的数量没有增减，能够保证合同价格基本没有调整，保证了其稳定性，也便于业主进行资金准备和筹划。

7. 工程量清单计价把施工措施性消耗单列并纳入了竞争的范畴

工程定额计价法未区分施工实体性损耗和施工措施性损耗，而工程量清单计价法把施工措施与工程实体项目进行分离。这项改革的意义在于突出了施工措施费用的市场竞争性。工程量清单计价规范的工程量计算规则的编制原则一般是以工程实体的净尺寸计算的，没有包含工程量合理损耗，这一特点也就是工程定额计价法的工程量计算规则与工程量清单计价规范的工程量计算规则的本质区别。

三、13 版《计价规范》概述

建设工程工程量清单 13 版《计价规范》和《房屋建筑与装饰工程工程量计算规范》(GB 50854—2013)(简称 13 版《计算规范》)的编制是对《建设工程工程量清单计价规范》(GB 50500—2008)的修改、补充和完善，对清单编制和计价的指导思想进行了深化。在"政府宏观调控、部门动态监管、企业自主报价、市场决定价格"的基础上，13 版《计价规范》规定了合同价款约定、合同价款调整、合同价款中期支付、竣工结算支付以及合同解除的价款结算与支付、合同价款争议的解决方法，进一步加强了市场的监管和清单计价的执行力度。

13 版《计价规范》的发布实施，提高了工程量清单计价改革的整体效力。推行工程量清单计价，更加有利于工程量清单计价的全面推行，更加有利于规范工程建设参与各方的计价行为，更加有利于营造公开、公平、公正的市场竞争环境，是政府加强宏观管理、转变工作职能的有效途径，是快速实现与国际通行惯例接轨的重要手段，是进一步推动我国工程造价改革迈上新台阶的里程碑。13 版《计价规范》的出台，标志着我国工程价款管理迈入全过程精细化管理的新时代，工程价款管理向集约型管理、科学化管理、全过程管理、重在前期管理的方向转变和发展。

(一)规范适用范围

13 版《计价规范》和相关专业 13 版《计算规范》适用于建设工程发承包及实施阶段的计价活动，包括招标工程量清单、招标控制价、投标报价的编制、工程合同价款的约定、竣工结算的办理及施工过程中的工程计量、合同价款支付、施工索赔与现场签证、合同价款调整和合同价款争议的解决等。

13 版《计价规范》规定：使用国有资金投资的建设工程承发包，必须采用工程量清单计价；非国有资金投资的建设工程，宜采用工程量清单计价。

1. 国有资金投资的工程建设项目

(1)使用各级财政预算资金的项目。

(2)使用纳入财政管理的各种政府性专项建设资金的项目。

(3)使用国有企事业单位自有资金,并且国有资产投资者实际拥有控股权的项目。

2. 国家融资资金投资的工程建设项目

(1)使用国家发行债券所筹资金的项目。

(2)使用国家对外借款或者担保所筹资金的项目。

(3)使用国家政策性贷款的项目。

(4)国家授权投资主体融资的项目。

(5)国家特许的融资项目。

3. 国有资金(含国家融资资金)为主的工程建设项目

国有资金(含国家融资资金)为主的工程建设项目是指国有资金占投资总额50%以上,或虽不足50%但国有投资者实质上拥有控股权的工程建设项目。

对于非国有资金投资的工程建设项目,没有强制规定必须采用工程量清单计价,具体到项目是否采用工程量清单计价方式,由项目业主自主确定,但13版《计价规范》鼓励采用工程量清单计价方式。

(二)13版《计价规范》主要内容

13版《计价规范》共由16部分组成,包括总则、术语、一般规定、工程量清单编制、招标控制价、投标报价、合同价款约定、工程计量、合同价款调整、合同价款期中支付、竣工结算与支付、合同解除的价款结算与支付、合同价款争议的解决、工程造价鉴定、工程计价资料与档案、工程计价表格。13版《计算规范》共分9个专业,每个专业工程量计算规范基本上由总则、术语、工程计量、工程量清单编制和附录5部分内容组成。本书重点讲解13版《计价规范》和13版《计算规范》两部分内容。

1. 强制性条款

13版《计价规范》为国家标准,共15条强制性条款,必须严格执行。这15条强制性条款分别是:

(1)使用国有资金投资的建设工程发承包,必须采用工程量清单计价。

(2)工程量清单应采用综合单价计价。

(3)措施项目中的安全文明施工费必须按国家或省级、行业建设主管部门的规定计算,不得作为竞争性费用。

(4)规费和税金必须按国家或省级行业建设主管部门的规定计算,不得作为竞争性费用。

(5)建设工程发承包,必须在招标文件、合同中明确计价中的风险内容及其范围,不得采用无限风险、所有风险或类似语句规定计价中的风险内容及范围。

(6)招标工程量清单必须作为招标文件的组成部分,其准确性和完整性应由招标人负责。

(7)分部分项工程项目清单必须载明项目编码、项目名称、项目特征、计量单位和工程量。

(8)分部分项工程项目清单必须根据相关工程现行国家计量规范规定的项目编码、项目名称、项目特征、计量单位和工程量计算规则进行编制。

(9)措施项目清单必须根据相关工程现行国家计量规范的规定编制。

(10)国有资金投资的建设工程招标,招标人必须编制招标控制价。

(11)投标报价不得低于工程成本。

(12)投标人必须按招标工程量清单填报价格,项目编码、项目名称、项目特征、计量单位和工程量必须与招标工程量一致。

(13)工程量必须按照相关工程现行国家计量规范规定的工程量计算规则计算。

(14)工程量必须以承包人完成合同工程应予计量的工程量确定。

(15)工程完工后,发承包双方必须在合同约定时间内办理工程竣工结算。

2. 总则

(1)为规范建设工程造价计价行为,统一建设工程计价文件的编制原则和计价方法,根据《中华人民共和国建筑法》《中华人民共和国招标投标法》等法律法规,制定13版《计价规范》。

(2)13版《计价规范》适用于建设工程发承包及实施阶段的计价活动。

(3)建设工程发承包及实施阶段的工程造价应由分部分项工程费、措施项目费、其他项目费、规范和税金组成。

(4)招标工程量清单、招标控制价、投标报价、工程计量、合同价款调整、工程价款结算与支付以及工程造价鉴定等工程造价文件的编制与核对,应由具有专业资格的工程造价人员承担。

(5)承担工程造价文件编制与核对的工程造价人员及其所在单位,应对工程造价文件的质量负责。

(6)建设工程发承包及实施阶段的计价活动应遵循客观、公正、公平的原则。

(7)建设工程发承包及实施阶段的计价活动,除应符合13版《计价规范》外,尚应符合国家现行有关标准的规定。

3. 术语

(1)工程量清单。指载明建设工程分部分项工程项目、措施项目、其他项目的名称和相应数量以及规费、税金项目等内容的明细清单。

(2)招标工程量清单。指招标人依据国家标准、招标文件、设计文件以及施工现场实际情况编制的,随招标文件发布供投标报价的工程量清单,包括其说明和表格。

注:招标工程量清单是13版《计价规范》的新增术语,是招标阶段供投标人报价的工程量清单,是对工程量清单的进一步细化。

(3)已标价工程量清单。指构成合同文件组成部分的投标文件中已标明价格,经算术性错误修正(如有)且承包人已确认的工程量清单,包括对其说明和表格。

注:已标价工程量清单是13版《计价规范》的新增术语,是投标人对招标工程量清单已标明价格,并被招标人接受,构成合同文件组成部分的工程量清单,是对工程量清单的进一步细化。

(4)综合单价。指完成一个规定清单项目所需的人工费、材料和工程设备费、施工机具使用费和企业管理费、利润以及一定范围内的风险费用。

(5)工程量偏差。指承包人按照合同工程的图纸(含经发包人批准由承包人提供的图纸)实施,按照现行国家计量规范规定的工程量计算规则计算得到的完成合同工程项目应予计量的工程量与相应的招标工程量清单项目列出的工程量之间出现的量差。

(6)暂列金额。指招标人在工程量清单中暂定并包括在合同价款中的一笔款项。用于工程合同签订时尚未确定或者不可预见的所需材料、工程设备、服务的采购,施工中可能发生的工程变更、合同约定调整因素出现时的工程价款调整以及发生的索赔、现场签证确认等的费用。

(7)暂估价。指招标人在工程量清单中提供的用于支付必然发生但暂时不能确定价格的材料、工程设备的单价以及专业工程的金额。

(8)计日工。指在施工过程中,承包人完成发包人提出的工程合同范围以外的零星项目或工作,按合同中约定的单价计价的一种方式。

(9)总承包服务费。指总承包人为配合协调发包人进行的专业工程分包,对发包人自行采购的材料、工程设备等进行保管以及施工现场管理、竣工资料汇总整理等服务所需的费用。

(10)安全文明施工费。指在合同履行过程中,承包人按照国家法律法规等规定,为保证安全施工、文明施工,保护现场内外环境和搭拆临时设施等所采取的措施而发生的费用。

(11)企业定额。指施工企业根据本企业的施工技术、机械装备和管理水平而编制的人工、材料和施工机械台班等的消耗标准。

(12)规费。指根据国家法律法规规定,由省级政府或省级有关权利部门规定施工企业必须缴纳的,应计入建筑安装工程造价的费用。

(13)税金。指国家税法规定的应计入建筑安装工程造价内的营业税、城市维护建设税、教育费附加和地方教育附加等。

(14)招标控制价。指招标人根据国家或省级、行业建设主管部门颁发的有关计价依据和办法,以及拟定的招标文件和招标工程量清单,结合工程具体情况编制的招标工程的最高投标限价。

(15)投标价。指投标人投标时响应招标文件要求报出的对已标价工程量清单汇总后标明的总价。

(16)签约合同价(合同价款)。指发承包双方在工程合同中约定的工程造价,即包括了分部分项工程费、措施项目费、其他项目费、规费和税金的合同总金额。

(17)竣工结算价。指发承包双方依据国家有关法律法规和标准规定,按照合同约定确定的,包括在履行合同过程中按合同约定进行的合同价款调整,是承包人按合同约定完成了全部承包工作后,发包人应付给承包人的合同总金额。

4. 一般规定

(1)建设工程发承包,必须在招标文件、合同中明确计价中的风险内容及其范围,不得采用无限风险、所有风险或类似语句规定计价中的风险内容及其范围。

(2)由于下列因素出现,影响合同价款调整的,应由发包人承担:

①国家法律法规、规章和政策发生变化。

②省级或行业建设主管部门发布的人工费调整，但承包人对人工费或人工单价的报价高于发布的除外。

③由政府定价或政府指导价管理的原材料等价格进行了调整。

任务二　招标工程量清单的编制

一、招标工程量清单概述

(一)招标工程量清单的组成

招标工程量清单主要包括工程量清单说明和工程量清单表两部分。工程量清单说明包括工程概况、现场条件、编制工程量清单的依据及有关资料，对施工工艺、材料应用的特殊要求。工程量清单是清单项目和工程数量的载体，合理的清单项目设置和准确的工程数量是清单计价的前提和基础。

工程量清单表由分部分项工程量清单、措施项目清单、其他项目清单、规费项目清单和税金项目清单组成。

招标工程量清单必须作为招标文件的组成部分，其准确性和完整性由招标人负责。招标工程量清单由具有编制能力的招标人或受其委托具有相应资质的工程造价咨询人编制。采用工程量清单招标方式，工程量清单的工程量不是实际竣工的工程量，结算时应以实际工程量为准。

发包人提供的工程量清单中有漏项的项目，在竣工结算时，应按实际发生的工程项目予以补充，不能包括在其他项目中。工程量清单必须按 13 版《计算规范》附录规定的项目编码、项目名称、项目特征、计量单位和工程量计算规则进行编制。

(二)招标工程量清单的主要作用

(1)招标工程量清单为投标人的投标竞争提供了一个平等和共同的基础。

(2)招标工程量清单是进行建设工程计价的依据。

(3)招标工程量清单是进行工程结算和付款的依据。

(4)招标工程量清单是调整工程价款、处理工程索赔的依据。

二、分部分项工程量清单的编制

码 3-2　分部分项工程量清单编制

分部分项工程量清单是指构成拟建工程实体的全部分项实体项目名称和相应数量的明细清单，由工程实体工程量清单项目和技术措施工程量清单项目组成。

分部分项工程项目清单必须载明项目编码、项目名称、项目特征、计量单位和工程量，这是一条强制性条文，规定了一个分部分项工程项目清单由上述五个要素构成，在分部分项工程项目清单的组成中缺一不可。分部分项工程项目清单必须根据相关工程现行国家计量规范附录规定的项目编码、项目名称、项目特征、计量单位、工程量计算规则进行编制，具体见表 3-1。

表 3-1　分部分项工程项目清单表

序号	项目编码	项目名称	项目特征	计量单位	数量
1	010304001006	240 mm 厚空心砖墙，M5 混合砂浆	(1)砖品种、规格：空心砖 240 mm×175 mm×115 mm (2)墙体厚度：240 mm (3)砂浆强度等级：混合砂浆 M5	m^3	78.64
2	010307001004	预拌混合砂浆 M5(湿拌)	空心砖墙面，M5 混合砂浆砌筑	m^3	11.43

(一)分部分项工程量清单的项目编码

分部分项工程量清单的项目编码，采用 5 级 12 位阿拉伯数字表示，1～9 位应按 13 版《计算规范》附录的规定设置；10～12 位应根据拟建工程的工程量清单项目名称和项目特征设置，同一招标工程的项目编码不得有重码。12 位编码代表的含义如下。

1. 第一级编码

第一级(1、2 位数字)为专业工程代码，包括 9 类。例如，“01”代表房屋建筑与装饰工程，“02”代表仿古建筑工程，“03”代表通用安装工程，“04”代表市政工程，“05”代表园林绿化工程，“06”代表矿山工程，“07”代表构筑物工程，“08”代表城市轨道交通工程，“09”代表爆破工程。

2. 第二级编码

第二级(3、4 位数字)为专业工程附录分类顺序码。例如，房屋建筑与装饰工程中附录 A 中“01”代表土石方工程，附录 B 中“02”代表地基处理与边坡支护工程等。

3. 第三级编码

第三级(5、6 位数字)为分部工程顺序码。如房屋建筑与装饰工程中附录 A 中“01”代表土方工程、“02”代表石方工程、“03”代表回填等。

4. 第四级编码

第四级(7、8、9 位数字)为分项工程项目名称顺序码。如房屋建筑与装饰工程中附录 A 土方工程项目编码“010101001”中“001”代表平整场地、“010101002”中“002”代表挖一般土方、“010101003”中“003”代表挖沟槽土方等。

5. 第五级编码

第五级(10、11、12 位数字)为清单项目名称顺序码。由编制人依据项目特征，从 001 开始，一共 999 个码可供使用。

当同一标段(或合同段)的一份工程量清单中含有多个单位工程且工程量清单是以单位工程为编制对象时，在编制工程量清单时应特别注意对项目编码 10～12 位的设置不得有重码的规定。例如，一个标段(或合同段)的工程量清单中含有 3 个单位工程，每一个单位工程中都有项目特征相同的实心砖墙砌体，在工程量清单中又需反映 3 个不同单位工程的实心砖墙砌体工程量时，则第一个单位工程的实心砖墙的项目编码应为 010401003001，第二个单位工程的实心砖墙的项目编码应为 010401003002，第三个单位工程的实心砖墙的项目编码应为 010401003003，并分别列出各单位工程实心砖墙的工程量。

随着工程建设中新材料、新技术、新工艺等的不断涌现，13 版《计算规范》附录所列的工程量清单项目不可能包含所有项目。因此，在编制工程量清单时，当出现附录中未包括的清单项目时，编制人应做补充。在编制补充项目时应注意以下 3 个方面：

(1) 补充项目的编码由 13 版《计算规范》的代码 01、英文字母 B 和 3 位阿拉伯数字组成，并应从 01B001 起顺序编制，同一招标工程的项目不得重码，如 01B001、01B002 等。

(2) 在工程量清单中应附补充项目的项目名称、项目特征、计量单位、工程量计算规则和工作内容。

(3) 将编制的补充项目报省级或行业工程造价管理机构备案。

(二) 分部分项工程量清单的项目名称

分部分项工程量清单中的项目名称是工程量清单中表示各分部分项工程清单项目的名称。它必须体现工程实体，反映工程项目的具体特征。

13 版《计算规范》附录 A 至附录 R 中的“项目名称”为分项工程名称，是以“工程实体”命名的。在编制分部分项工程项目清单时，清单项目名称应按 13 版《计算规范》附录的项目名称与项目特征并结合拟建工程的实际确定。13 版《计算规范》中没有的项目，编制人可做相应补充，并报工程造价管理机构备案。

例如，某框架结构工程中，根据施工图纸可知，框架梁尺寸为 300 mm×500 mm，C30 现浇混凝土矩形梁。在编制清单项目设置名称时，可将 13 版《计算规范》中编号为“010503002”的项目名称“矩形梁”，根据拟建工程的实际情况确定为“C30 现浇混凝土矩形梁 300×500”。

(三) 分部分项工程量清单项目的特征描述

项目特征是用来表述项目名称的实质内容，用于区分同一清单条目下各个具体的清单项目。清单项目特征是确定一个清单项目综合单价不可缺少的重要依据，在编制分部分项工程量清单时，必须对项目特征进行准确、全面地描述。但有些项目特征用文字往往又难以准确和全面地描述。因此，为了达到规范、简洁、准确、全面描述项目特征的要求，项目特征应按相关工程国家计量规范规定，结合拟建工程的实际予以描述。

由于项目特征直接影响工程实体的自身价值，关系到综合单价的准确确定，因此项目特征的描述应根据 13 版《计算规范》项目特征的要求，结合技术规范、标准图集、施工图纸，按照工程结构、使用材质及规格或安装位置等予以详细表述和说明。由于种种原因，对同一项目特征，不同的人会有不同的描述。尽管如此，体现项目特征的区别和对报价有实质影响的内容必须描述，内容的描述可按以下程度把握。

(1) 必须描述的内容：

①涉及正确计量计价的必须描述，如门窗洞口尺寸或框外围尺寸。

②涉及结构要求的必须描述，如混凝土强度等级（C20 或 C30）。

③涉及施工难易程度的必须描述，如抹灰的墙体类型（砖墙或混凝土墙）。

④涉及材质要求的必须描述，如油漆的品种、管材的材质（碳钢管、无缝钢管）。

(2) 可不描述的内容：

①对项目特征或计量计价没有实质影响的内容可以不描述，如混凝土柱高度、断面大

小等。

②应由投标人根据施工方案确定的可不描述,如预裂爆破的单孔深度及装药量等。

③应由投标人根据当地材料确定的可不描述,如混凝土拌和料使用的石子种类及粒径、砂的种类等。

④应由施工措施解决的可不描述,如现浇混凝土板、梁的标高等。

(3)可不详细描述的内容:

①无法准确描述的可不详细描述,如土壤类别可描述为综合等(对工程所在具体地点来讲,应由投标人根据地勘资料确定土壤类别,决定报价)。

②施工图、标准图标注明确的可不再详细描述,可描述为见××图集××图号等。

③还有一些项目可不详细描述,但清单编制人在项目特征描述中应注明由投标人自定,如“挖基础土方”中的土方运距等。

需要指出的是,13 版《计算规范》附录中的“项目特征”与“工程内容”是两个不同性质的规定。项目特征必须描述,因其讲的是工程实体特征,直接影响工程的价值。工程内容无须描述,因其主要讲的是操作程序,二者不能混淆。例如,砖砌体的实心砖墙,按照 13 版《计算规范》“项目特征”栏的规定必须描述砖的品种是页岩砖还是煤灰砖;砖的规格是标准砖还是非标准砖,是非标准砖就应注明规格尺寸;砖的强度等级是 MU10、MU15 还是 MU20,因为砖的品种、规格、强度等级直接关系到砖的价值;还必须描述墙体类型是混水墙还是清水墙,清水是双面还是单面,或者是一斗一卧围墙还是单顶全斗墙等,因为墙体的类型直接影响砌砖的工效以及砖、砂浆的消耗量;还必须描述砌筑砂浆的强度等级是 M5、M7.5 还是 M10 等,因为不同强度等级、不同配比的砂浆,其价值是不同的。由此可见,这些描述均不可少,因为其中任何一项都影响综合单价的确定。而 13 版《计算规范》中“工程内容”中的砂浆制作、运输、砌砖、刮缝、砖压顶砌筑、材料运输则不必描述,因为,不描述这些工程内容,承包商必然要操作这些工序,完成最终验收的砖砌体。

清单编制人应该高度重视分部分项工程量清单项目特征的描述,任何不描述或描述不清都会使施工合同在履约过程中产生分歧,导致纠纷、索赔。

(四)分部分项工程量清单的计量单位

分部分项工程量清单的计量单位应按 13 版《计算规范》附录中规定的计量单位确定。

除各专业另有特殊规定外,工程计量时的计量单位应遵守以下规定:

(1)以质量计算的项目——吨或千克(t 或 kg);

(2)以体积计算的项目——立方米(m^3);

(3)以面积计算的项目——平方米(m^2);

(4)以长度计算的项目——米(m);

(5)以自然计量单位计算的项目——个、套、块、组、台……

没有具体数量的项目——宗、项……

在编制工程量清单时,有的分部分项工程项目在 13 版《计算规范》中有两个以上计量单位,对具体工程量清单项目,只能根据 13 版《计算规范》的规定选择其中一个计量单位,同一工程项目的计量单位应一致。当 13 版《计算规范》中没有具体选用规定时,清单编制人可以根据具体情况选择其中的一个。例如,13 版《计算规范》中"C. 1 打桩"的"预制钢筋混凝土方桩"的计量单位有"m"和"根",但是没有具体的选用规定,故清单编制人在编制该项目清单时可以根据具体情况选择"m"或"根"中的一个作为计量单位。又如 13 版《计算规范》中"D. 1 砖砌体"中的"零星砌砖"的计量单位有"m^3""m^2""m""个",同时又规定了砖砌锅台与炉灶可按外形尺寸以"个"计算,砖砌台阶可按水平投影面积以"m^2"计算,小便槽、地垄墙可按长度计算,其他工程量按"m^3"计算,因此在编制该项目的清单时,应根据具体情况选用。

(五)分部分项工程量清单的工程量计算规则

分部分项工程量清单中的工程量应按 13 版《计算规范》附录中规定的工程量计算规则计算。工程量计算规则是指对清单项目工程量的计算规定。工程项目清单中所列项目的工程量应按相应工程量计算规范附录中规定的工程量计算规则计算。除另有说明外,所有清单项目的工程量以实体工程量为准,并以完成后的净值来计算。因此,在计算综合单价时应考虑施工中的各种损耗和需要增加的工程量,或在措施费清单中列入相应的措施费用。

采用工程量清单计算规则,工程实体的工程量是唯一的。统一的清单工程量,为各投标人提供了一个公平竞争的平台,也方便招标人对比各投标报价。

工程计量时每一项目汇总的有效位数应遵守下列规定:

(1)以 t 为单位的,应保留小数点后 3 位数字,第 4 位小数四舍五入。

(2)以 m、m^2、m^3、kg 为单位的,应保留小数点后 2 位数字,第 3 位小数四舍五入。

(3)以个、件、根、组、系统为单位的,应取整数。

由于清单工程量是招标人根据设计计算的数量,仅作为投标人投标报价的共同基础,工程结算的数量按合同双方认可的实际完成的工程量确定。因此,清单编制人应该按照 13 版《计算规范》的工程量计算规则,对每一项的工程量进行准确计算,从而避免业主承受不必要的工程索赔。

三、措施项目清单的编制

(一)措施项目的种类

措施项目是为完成工程项目施工,发生于该工程施工准备和施工过程中的技术、生活、安全、环境保护等方面的项目,包括两类:一类是单价项目,即能列出项目编码、项目名称、项目特征、计量单位和工程量计算规则的项目;另一类是总价项目,即仅能列出项目编码、项目名称,未列出项目特征、计量单位和工程量计算规则的项目。房屋建筑与装饰工程专业措施项目一览见表 3-2。安全文明施工及其他措施项目见表 3-3。

表 3-2 房屋建筑与装饰工程专业措施项目一览表

序号	项目编码	项目名称
1	011701	脚手架工程
2	011702	混凝土模板及支架(撑)(新编项目)

续表 3-2

序号	项目编码	项目名称
3	011703	垂直运输
4	011704	超高施工增加(新增)
5	011705	大型机械设备进出场及安拆(新增)
6	011706	施工排水、降水(新增)
7	011707	安全文明施工及其他措施项目

表 3-3 安全文明施工及其他措施项目(编码:011707)

序号	项目编码	项目名称	工程内容及包含范围
1	011707001	安全文明施工	正常情况下都要发生
2	011707002	夜间施工	
3	011707003	非夜间施工照明	
4	011707004	二次搬运	
5	011707005	冬雨季施工	拟建工程工期跨越冬季或雨期时发生
6	011707006	地上、地下设施,建筑物的临时保护设施	正常情况下都要发生
7	011707007	已完工程及设备保护	

(二)措施项目清单的编制

1. 编制措施项目清单时应考虑的因素

措施项目清单的编制应考虑多种因素,除工程本身的因素外,还要考虑水文、气象、环境、安全等因素,还有施工企业的实际情况。具体需要考虑以下几方面:

(1)参考拟建工程的常规施工组织设计,以确定环境保护、文明安全施工、临时设施、材料的二次搬运等项目。

(2)参考拟建工程的常规施工技术方案,以确定大型机械设备进出场及安拆、混凝土模板及支架、脚手架、施工排水、施工降水、垂直运输、组装平台等项目。

(3)参阅相关的施工规范与工程验收规范,以确定施工方案没有表述的,但为实现施工规范与工程验收规范要求而必须发生的技术措施。

(4)确定设计文件中没有表示的,但要通过一定的技术措施才能实现的内容。

(5)确定招标文件中提出的某些需要通过一定的技术措施才能实现的要求。

13 版《计算规范》中的“措施项目表”只是作为清单编制人编制措施项目清单时的参考。因情况不同,当出现表中没有的措施项目时,清单编制人可以自行补充,且补充项目的有关规定及编码的设置规定同分部分项工程。

由于措施项目相对比较固定,编制措施项目清单对于清单编制人来说,压力并不大,一般情况下,清单编制人只需要填写最基本的措施项目即可。

2. 编制措施项目清单的方法

(1)对于单价措施项目,编制工程量清单时应按照 13 版《计算规范》中分部分项工程的规定执行。单价措施项目清单见表 3-4。

表 3-4 单价措施项目清单

序号	项目编码	项目名称	项目特征	计量单位	工程量
1					
2					

(2)对于总价措施项目,编制工程量清单时应按 13 版《计算规范》附录 A“措施项目”规定的项目编码、项目名称确定。总价措施项目清单见表 3-5。

表 3-5 总价措施项目清单

序号	项目编码	项目名称
1		
2		

四、其他项目清单的编制

(一)其他项目清单的内容

其他项目清单是指根据拟建工程的具体情况,在分部分项工程量清单和措施项目清单以外的项目,包括暂列金额、暂估价、计日工、总承包服务费等。

1. 暂列金额

暂列金额,是业主在工程量清单中暂定并包括在合同价款中的一笔款项,是业主用于施工合同签订时尚未确定或者不可预见的所需材料、设备、服务的采购,工程量清单漏项、有误引起的工程量的增加,施工中的工程变更引起标准提高或工程量的增加,施工中发生的索赔或现场签证确认的项目,以及合同约定调整因素出现时的工程价款调整等准备的备用金。国际上,一般用暂列金额来控制工程的投资追加金额。

暂列金额虽包含在工程总价中,但并不直接属于承包人所有,而是由发包人暂定并掌握使用的一笔款项。只有按合同约定程序实际发生后,才能成为中标人的应得金额,纳入合同价款中,扣除实际发生金额后的暂列金额仍属于招标人所有。

2. 暂估价

暂估价指由业主在工程量清单中提供的用于必然发生但暂时不能确定价格的材料、设备的单价以及专业工程的金额,是业主在招标阶段预见肯定要发生,只是因为标准不明确或者需要由专业承包人完成,暂时又无法确定具体价格时采用的一种价格形式。

3. 计日工

计日工,是指在施工过程中,完成由业主提出的施工图纸或者合同约定以外的零星项目或工作所需的费用,包括人工费、材料费、施工机械台班费等。

与暂列金额一样,计日工的数额大小与承包商没有关系,不能视为归承包商所有。竣工结算时,应该按照实际完成的零星项目或工作结算。

4. 总承包服务费

总承包服务费是总承包商为配合协调业主进行的工程分包和自行采购的材料、设备等进行管理服务以及施工现场管理、竣工资料汇总整理等服务所需的费用。这里的工程分包,是指在招标文件中明确说明的国家规定允许业主单独分包的工程内容。

其他项目清单由清单编制人根据拟建工程的具体情况参照 13 版《计算规范》编制。对 13 版《计算规范》中未列出的项目,编制人可做补充,并在总说明中予以说明。

(二)其他项目清单的编制

1. 暂列金额的编制

暂列金额可根据工程的复杂程度、设计深度、工程环境条件(包括地质、水文、气候条件等)进行估算,一般可按分部分项工程费和措施项目费的 10%~15%作为参考。暂列金额应依据表 3-6 编制。暂列金额明细表应由招标人填写,不能详列时可只列暂定金额的总额,投标人应将上述暂列金额计入投标总价中。

表 3-6　暂列金额明细表

序号	项目名称	计量单位	暂定金额/元	备注
1				
2				
合计				—

2. 暂估价的编制

暂估价包括材料暂估单价、工程设备暂估单价和专业工程暂估价。

一般情况下,材料暂估单价专指材料费,业主确定为暂估价的材料应在工程量清单中详细列出材料名称、规格、数量、单价等。其中,材料暂估单价应根据工程造价信息或参照市场价格估算,列出明细表,如表 3-7 所示。材料(工程设备)暂估单价表由招标人填写"暂估单价",并在备注栏说明暂估价的材料、工程设备拟用在哪些清单项目上,投标人应将上述材料、工程设备暂估单价计入工程量清单综合单价报价中。

表 3-7　材料(工程设备)暂估单价及调整表

序号	材料(工程设备)名称、规格、型号	计量单位	数量		暂估单价/元		确认/元		差额±/元		备注
			暂估	确认	单价	合价	单价	合价	单价	合价	
1											说明材料拟用于的清单项目
2											
合计											—

专业工程暂估价应分不同专业,按有关计价规定估算列出明细表。专业暂估价以项为单位,是综合暂估价,包括人工费、材料费、机械使用费、管理费、利润等。专业工程暂估价表(见表 3-8)由招标人填写"暂估金额",投标人应将上述专业工程暂估金额计入投标总价中,结算时按合同约定结算金额填写。

表 3-8　专业工程暂估价表

序号	工程名称	工程内容	暂估金额/元	结算金额/元	差额±/元	备注
1						
2						
合计						—

3. 计日工的编制

计日工表中列出的人工、材料、机械是为将来有可能发生的工程量清单以外的有关增加项目或零星用工而做的单价准备。清单编制人应该填写具体的暂估工程量。一般情况下，由于计日工主要用于一些突发性的额外工作，缺少计划性，客观上会造成超出常规的额外投入；另外，计日工往往忽略给出一个暂定的工程量，无法纳入有效的竞争。因此，计日工的单价水平都是高于工程量清单的价格水平的。

编制计日工工程量清单时，计日工表应列出项目名称、计量单位和暂定数量，见表 3-9。计日工表中的人工应按不同工种，材料区分不同材料，机械应按规格、型号详细列项。其中，人工、材料、机械数量，应由招标人根据工程的复杂程度、工程设计的深化程度等因素，按照经验来估算一个比较接近实际的数量，并作为暂定数量写到计日工表中，通过有效的投标竞争获得合理的计日工单价。

表 3-9　计日工表

编号	项目名称	计量单位	暂定数量	实际数量	综合单价/元	合价	
						暂定	实际
一	人工						
1							
2							
⋮							
人工小计							
二	材料						
1							
2							
⋮							
材料小计							
三	施工机械						
1							
2							
⋮							
施工机械小计							
四	企业管理费和利润						
总计							

4. 总承包服务费的相关规定

工程量清单编制人需要在其他项目清单中列出“总承包服务费”的项目，说明中明确工程分包的具体内容。只有当工程采用总承包模式时,才会发生总承包服务费。招标人应当预计该项费用并按投标人的投标报价向投标人支付该项费用。

总承包服务费计价表中项目名称、服务内容由招标人填写,编制招标控制价时,费率及金额由招标人按有关计价规定确定;投标时,费率及金额由投标人自主报价,计入投标总价中。

五、规费与税金

规费是指政府和有关权利部门规定必须缴纳的费用,其具体项目由清单编制人根据13版《计价规范》列出的项目编制;对未列出的项目,编制人应按照工程所在地政府和有关权利部门的规定编制。

税金指按国家税法规定,应计入建设工程造价内的营业税、城市维护建设税及教育费附加和地方教育附加等。

分部分项工程量清单编制的工作量非常大,工程量计算结果主要体现在分部分项工程量清单中。在对工程量清单列项还不够熟练的情况下,编制工程量清单时,工程量一般要根据计价定额的项目名称和描述进一步细化和拆分。措施项目清单一般比较固定,可以按统一的项目列项,特殊情况下可以增加措施项目明细。其他项目清单可能发生,也可能不发生,如果不发生则工程量清单可以不列其他项目清单,如果有其他项目清单的相应项目,也要根据项目的实际情况进行分析,有哪项清单就列哪项,而不是列出所有项目。

项目小结

本项目主要介绍了13版《计价规范》的相关内容,工程量清单的含义、组成以及编制,要求学生重点理解清单计价和定额计价之间的联系和区别,掌握工程清单中各组成部分的编制方法。

课程思政小课堂

长期以来工程定额是我国发承包计价定价的主要依据,它是计划经济的产物,在过去一段时间,定额计价对我国工程造价的管理做出了较大贡献。但随着经济全球化进程的加快和我国市场经济的逐步完善,我国工程造价管理也要与国际惯例接轨。因此,我国从2003年7月1日起确定实施《建设工程工程量清单计价规范》(GB 50500—2003),这一工程计价方式的改革,标志着我国工程造价管理由传统的“量价合一”计划模式向“量价分离”的市场模式的重大转变。相对于定额计价,清单计价有很多自身的特点,而其中最显著的就是它的竞争性,清单计价的成功之处就在于引进了竞争机制,从两者的区别中也可看出,清单与定额的区别正是竞争性的差别。公平竞争是市场经济的基本特征,是社会得以前进的动力。

习　题

一、填空题

1. 工程量清单计价模式是指由招标人按照国家统一规定的工程量计算规则计算工程数量和招标控制价，由投标人按照企业自身的实力，根据招标人提供的__________、__________的一种计价方式。

2. 使用国有资金投资的建设工程发承包，必须采用__________计价，非国有资金投资的建设工程，__________采用工程量清单计价。

3. 措施项目中的安全文明施工费必须按照__________、行业建设主管部门的规定计价，不得作为__________费用。

4. __________和__________必须按国家或省级、行业建设主管部门的规定计算，不得作为竞争性费用

5. 工程计量时，以“t”为单位，应保留小数点后__________位数字，第__________位小数四舍五入。

6. 工程量清单应根据13版《计算规范》附录规定的__________、项目名称、__________、计量单位和工程量计算规则进行编制。

7. __________必须作为招标文件的组成部分，其准确性和完整性由__________负责。

8. 暂估价是招标人在工程量清单中提供的用于支付必然发生但暂时不能确定价格的材料、工程__________的单价以及__________的金额。

9. 计日工是在施工过程中，__________完成__________、提出的工程合同范围以外的零星项目或工作，按合同中约定的单价计价的一种方式。

10. 税金是国家税法规定的应计入建筑安装工程造价内的营业税、城市维护建设税、__________和__________等。

11. 分部分项工程量清单的项目编码，应采用__________位阿拉伯数字表示，__________位应按13版《计算规范》附录的规定设置。

12. 分部分项工程量清单的项目编码__________位应根据拟建工程的工程量清单项目名称和项目特征设置，同一招标工程的项目编码不得有__________。

13. 工程量清单的编制，必须按13版《计算规范》附录规定的__________、项目名称、项目特征、计量单位和__________进行。

14. 工程量清单的工程量不是__________的工程量，结算时应以__________工程量为准。

15. 项目特征是用来表述__________的实质内容，用于区分同一清单条目下各个具体的__________。

16. 项目特征的描述应根据13版《计算规范》项目特征的要求，结合技术规范、标准图集、__________，按照__________、使用材质及规格或安装位置等予以详细表述和说明。

17. 措施项目是为完成工程项目施工，发生于该工程施工准备和__________中的技术、生活、安全、__________等方面的项目。

18. 措施项目中列出了项目编码、项目名称、项目特征、计量单位、工程量计算规则的项目，编制__________时，应按照13版《计算规范》中__________的规定执行。

19. 暂列金额虽包含在工程总价中，但并不直接属于__________所有，而是由__________暂定并掌握使用的一笔款项。

20. 计日工，是指在施工过程中，完成由业主提出的施工图纸或者合同约定以外的__________或__________的费用，包括人工、材料、施工机械台班等。

二、选择题

1. 工程量清单计价模式是一种由(　　)定价的计价模式

A. 政府　　B. 市场　　C. 建设方　　D. 施工单位

2. 清单计价中不可竞争的费用为(　　)。

A. 分部分项工程费　　B. 措施项目费

C. 规费　　D. 其他工程费

3. 工程量清单是载明分部分项工程项目、措施项目、其他项目的名称和相应数量以及(　　)、税金项目等内容的明细清单。

A. 采购及保管费　　B. 材料原价　　C. 施工使用费　　D. 规费

4. (　　)是表明拟建工程的全部分项实体工程名称和相应数量的明细清单。

A. 实体项目清单　　B. 措施项目清单

C. 其他项目清单　　D. 分部分项工程量清单

5. 工程量清单中的(　　)是非工程实体项目。

A. 分部分项工程　　B. 措施项目

C. 预留金　　D. 材料购置费

6. (　　)是为完成工程项目施工，发生于该工程施工准备和施工过程中的技术、生活、安全、环境保护等方面的非工程实体项目。

A. 其他项目　　B. 措施项目

C. 分部分项工程项目　　D. 建设项目

7. 分部分项工程量清单的项目编码中，(　　)位由清单编制人设置。

A. 8~10　　B. 9~11　　C. 9~12　　D. 10~12

8. 分部分项工程量清单中，项目编码的第3、4位表示(　　)。

A. 专业工程附录分类顺序码　　B. 分部工程顺序码

C. 分项工程项目名称顺序码　　D. 专业工程顺序码

9. 分部分项工程量清单中，项目编码的第1、2位表示(　　)。

A. 附录分类顺序码　　B. 分部工程顺序码

C. 分项工程项目名称顺序码　　D. 专业工程代码

10. 建设工程工程量清单中的其他项目清单不包括(　　)。

A. 暂估价　　B. 总承包服务费　　C. 暂列金额　　D. 规费

11. 在施工过程中，(　　)完成发包人提出的工程合同范围以外的零星项目或工作，按合同中约定的单价计价的一种方式称为计日工。

A. 建设单位　　B. 分包人　　C. 承包人　　D. 项目法人

12. 暂估价是招标人在工程量清单中提供的用于支付必然发生但暂时不能确定价格的材料、(　　)以及专业工程的金额。

A. 工程设备的单价　　B. 利润

C. 施工现场管理费用　　D. 竣工资料汇总整理费用

13. (　　)是招标人在工程量清单中暂定并包括在合同价款中的一笔款项,用于施工合同签订时尚未确定或者不可预见的所需材料、设备、服务的采购,施工中可能发生的工程变更、合同约定调整因素出现时的工程价款调整及发生的索赔、现场签证;确认等的费用。

A. 暂列金额　　B. 暂估价　　C. 计日工　　D. 总承包服务费

14. 分部分项工程量清单中,项目编码的第1、2位为专业工程代码,其中"01"代表(　　)。

A. 仿古建筑工程　　B. 通用安装工程

C. 房屋建筑与装饰工程　　D. 市政工程

15. (　　)是用来表述项目名称的实质内容,用于区分同一清单条目下各个具体的清单项目。

A. 项目特征　　B. 项目名称　　C. 项目编码　　D. 计量单位

16. (　　)是指根据拟建工程的具体情况,在分部分项工程量清单和措施项目清单以外的项目,包括暂列金额、暂估价、计日工、总承包服务费等。

A. 实体项目清单　　B. 措施项目清单

C. 其他项目清单　　D. 分部分项工程量清单

17. (　　)是指由业主在工程量清单中提供的用于必然发生但暂时不能确定价格的材料、设备的单价以及专业工程的金额。

A. 暂列金额　　B. 暂估价　　C. 计日工　　D. 总承包服务费

18. (　　)表中列出的人工、材料、机械是为将来有可能发生的工程量清单以外的有关增加项目或零星用工而做的单价准备。

A. 暂列金额　　B. 暂估价　　C. 计日工　　D. 总承包服务费

三、思考题

1. 简述工程量清单计价模式。

2. 简述工程量清单计价法与工程定额计价法的联系与区别。

3. 简述13版《计价规范》的适用范围。

4. 简述工程量清单的概念及组成。

5. 工程量清单编制具体包括哪些内容?

6. 分部分项工程项目清单必须载明哪几项?

7. 简述项目编码的含义。

8. 措施项目清单包括哪两类?

9. 其他项目清单的内容包括哪几项?

项目四 建筑面积计算

知识目标

1. 了解建筑面积的概念、组成、作用。
2. 掌握建筑面积的计算规则和计算方法。

技能目标

1. 能准确计算不同类型建筑的不同部位的建筑面积。
2. 能区分房屋计算建筑面积和不计算建筑面积的位置。

素质目标

1. 培养学生热爱国家、坚定理想信念、自觉维护国家和公众利益的意识。
2. 培养学生具有良好的爱岗敬业、吃苦耐劳的职业道德。
3. 培养学生具备精益求精、认真细致的工匠精神。
4. 培养学生具备良好的团结合作,与人沟通、协调的能力。
5. 培养学生凡事讲究规则、有法必依的工作态度。
6. 培养学生具备持续学习、终身学习的能力。

项目重点

《建筑工程建筑面积计算规范》(GB/T 50353—2013)中关于建筑面积的计算规则。

项目难点

能根据建筑面积的计算规则,准确计算不同类型建筑的不同部位的建筑面积。

案例引入

大家购房时,非常关心的问题是公摊面积是多少?公摊面积是指由整栋楼的产权人共同所有的整栋楼公用部分的建筑面积。套内建筑面积是指房屋权利人单独占有使用的建筑面积。某高层建筑平面图如图4-1所示,请大家思考下面几个问题:

1. A户型和B户型的建筑面积分别为多少?
2. 公摊面积和套内面积如何计算?

3. 电梯间属于什么面积？

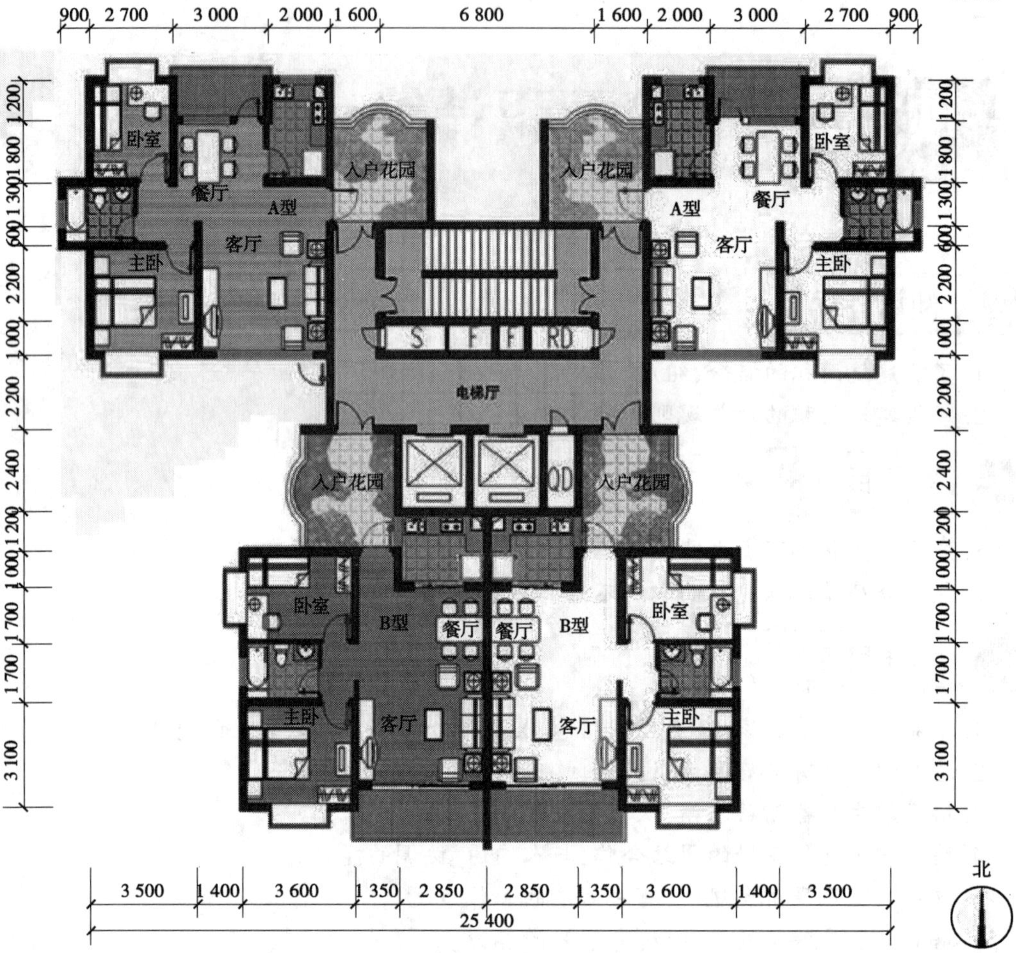

图 4-1 某高层建筑平面图 （单位：mm）

任务一 建筑面积的概念及作用

一、建筑面积的概念

建筑面积是指建筑中各层外围结构水平投影面积的总和，包括使用面积、辅助面积和结构面积三部分。

建筑面积=使用面积+辅助面积+结构面积

使用面积是指建筑物各层平面中直接为生产或生活使用的净面积的总和，如居住建筑中卧室、客厅，办公楼中办公室等。

码 4-1 建筑面积的概念及作用

辅助面积是指建筑物各层平面布置中为辅助生产或辅助生活所占的净面积的总和，如住宅建筑中的楼梯、厕所、厨房、走廊等。

结构面积是指建筑物各层平面中结构构件所占的面积总和，如内墙、外墙、柱等结构构件所占的面积的总和。

二、建筑面积的作用

(1)建筑面积是确定建设规划的重要指标。

(2)建筑面积是确定各项技术经济指标的基础。

(3)建筑面积是计算有关分项工程量的依据。

(4)建筑面积是选择概算指标和编制概算的主要依据。

三、建筑面积的有关术语

(1)建筑面积：建筑物(包括墙体)所形成的楼地面面积。

(2)自然层：按楼地面结构分层的楼层。

(3)结构层高：楼面或地面结构层上表面至上部结构层上表面之间的垂直距离。

(4)围护结构：围合建筑空间的墙体、门、窗。

(5)建筑空间：以建筑界面限定的、供人们生活和活动的场所。

(6)结构净高：楼面或地面结构层上表面至上部结构层下表面之间的垂直距离。

(7)围护设施：为保障安全而设置的栏杆、栏板等围挡。

(8)地下室：室内地平面低于室外地平面的高度超过室内净高的 1/2 的房间。

(9)半地下室：室内地平面低于室外地平面的高度超过室内净高的 1/3，且不超过 1/2 的房间。

(10)架空层：仅有结构支撑而无外围护结构的开敞空间层。

(11)走廊：建筑物中的水平交通空间。

(12)架空走廊：专门设置在建筑物的二层或二层以上，作为不同建筑物之间水平交通的空间。

(13)结构层：整体结构体系中承重的楼板层。

(14)落地橱窗：突出外墙面且根基落地的橱窗。

(15)凸窗(飘窗)：凸出建筑物外墙面的窗户。

(16)檐廊：建筑物挑檐下的水平交通空间。

(17)挑廊：挑出建筑物外墙的水平交通空间。

(18)门斗：建筑物入口处两道门之间的空间。

(19)雨篷：建筑出入口上方为遮挡雨水而设置的部件。

(20)门廊：建筑物入口前有顶棚的半围合空间。

(21)楼梯：由连续行走的梯级、休息平台和维护安全的栏杆(或栏板)、扶手以及相应的支托结构组成的作为楼层之间垂直交通使用的建筑部件。

(22)阳台：附设于建筑物外墙，设有栏杆或栏板，可供人活动的室外空间。

(23)主体结构：接受、承担和传递建设工程所有上部荷载，维持上部结构整体性、稳定性和安全性的有机联系的构造。

(24)变形缝：防止建筑物在某些因素作用下引起开裂甚至破坏而预留的构造缝。

(25)骑楼：建筑底层沿街面后退且留出公共人行空间的建筑物。

(26)过街楼:跨越道路上空并与两边建筑相连接的建筑物。

(27)建筑物通道:为穿过建筑物而设置的空间。

(28)露台:设置在屋面、首层地面或雨篷上的供人室外活动的有围护设施的平台。

(29)勒脚:在房屋外墙接近地面部位设置的饰面保护构造。

(30)台阶:联系室内外地坪或同楼层不同标高而设置的阶梯形踏步。

任务二　建筑面积的计算规则

依据《建筑工程建筑面积计算规范》(GB/T 50353—2013),建筑面积的计算规则主要包括以下内容。

码 4-2　平屋顶和坡屋顶房屋建筑面积的计算

一、平屋顶建筑物的建筑面积计算

建筑物的建筑面积应按自然层外墙结构外围水平面积之和计算。结构层高在 2.20 m 及以上的,应计算全面积;结构层高在 2.20 m 以下的,应计算 1/2 面积。建筑面积计算示意见图 4-2。

注:①"外墙结构外围水平面积"主要强调建筑面积计算应计算墙体结构的面积,按建筑平面图结构外轮廓尺寸计算,而不应包括墙体构造所增加的抹灰厚度、材料厚度等。

②当外墙结构本身在一个层高范围内不等厚时,以楼地面结构标高处的外围水平面积计算。

码 4-3　建筑面积计算规则

计算公式:　　　　$S=a\times b$(外墙外边尺寸,不含勒脚高度)

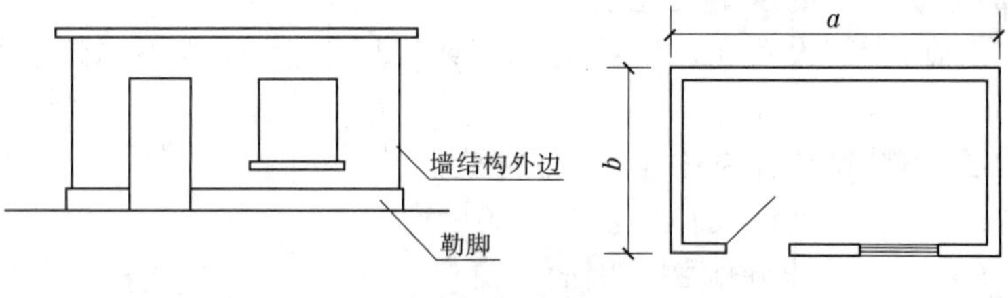

图 4-2　建筑面积计算示意图

【例 4-1】　如图 4-3 所示为某建筑物的平面图和剖面图,计算该多层建筑物的建筑面积。

解　该建筑物各层墙体厚度不同,则建筑面积分别计算;首层层高为 4 m,其他层层高为 3.6 m,均大于 2.2 m,按全面积计算建筑面积。

$$S = (6\times 3+0.365)\times(12+0.365)+(6\times 3+0.24)\times(12+0.24)\times 6$$
$$= 1\,566.63(\text{m}^2)$$

二、局部楼层建筑物的建筑面积计算

建筑物内设有局部楼层时,对于局部楼层的二层及以上楼层,有围护结构的应按其围护结构外围水平面积计算,无围护结构的应按其结构底板水平面积计算。结构层高在 2.20 m 及以上的,应计算全面积;结构层高在 2.20 m 以下的,应计算 1/2 面积。建筑物内的局部楼层见图 4-4。

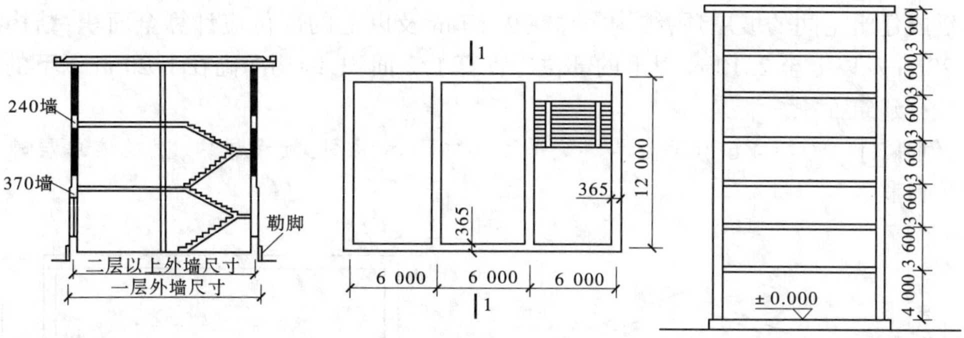

(a)楼梯间剖面图　　(b)平面图　　(c)1—1 剖面图

图 4-3　某多层房屋建筑面积计算示意图　(单位:mm)

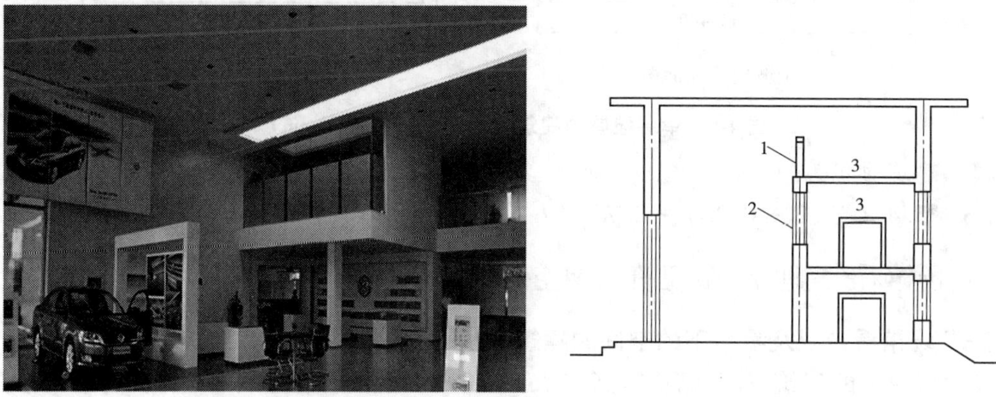

1—围护设施;2—围护结构;3—局部楼层。

图 4-4　建筑物内的局部楼层

【**例 4-2**】　如图 4-5 所示为某单层建筑物(二层设有局部楼层)示意图,已知该单层建筑物层高为 6.0 m,局部楼层层高为 3.0 m,求该建筑物的建筑面积。

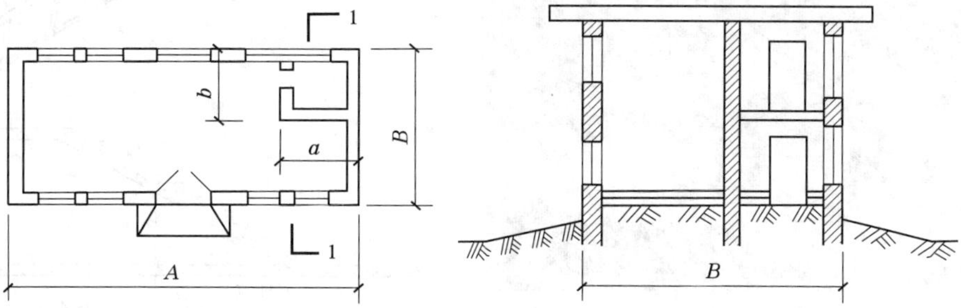

(a)平面图　　(b)1—1 剖面图

图 4-5　单层建筑物有局部楼层示意图

解　由图 4-5 可知,该局部楼层有围护结构且层高在 2.20 m 以上,则其建筑面积 $S=AB$(一层)$+ab$(二层局部楼层)。

三、坡屋顶建筑物的建筑面积计算

形成建筑空间的坡屋顶,结构净高在 2.10 m 及以上的部位应计算全面积;结构净高在 1.20 m 及以上至 2.10 m 以下的部位应计算 1/2 面积;结构净高在 1.20 m 以下的部位不应计算建筑面积。

【例 4-3】 如图 4-6 所示为某建筑平面和立面示意图,轴线居中,试求该单层建筑物的建筑面积。

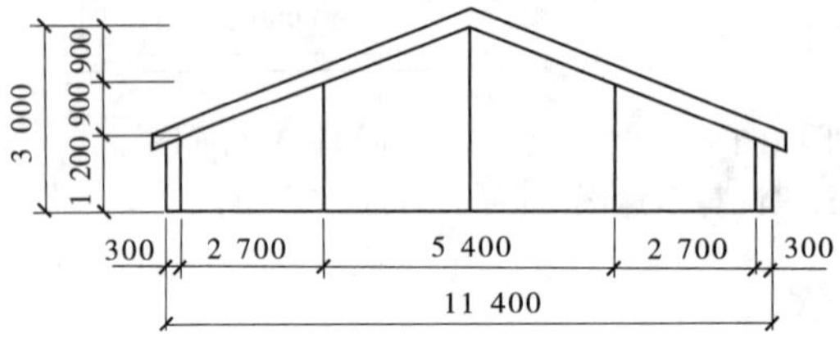

(a)坡屋顶立面图

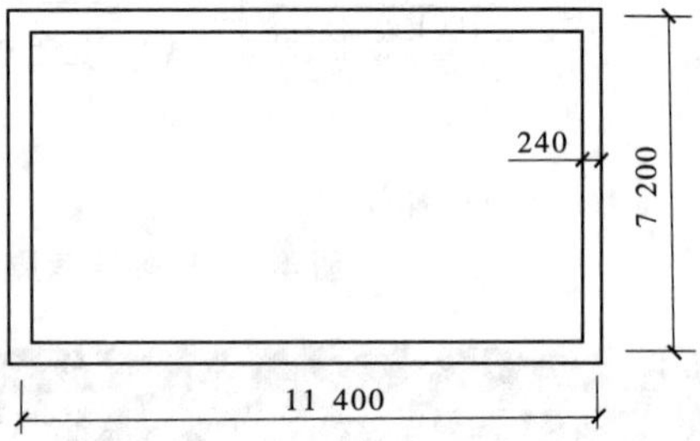

(b)平面图

图 4-6 单层坡屋顶建筑物示意图 (单位:mm)

解 建筑面积为

$$S = 5.4 \times (7.2 + 0.24) + 2.7 \times (7.2 + 0.24) \times 0.5 \times 2 = 60.264(m^2)。$$

四、场馆看台、地下室、建筑物架空层的建筑面积计算

(一)场馆看台以及看台下的空间的建筑面积

场馆看台下的建筑空间,结构净高在 2.10 m 及以上的部位应计算全面积;结构净高在 1.20 m 及以上至 2.10 m 以下的部位应计算 1/2 面积;结构净高在 1.20 m 以下的部位不应计算建筑面积。场馆看台建筑面积计算规则见图 4-7。

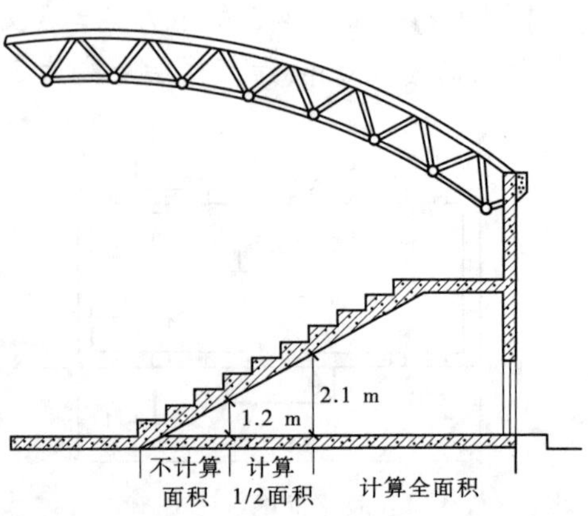

图 4-7 场馆看台下建筑面积计算规则

室内单独设置的有围护设施的悬挑看台,应按看台结构底板水平投影面积计算建筑面积。有顶盖无围护结构的场馆看台应按其顶盖水平投影面积的 1/2 计算面积。

(二)地下室、半地下室的建筑面积

地下室、半地下室应按其结构外围水平面积计算。结构层高在2.20 m及以上的,应计算全面积;结构层高在2.20 m以下的,应计算1/2面积,如图4-8所示。出入口外墙外侧坡道有顶盖的部位,应按其外墙结构外围水平面积的1/2计算面积,如图4-9所示。

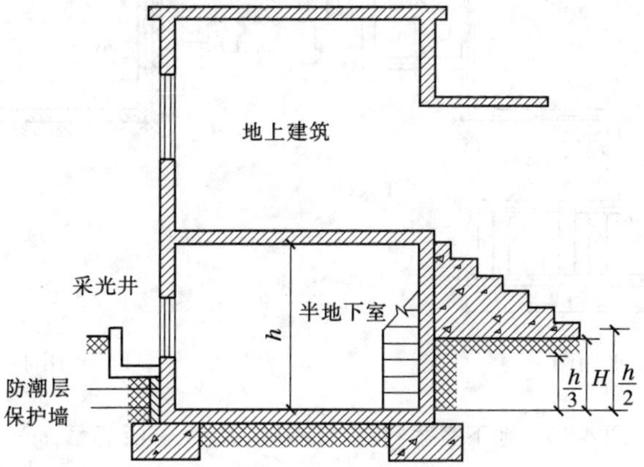

图4-8　半地下室示意图

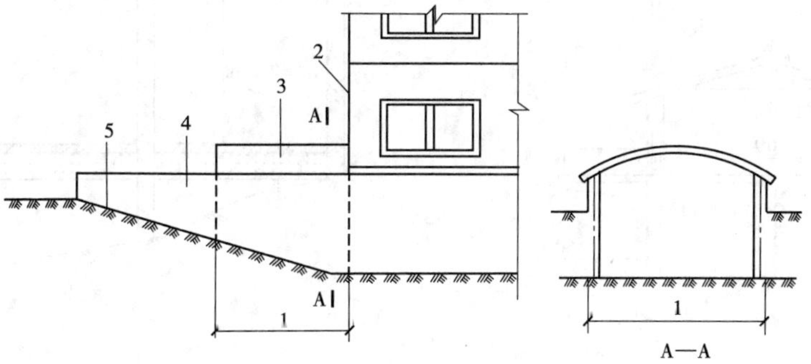

1—计算1/2投影面积;2—主体建筑;3—出入口顶盖;4—封闭出入口侧墙;5—出入口坡道。

图4-9　有顶盖的地下室出入口

【例4-4】　某地下室及出入口的平面图和剖面图如图4-10所示,平面图的轴线居中,请计算该地下室的建筑面积。

解　地下室的层高=-0.3-(-2.4)=2.1(m) < 2.2 m,故应计算1/2面积。有永久性顶盖的出入口,应按其外墙结构外围水平面积的1/2计算面积。

地下室的建筑面积=(2.1+0.24)×(3+0.24)/2+[(0.9+0.24)×(1.2-0.24)+(0.9+0.24)×(2.4+0.24)]/2=5.84(m^2)

(三)建筑物架空层及坡地建筑物吊脚架空层的建筑面积

建筑物架空层及坡地建筑物吊脚架空层,应按其顶板水平投影计算建筑面积,如图4-11所示。结构层高在2.20 m及以上的,应计算全面积;结构层高在2.20 m以下的,应计算1/2面积。

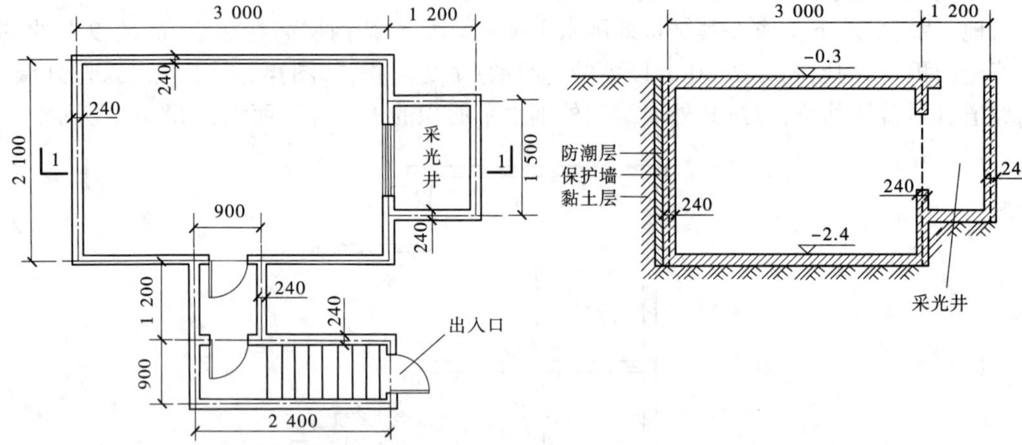

(a)平面图　　(b)1—1剖面图

图 4-10　地下室案例图　(单位:尺寸,mm;高程,m)

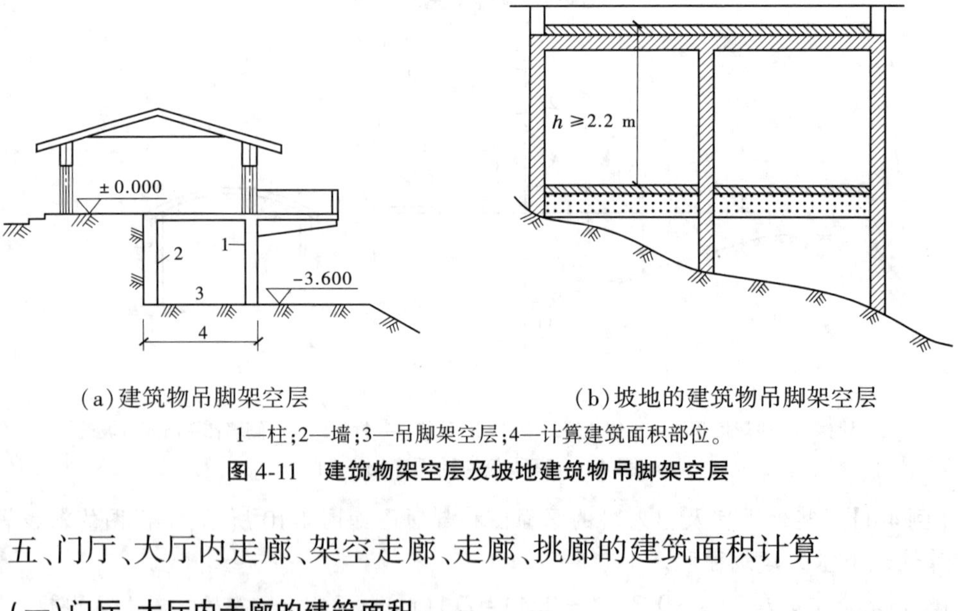

(a)建筑物吊脚架空层　　(b)坡地的建筑物吊脚架空层

1—柱;2—墙;3—吊脚架空层;4—计算建筑面积部位。

图 4-11　建筑物架空层及坡地建筑物吊脚架空层

五、门厅、大厅内走廊、架空走廊、走廊、挑廊的建筑面积计算

(一)门厅、大厅内走廊的建筑面积

建筑物的门厅、大厅应按一层计算建筑面积,门厅、大厅内设置的走廊应按走廊结构底板水平投影面积计算建筑面积。结构层高在 2.20 m 及以上的,应计算全面积;结构层高在 2.20 m 以下的,应计算 1/2 面积。

【例 4-5】　如图 4-12 所示为某带回廊的二层平面示意图,已知二层层高为 2.90 m,求该回廊的建筑面积。

解　根据规定,建筑物的门厅、大厅按一层计算建筑面积。当门厅、大厅内设有回廊时,应按其结构底板水平面积计算。结构层高在 2.20 m 及以上者应计算全面积,层高不足 2.20 m 者应计算 1/2 面积。

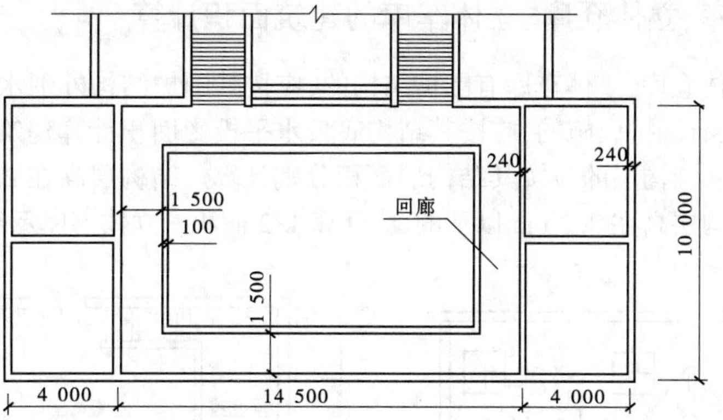

图 4-12　带回廊的二层平面示意图　（单位:mm）

由题目可知,该回廊层高在 2.20 m 以上,则其建筑面积为

$$S=(14.5-0.24)\times 1.6\times 2+(10-0.24-1.6\times 2)\times 1.6\times 2=66.62\ (m^2)$$

(二)架空走廊、走廊、挑廊的建筑面积

建筑物间的架空走廊的建筑面积,有顶盖和围护结构的,应按其围护结构外围水平面积计算全面积;无围护结构、有围护设施的,应按其结构底板水平投影面积计算 1/2 面积。架空走廊见图 4-13。

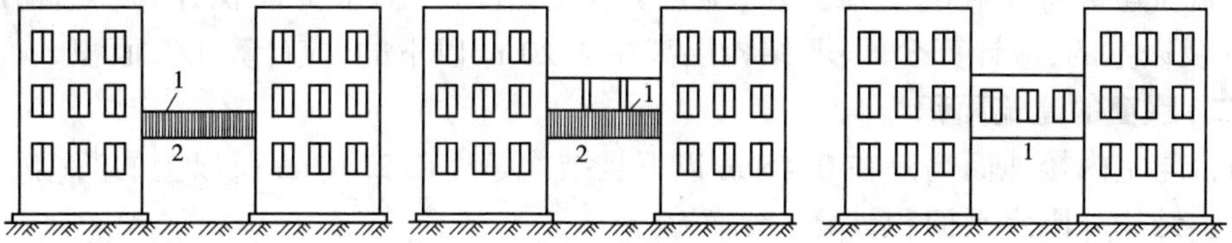

1—栏杆;2—架空走廊。

图 4-13　架空走廊

有围护设施的室外走廊(挑廊),应按其结构底板水平投影面积计算 1/2 面积;有围护设施(或柱)的檐廊,应按其围护设施(或柱)外围水平面积计算 1/2 面积。走廊、挑廊、檐廊示意见图 4-14。

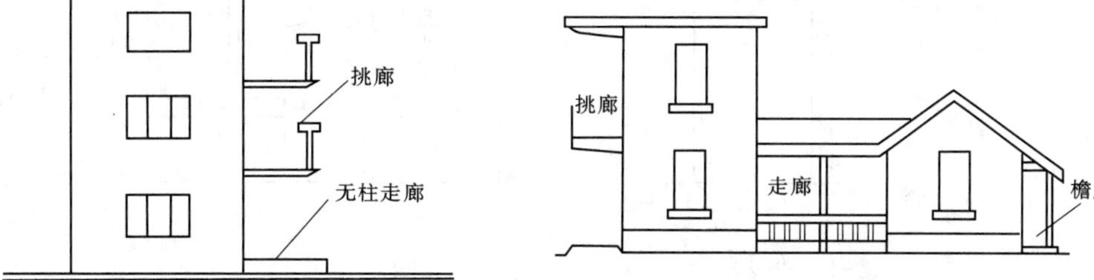

图 4-14　走廊、挑廊、檐廊示意图

六、立体书库、立体仓库、立体车库的建筑面积计算

立体书库、立体仓库、立体车库有围护结构的，应按其围护结构外围水平面积计算建筑面积；无围护结构、有围护设施的，应按其结构底板水平投影面积计算建筑面积。无结构层的应按一层计算，有结构层的应按其结构层面积分别计算。结构层高在 2.20 m 及以上的，应计算全面积；结构层高在 2.20 m 以下的，应计算 1/2 面积。立体书库示意见图 4-15。

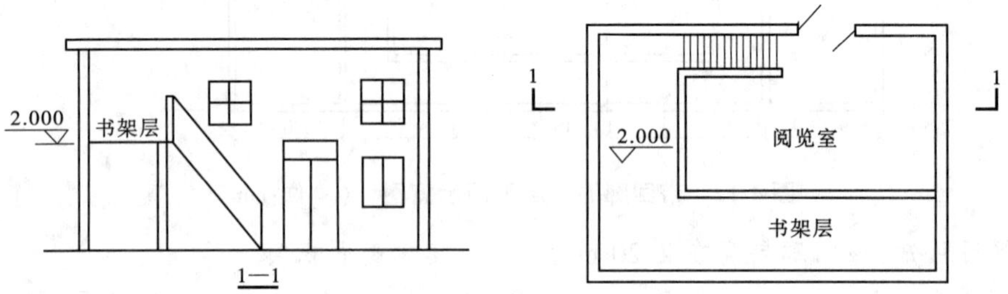

图 4-15 立体书库示意图

七、落地橱窗、飘窗、门斗的建筑面积计算

(一)落地橱窗的建筑面积

附属在建筑物外墙的落地橱窗，应按其围护结构外围水平面积计算。结构层高在 2.20 m 及以上的，应计算全面积；结构层高在 2.20 m 以下的，应计算 1/2 面积。

(二)飘窗的建筑面积

窗台与室内楼地面高差在 0.45 m 以下且结构净高在 2.10 m 及以上的凸(飘)窗，应按其围护结构外围水平面积计算 1/2 面积。

(三)门斗的建筑面积

门斗应按其围护结构外围水平面积计算建筑面积，结构层高在 2.20 m 及以上的，应计算全面积；结构层高在 2.20 m 以下的，应计算 1/2 面积。门斗见图 4-16。

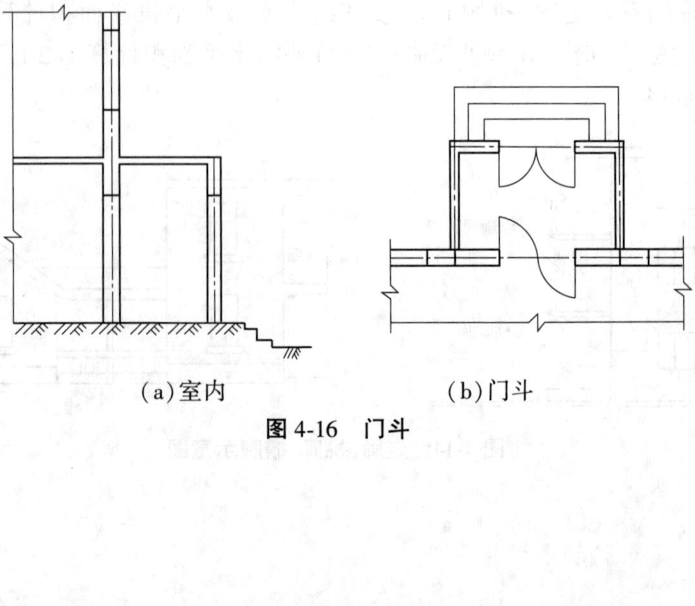

(a)室内　　(b)门斗

图 4-16 门斗

八、雨篷、阳台的建筑面积计算

(一)雨篷的建筑面积

有柱雨篷应按其结构板水平投影面积的 1/2 计算建筑面积;无柱雨篷的结构外边线至外墙结构外边线的宽度在 2.10 m 及以上的,应按雨篷结构板水平投影面积的 1/2 计算建筑面积。

【例 4-6】 如图 4-17 所示为某雨篷示意图,求该雨篷的建筑面积。

解 根据规定,雨篷结构的外边线至外墙结构外边线的宽度超过 2.10 m 者,应按雨篷结构板的水平投影面积的 1/2 计算,则雨篷的建筑面积为

$$S = 2.5 \times 1.5 \times 0.5 = 1.88(\mathrm{m}^2)$$

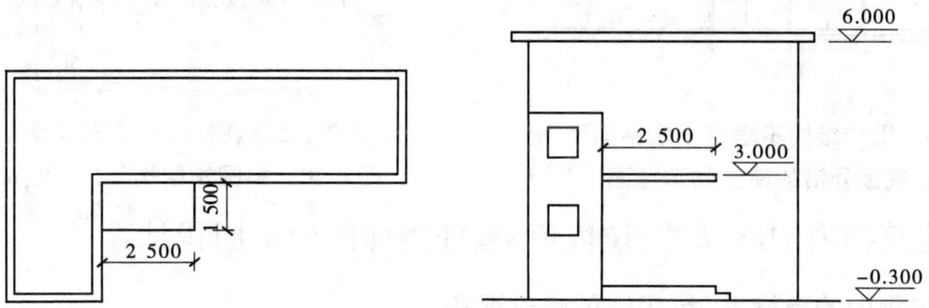

(a)平面　　(b)南立面

图 4-17　某雨篷示意图　(单位:mm)

(二)阳台的建筑面积

在主体结构内的阳台,应按其结构外围水平面积计算全面积;在主体结构外的阳台,应按其结构底板水平投影面积计算 1/2 面积。

九、设在建筑物顶部的、有围护结构的楼梯间、水箱间、电梯机房的建筑面积计算

设在建筑物顶部的、有围护结构的楼梯间、水箱间、电梯机房等,结构层高在 2.20 m 及以上的应计算全面积;结构层高在 2.20 m 以下的,应计算 1/2 面积。

注:建筑物屋顶水箱间、楼梯间示意图如图 4-18 所示。

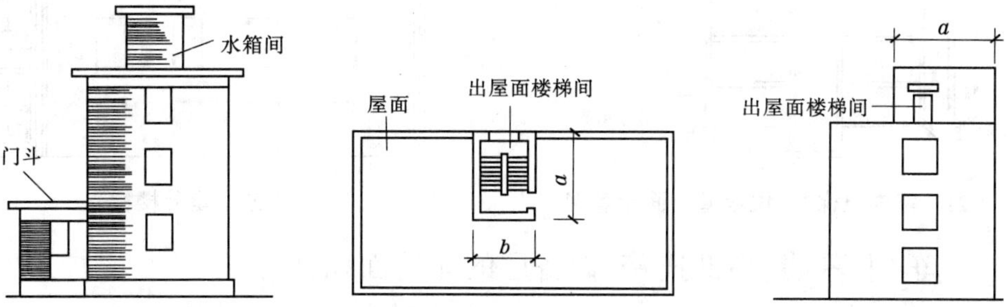

(a)楼顶水箱间　　(b)出屋面楼梯间平面图　　(c)出屋面楼梯间立面图

图 4-18　屋顶水箱间、楼梯间示意图

十、围护结构不垂直于水平面的楼层的建筑面积计算

围护结构不垂直于水平面的楼层(见图 4-19),应按其底板面的外墙外围水平面积计算。结构净高在 2.10 m 及以上的部位,应计算全面积;结构净高在 1.20 m 及以上至 2.10 m 以下的部位,应计算 1/2 面积;结构净高在 1.20 m 以下的部位,不应计算建筑面积。斜围护结构见图 4-20。

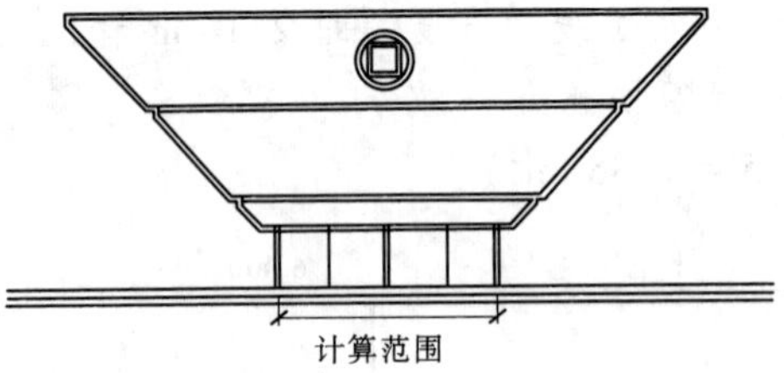

图 4-19 围护结构不垂直于水平面而超出底板外沿的建筑物示意图

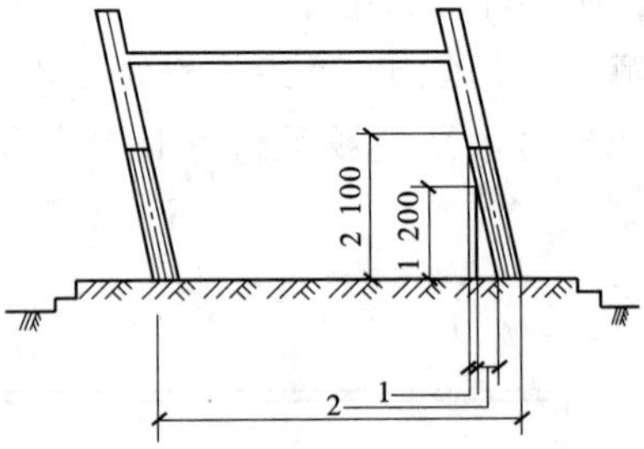

1—计算 1/2 建筑面积;2—不计算建筑面积。

图 4-20 斜围护结构 (单位:mm)

十一、建筑物内的电梯井、垃圾道、室外楼梯的建筑面积计算

(一)建筑物内的电梯井、垃圾道的建筑面积

建筑物的室内楼梯、电梯井、提物井、管道井、通风排气竖井、烟道,应并入建筑物的自然层计算建筑面积。有顶盖的采光井应按一层计算建筑面积,结构净高在 2.10 m 及以上的,应计算全面积,结构净高在 2.10 m 以下的,应计算 1/2 面积,如图 4-21 所示。

(二)室外楼梯的建筑面积

室外楼梯应并入所依附建筑物自然层,并应按其水平投影面积的 1/2 计算建筑面积,如图 4-22 所示。

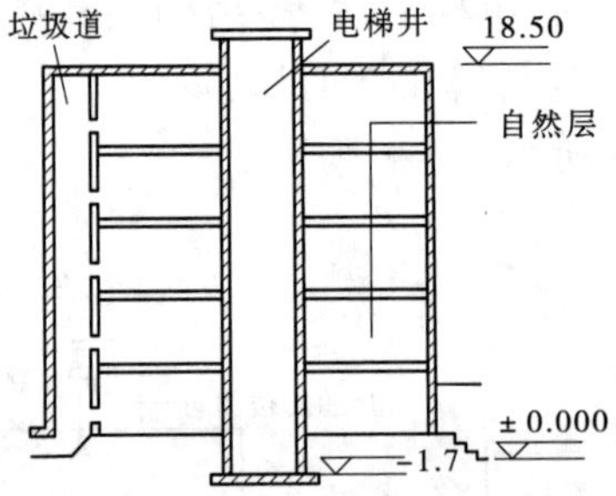

图 4-21 室内电梯井、垃圾道剖面示意图

图 4-22 室外楼梯

十二、车棚、幕墙、高低连跨、设备层的建筑面积计算

(一)车棚的建筑面积

有顶盖无围护结构的车棚、货棚、站台、加油站、收费站等,应按其顶盖水平投影面积的 1/2 计算建筑面积,如图 4-23 所示。

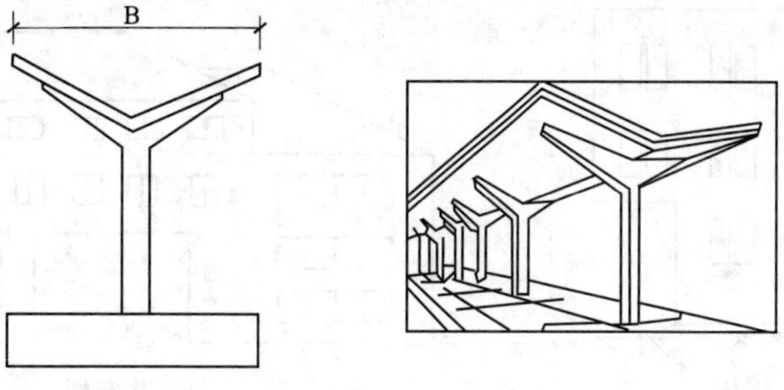

图 4-23　站台示意图

(二)以幕墙作为围护结构的建筑物的建筑面积

以幕墙作为围护结构的建筑物,应按幕墙外边线计算建筑面积;建筑物的外墙外保温层,应按其保温材料的水平截面面积计算,并计入自然建筑面积。

(三)高低联跨建筑物的建筑面积

与室内相通的变形缝,应按其自然层合并在建筑物建筑面积内计算。对于高低联跨的建筑物,当高低跨内部连通时,其变形缝应计算在低跨面积内。高低联跨建筑物见图 4-24。

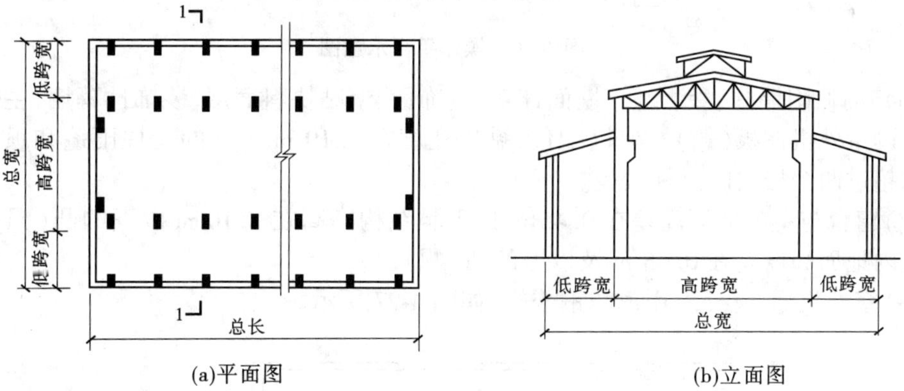

图 4-24　高低联跨建筑物示意图

(四)设备层、管道层、避难层的建筑面积

对于建筑物内的设备层、管道层、避难层等有结构层的楼层,结构层高在 2.20 m 及以上的,应计算全面积;结构层高在 2.20 m 以下的,应计算 1/2 面积。

十三、不计算建筑面积的范围

(1)与建筑物内不相连通的建筑部件。

(2)骑楼、过街楼底层的开放公共空间和建筑物通道,如图 4-25 所示。

(3)舞台及后台悬挂幕布和布景的天桥、挑台等。

(4)露台、露天游泳池、花架、屋顶的水箱及装饰性结构构件。

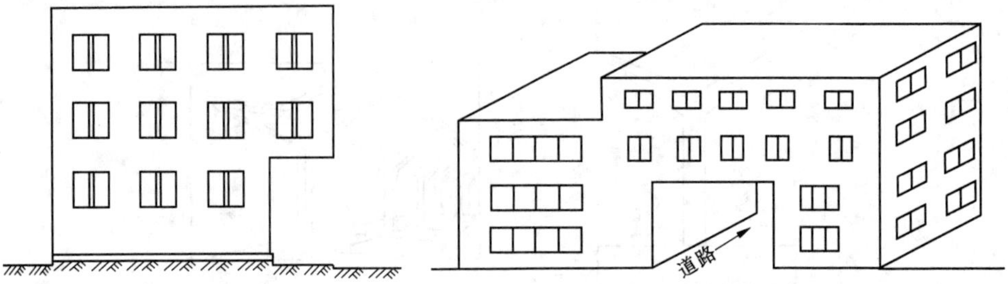

(a)骑楼　　(b)过街楼

图 4-25　骑楼、过街楼建筑物

(5)建筑物内的操作平台、上料平台、安装箱和罐体的平台,如图 4-26 所示。

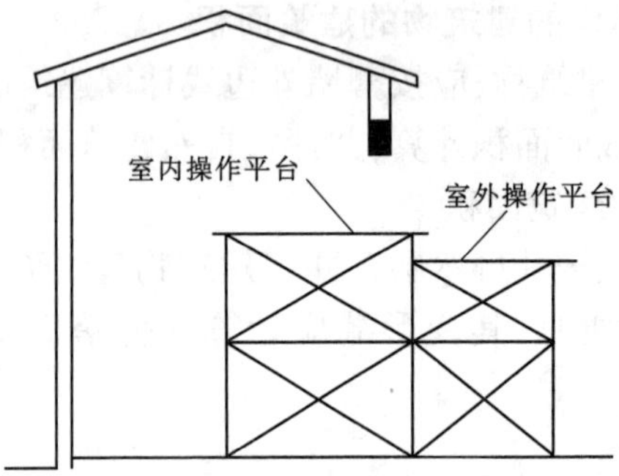

图 4-26　操作平台示意图

(6)勒脚、附墙柱、垛、台阶、墙面抹灰、装饰面、镶贴块料面层、装饰性幕墙,主体结构外的空调室外机搁板(箱)、构件、配件,挑出宽度在 2.10 m 以下的无柱雨篷和顶盖高度达到或超过两个楼层的无柱雨篷。

(7)窗台与室内地面高差在 0.45 m 以下且结构净高在 2.10 m 以下的凸(飘)窗,窗台与室内地面高度差在 0.45 m 及以上的凸(飘)窗。

(8)室外爬梯、室外专用消防钢楼梯,如图 4-27 所示。

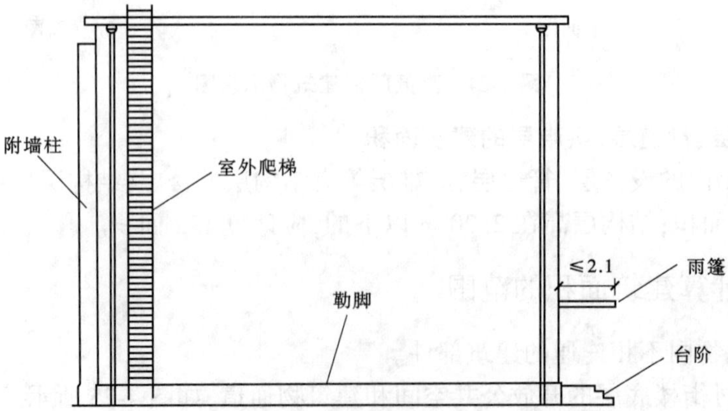

图 4-27　不计算建筑面积的构件示意图　(单位:m)

(9)无围护结构的观光电梯。

(10)建筑物以外的地下人防通道,独立的烟囱、烟道、地沟、油(水)罐、气柜、水塔、贮油(水)池、贮仓、栈桥等构筑物。

项目小结

本项目主要介绍了建筑面积的概念、组成和作用,以及《建筑工程建筑面积计算规范》(GB/T 50353—2013)中的关于建筑面积的计算规则,要求学生能根据建筑面积计算规则计算不同类型建筑的不同部位的建筑面积,能区别房屋计算建筑面积和不计算建筑面积的位置。

课程思政小课堂

(1)成套房屋的建筑面积及其组成。

成套房屋的建筑面积是指房屋权利人所有的总建筑面积,也是房屋在权属登记时的一大要素。其组成为:

成套房屋的建筑面积=套内建筑面积+分摊的共有公用建筑面积

(2)套内建筑面积及其组成。

房屋的套内建筑面积是指房屋权利人单独占有使用的建筑面积。其组成为:

套内建筑面积=套内房屋有效面积+套内墙体面积+套内阳台建筑面积

①套内房屋有效面积:套内房屋有效面积是指套内直接或辅助为生活服务的净面积之和,包括使用面积和辅助面积两部分。

②套内墙体面积:套内墙体面积是指应该计算到套内建筑面积中的墙体所占的面积,包括非共用墙和共用墙两部分。

非共用墙是指套内部各房间之间的隔墙,如客厅与卧室之间、卧室与书房之间、卧室与卫生间之间的隔墙,非共用墙均按其投影面积计算。

共用墙是指各套之间的分隔墙、套与公用建筑空间的分隔墙和外墙,共用墙均按其投影面积的1/2计算。

③套内阳台建筑面积:套内阳台建筑面积按照阳台建筑面积计算规则计算即可。

(3)分摊的共有公用建筑面积。

分摊的共有公用建筑面积是指房屋权利人应该分摊的各产权业主共同占有或共同使用部分建筑面积。包括以下两部分:

第一部分为电梯井、管道井、楼梯间、变电室、设备间、公共门厅、过道、地下室、警卫室等,以及为整幢建筑物服务的公共用房和管理用房的建筑面积。

第二部分为套内与公共建筑之间的分隔墙,以及外墙(包括山墙)公共墙,其建筑面积为水平投影面积的1/2。

提示:独立使用的地下室、车棚、车库,为多幢建筑物服务的警卫室,管理用房,作为人防工程的地下室通常都不计入共有公用建筑面积。

(4)共有公用建筑面积的处理原则:

①产权各方有合法权属分割文件或协议的,按文件或协议规定执行。

②无权属分割文件或协议的，按相关房屋的建筑面积比例进行分摊。

计算每套应该分摊的共有公用建筑面积时，应该按以下三个步骤进行。

①计算共有公用建筑面积：

共有公用建筑面积=整栋建筑物的建筑面积-各套套内建筑面积之和-作为独立使用空间出售或出租的地下室、车棚及人防工程等建筑面积

②计算共有公用建筑面积分摊系数：

$$共有公用建筑面积分摊系数=\frac{共有公用建筑面积}{套内建筑面积之和}$$

③计算每套应该分摊的共有公用建筑面积：

每套应该分摊的共有公用建筑面积=共有公用建筑面积分摊系数×套内建筑面积

习　题

一、填空题

1. 建筑面积是指建筑中各层外围结构水平投影面积的总和，包括________面积、________面积和结构面积三部分。

2. 结构层高是指楼面或地面结构层________至上部结构层上表面之间的________距离。

3. 平屋顶建筑物的建筑面积是按结构层高在 2.20 m 及以上的，应计算________面积；结构层高在 2.20 m 以下的，应计算________面积。

4. 坡屋顶建筑，结构净高在 2.10 m 及以上的部位应计算________面积；结构净高在 1.20 m 及以上至 2.10 m 以下的部位应计算________面积；结构净高在 1.20 m 以下的部位不应计算建筑面积。

5. 建筑物的门厅、大厅应按________层计算建筑面积，门厅、大厅内设置的走廊应按走廊结构底板________面积计算建筑面积。

6. 在主体结构内的阳台，应按其结构外围水平面积计算________面积；在主体结构外的阳台，应按其结构底板水平投影面积计算________面积。

7. 有柱雨篷应按其结构板水平投影面积的________计算建筑面积；无柱雨篷的结构外边线至外墙结构外边线的宽度在________m 及以上的，应按雨篷结构板的水平投影面积的 1/2 计算建筑面积。

二、选择题

1. 下列哪个房间的面积属于使用面积？（　　）

A. 卧室　　B. 楼梯　　C. 走廊　　D. 外墙

2. 建筑物内设有局部楼层时，对于局部楼层的二层及以上楼层，有围护结构的应按其围护结构（　　）水平面积计算。

A. 外围　　B. 内侧　　C. 结构底板　　D. 中线

3. 门厅、大厅内设有回廊时按其结构底板（　　）计算建筑面积。

A. 水平投影面积　　B. 外围水平面积的 1/2

C. 外围水平面积　　D. 水平投影面积的 1/2

4. 窗台与室内楼地面高差在0.45 m以下且结构净高在2.10 m及以上的凸(飘)窗，应按其围护结构外围水平面积计算(　　)面积。

A. 1/3　　B. 1/2　　C. 1/4　　D. 全

5. 对于高低联跨的建筑物，当高低跨内部连通时，其变形缝应计算在(　　)面积内。

A. 高跨　　B. 低跨　　C. 不算　　D. 不确定

6. 在主体结构外的阳台(　　)计算建筑面积。

A. 按水平投影面积　　B. 按水平投影面积的1/2

C. 按水平投影面积的1/4　　D. 不

7. 单层建筑物结构层高在(　　)及以上者应计算全面积。

A. 2.00 m　　B. 2.10 m　　C. 2.20 m　　D. 2.30 m

8. 利用坡屋顶内空间时净高超过(　　)的部位应计算全面积。

A. 2.00 m　　B. 2.10 m　　C. 2.20 m　　D. 2.30 m

9. 不计算建筑面积的有(　　)。

A. 舞台、挑台　　B. 独立柱雨篷

C. 两个建筑物间有顶盖的架空通廊　　D. 建筑物内的门厅、大厅

10. 下列关于建筑面积计算规则的论述中，正确的是(　　)。

A. 室内电梯井按建筑自然层计算建筑面积

B. 室内电梯井按一层计算建筑面积

C. 室内电梯井不计算建筑面积

D. 室内垃圾道按一层计算建筑面积

11. 单层建筑内的(　　)应计算建筑面积。

A. 操作平台　　B. 上料平台

C. 安置箱罐的平台　　D. 部分楼层

12. 雨篷结构的外边线至外墙结构外边线的宽度超过2.10 m者，应按雨篷结构板水平投影面积的(　　)计算。

A. 全部　　B. 1/2　　C. 1/3　　D. 1/4

13. 雨篷结构的外边线至外墙结构外边线的宽度超过(　　)者，应按雨篷结构板水平投影面积的1/2计算。

A. 1.00 m　　B. 2.00 m　　C. 2.10 m　　D. 2.30 m

三、思考题

1. 简述建筑面积的概念及组成。
2. 平屋顶房屋建筑面积如何计算?
3. 坡屋顶房屋建筑面积如何计算?
4. 阳台、雨篷建筑面积如何计算?
5. 建筑物的室内楼梯、电梯井建筑面积如何计算?
6. 简述不计算建筑面积的范围。

项目五 房屋建筑工程计量

知识目标

1. 了解工程量计算的基本要求。
2. 掌握土石方工程量的计算规则和方法。
3. 掌握基础工程量的计算规则和方法。
4. 掌握砌筑工程量的计算规则和方法。
5. 掌握混凝土及钢筋混凝土量的计算。
6. 了解建筑物中的混凝土工程项目(基础、柱、梁、板等主体结构构件,楼梯,阳台等)相关知识。
7. 掌握混凝土工程基础、柱、板、墙、楼梯、阳台等的定额计算规则。
8. 理解规范中梁、柱、板中钢筋结构施工图平面整体表示方法的制图规定和构造详图。
9. 掌握钢筋工程中柱、梁、板的钢筋工程量的计算规则和方法。
10. 掌握门窗、屋面、防水工程量计算规则和方法。
11. 掌握保温、隔热以及防腐工程量计算规则和方法。

能力目标

1. 能够计算基础工程、砌筑工程、混凝土工程中基础、柱、梁、板、墙、楼梯等的清单工程量。
2. 能够熟练识读钢筋平法结构施工图纸。
3. 能够准确计算柱、梁、板钢筋清单工程量。
4. 能够准确计算屋面、防水、保温、隔热以及防腐工程的清单工程量。

素质目标

1. 培养学生热爱国家、坚定理想信念、自觉维护国家和公众利益的意识。
2. 培养学生具有良好的爱岗敬业、吃苦耐劳的职业道德。
3. 培养学生具备精益求精、认真细致的工匠精神。
4. 培养学生具备良好的团结合作,与人沟通、协调的能力。
5. 培养学生具备良好自我管理与约束的能力,具备持续学习、终身学习的能力。

项目重点

1. 工程计量的顺序和步骤。

2. 结合图纸,根据工程量计算规则进行各分项工程的工程量计算。

项目难点

1. 土方计量时沟槽、基坑和挖土方的区别。

2. 计算混凝土工程量时,梁、板、柱的划分规则。

3. 理解结构构件中钢筋的空间位置和形状,对钢筋长度的计算。

案例引入

××学校拟建培训楼,需确定培训楼各分部分项工程的工程量清单。具体思考问题如下:

(1)各分部分项工程的施工工艺?

(2)清单中土石方工程、基础工程、砌筑工程、混凝土及钢筋混凝土工程包括哪些分项,每个分项包括哪些内容?

(3)如何确定土石方工程、基础工程、砌筑工程、混凝土及钢筋混凝土工程的工程量,计算方法是什么?

任务一　工程计量的基础

工程计量是编制建筑工程施工图和工程量清单计价的基本工作,是预算文件和工程量清单文件的重要组成部分。工程量计算是否准确,直接影响到整个工程的造价。工程量计算的主要依据就是工程量计算规则,它是规定在计算分项工程实物数量时,从图纸中计取数据的基本原则。

一、工程计量的基础知识

(一)工程计量的概念

工程计量是指按照相关国家标准的计算规则、计量单位等规定,以工程设计图纸、施工组织设计或施工方案和有关技术经济文件为依据,进行工程数量计算的活动。工程计量随建设项目所处的阶段及设计深度的不同,对应的计量对象、计量方法、计量单位和精度也有所不同。

(二)工程计量的依据

(1)工程量计算规则。

为了保证工程量计算结果的统一性和可比性,防止工程结算时出现不必要的纠纷,在工程量计算时应严格按照一定的计算规则进行。工程量计算规则是指对工程量计算工作所做的统一说明和规定,包括项目划分、项目特征、工程内容描述、计量方法、计量单位等。

(2)工程设计图纸、设计说明及设计变更等。

(3)经审定的施工组织设计及施工技术方案、专项方案等。

(4)招标文件的有关说明及合同条件等。

二、工程量计算的基本要求

工程量计算的首要工作是进行项目列项,也就是划分分项工程项目。分项工程项目是构成单位工程计价费用的最小单位。

(一)列项与工程量计算的要求

1. 计算口径一致

工程量计算口径一般是指分项工程所包括的内容和范围。计算口径一致,是指工程量计算时,根据施工图列出的分项工程计算口径应与13版《计价规范》以及2017年辽宁省《定额》规定的相应分项工程的计算口径相一致,即计算出分项工程量后还应判断套用的定额是否包含了这个项目的全部工作内容。

2. 计量单位一致

按施工图纸计算工程量时,各分项工程量的计量单位必须与13版《计价规范》或2017年辽宁省《定额》中相应项目的计量单位一致,不能随意改变。例如,钢筋的计量单位是t,则计算出钢筋的长度以后也要换算成t。

3. 计算规则一致

在计算工程量时必须严格执行13版《计价规范》和2017年辽宁省《定额》中所规定的工程量计算规则。在计算过程中,必须严格以图纸所注尺寸为依据进行计算,不得任意加大或缩小、任意增加或丢失,避免造成工程量计算中的误差,从而影响准确性。

4. 计算精确度一致

计算结果余数的取定直接影响工程造价的精度。在计算工程量时,计算式要明了,数据要清晰,计算的精确度要一致。工程量的数据一般精确到小数点后2位,钢筋、木材、金属结构及使用的贵重材料的项目可精确到小数点后3位。

5. 审核计算结果

由于工程量计算的工作量较大,为了保证不重算、漏算,计算时根据工程施工图纸,严格执行13版《计价规范》或2017年辽宁省《定额》中所规定的工程量计算规则,按一定顺序进行;所列项目与工程量计算的计算式要整齐明了,计算稿除编制者要经常核查外,有时还必须提供给相关单位进行审核,计算稿中必须注明计算的构件名称、位置、编号等。在计算过程中尽量做到结构按楼层、内装修按楼层分房间、外装修按施工层分立面计算,或按施工方案的要求分段计算,或按使用的材料不同分别进行计算,这样不仅可以防止漏算,而且可以方便工料分析,同时可为安排施工进度计划提供数据,养成良好的计算习惯。

(二)项目列项与工程量计算的顺序

一个建筑物或构筑物由多个分部分项工程组成,少则几十项,多则上百项。列项与计算工程量时,为避免出现重复列项计算或漏算,必须按照一定的顺序进行。各分部工程之间工程量的计算顺序一般有以下四种。

1. 按照规范顺序计算

按照规范顺序计算是指完全按照13版《计价规范》中清单项目或2017年辽宁省《定额》中分部分项工程的编排顺序进行工程量的计算。其主要优点是能依据项目划分的顺序逐项计算,通过工程项目与清单或定额之间的对照,能清楚地反映出已算项目和未算项目,防止漏项,并有利于工程量的整理与报价,此法较适合于初学者。

2. 按照施工顺序计算

按照施工顺序依次计算工程量,即按平整场地、挖地槽、基础垫层、砖石基础、回填土、砌墙、门窗、钢筋混凝土楼板安装、屋面防水、外墙抹灰、楼地面、内墙抹灰、粉刷和油漆等分项工程进行计算。

3. 按照图纸自定义顺序计算

(1)按照顺时针方向计算。从平面图左上角开始,按顺时针方向依次计算。此方法适用于外墙、外墙基础、外墙挖地槽、楼地面、天棚、室内装饰等工程量的计算。

(2)按照先横后竖、先上后下、先左后右的顺序计算。以平面图上的横竖方向分别从左到右或从上至下依次计算。此方法适用于内墙、内墙挖地槽、内墙基础和内墙装饰等工程量的计算。

(3)按照图纸上的构配件编号顺序计算。在图纸上注明记号,按照各类不同的构配件,如柱、梁、板等编号,顺次地按柱 KZ_1、KZ_2…,梁 KL1、KL2…,板 B_1、B_2、B_3…计算。

(4)按照平面图上定位轴线编号顺序计算。对于复杂工程,计算墙体、柱子和内外粉刷时,仅按上述顺序计算还可能发生重复或遗漏,这时可按图纸上的轴线顺序进行计算,并将其部位以轴线号表示出来。如位于A轴线上的外墙,轴线长为①~②,可标记为A:①~②,此方法适用于内外墙挖地槽、内外墙基础、内外墙砌体、内外墙装饰等工程量的计算。

4. 按照统筹原理计算

通过对项目划分和工程量计算规则进行分析,找出各建筑、装饰分项之间的内在联系,运用统筹法原理,合理安排计算顺序,从而达到以点带面、简化计算、节省时间的目的。

三、工程量计算的基数

工程量计算中常用“三线”和“三面”等基数以及“一册”数据。“三线”即外墙外边线、外墙中心线、内墙净长线和内墙面净长线等,“三面”即建筑面积、室内净面积和首层建筑面积等,将这些基数先计算出来以便在后面计算相关工程量时直接利用,以达到节约时间、提高计算速度和准确性的目的;“一册”数据主要是指《造价员手册》中收录的计算工程量的有关数据。

(一)“三线”基数

1. 外墙外边线($L_{外}$)

外墙外边线是指外墙外边线的总长度。外墙外边线是计算散水、外墙面(裙)装饰、外脚手架等项目工程量的基数。

2. 外墙中心线($L_{中}$)

外墙中心线是指外墙中心线的总长度。外墙中心线是计算基础沟槽土方、外墙基础体积、外墙基础防潮层等项目工程量的基数。

3. 内墙净长线($L_{内}$)

内墙净长线是指内墙净长线的长度。内墙净长线是计算内墙体积、内墙面装饰等项目工程量的基数。

(二)"三面"基数

1. 建筑面积($S_{建}$)

建筑面积本身也是一些分部分项的计算指标,如地下室材料运输费和加压水泵台班增加费等。

2. 首层建筑面积($S_{首}$)

首层建筑面积可以作为平整场地、地面垫层、找平层、面层和防水层等项目工程量的基数。

3. 室内净面积($S_{净}$)

室内净面积可以作为室内回填土方、地面找平层、垫层、面层和天棚抹灰等的基数。

(三)"一册"数据

除上述"三线"和"三面"基数外,在工程量计算过程中常用到《造价员手册》。手册里收录了常用的工程量计算基本公式和常用建筑材料数据,可以方便查找各种型钢、钢筋等单位长度及重量等参数。

由于不同建筑物的造型、各楼层面积的大小、墙体厚度、砂浆强度等级、各部位装饰标准等不同,不一定都能够用上"线、面、册"进行计算。在具体的工程量计算中要结合设计文件的具体情况,分段、分层灵活计算。

任务二　土石方工程计量

一、土石方工程计量前的资料准备

(一)土石方类别

定额按开挖难易程度,土方分为Ⅰ、Ⅱ、Ⅲ、Ⅳ类;石方分为软石(Ⅴ类)、次坚石(Ⅵ、Ⅶ、Ⅷ类)、普坚石(Ⅸ、Ⅹ类)、特坚石(Ⅺ~ⅩⅥ类),见表5-1。

表5-1　土壤分类表

土壤分类	土壤名称	开挖方法
一、二类土	粉土、砂土(粉砂、细砂、中砂、粗砂、砾砂)、粉质黏土、弱中盐渍土、软土(淤泥质土、泥炭、泥炭质土)、软塑红黏土、冲填土	用锹,少许用镐、条锄开挖。机械能全部直接铲挖满载者

续表 5-1

土壤分类	土壤名称	开挖方法
三类土	黏土、碎石土(圆砾、角砾)、混合土、硬塑红黏土、强盐渍土、素填土、压实填土	主要用镐、条锄,少许用锹开挖。机械需部分刨松方能铲挖满载者,或可直接铲挖但不能满载者
四类土	碎石土(卵石、碎石、漂石、块石)、坚硬红黏土、超盐渍土、杂填土	全部用镐、条锄挖掘,少许用撬棍挖掘。机械须普遍刨松方能铲挖满载者

(二)干湿土划分

以地质勘测资料的地下常水位为准。地下常水位以上为干土,以下为湿土。地表水排出后,土壤含水率≥25%、不超过液限的为湿土。

(三)土石方体积

定额均按天然密实体积计算。挖土一律以室外设计地坪标高为准计算。

(四)土石方工程的施工方法

土石方工程按施工方法分为人工土方和机械土方两类。

(五)放坡系数的确定

计算挖沟槽、基坑土方工程量时,为了防止土壁崩塌,保证边壁稳定和安全施工,当挖土超过一定深度时,应将沟槽和基坑边坡修成一定的倾斜坡度,称为放坡。

放坡起点是指挖土方时,某类别土壤边壁直立不加支撑开挖的最大深度,一般是指设计室外地坪标高至基础底标高的深度。其决定因素是土壤类别,如表 5-2 所示。例如,二类土开挖时,不放坡的最大深度为 1.2 m,如挖深超过 1.2 m,则需放坡。

表 5-2 土方放坡起点深度和放坡坡度

土壤类别	起点深度/m	放坡坡度			
		人工挖土	机械挖土		
			沟槽、坑内作业	基坑上作业	沟槽上作业
一、二类土	>1.20	1:0.50	1:0.33	1:0.75	1:0.50
三类土	>1.50	1:0.33	1:0.25	1:0.67	1:0.33
四类土	>2.00	1:0.25	1:0.10	1:0.33	1:0.25

放坡系数,是放坡宽度 b 与放坡高度 H 的比值,用 K 表示,按施工组织设计或施工方案进行计算,没有施工方案的放坡系数可按表 5-2 查得。

放坡系数:

$$K=\frac{b}{H} \tag{5-1}$$

式中,b 为放坡宽度;H 为放坡高度,基础土方放坡,自基础(含垫层)底标高算起。混合土质的基础土方,其放坡的起点深度和放坡坡度,按不同土类厚度加权平均计算。

由表 5-2 可查得按不同土壤类别、不同开挖方式时确定的放坡系数,例如人工挖土,三类土时放坡系数 K 为 0.33,即“:”后面的数字即为放坡系数。放坡宽度、深度和放坡角度之间的关系见图 5-1。

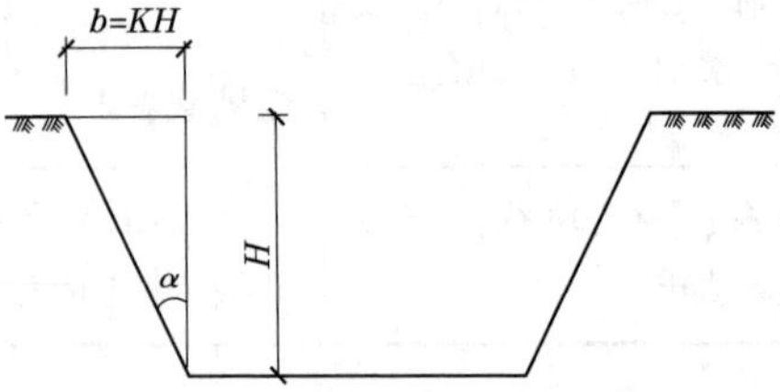

图 5-1　放坡宽度、深度和放坡角度之间的关系

将放坡系数公式变形后可得到放坡宽度 $b=KH$。

计算放坡时,不同方向沟槽交接处重复挖土工程量不予扣除,如图 5-2 所示。基础土方支挡土板时,土方放坡不另计算。

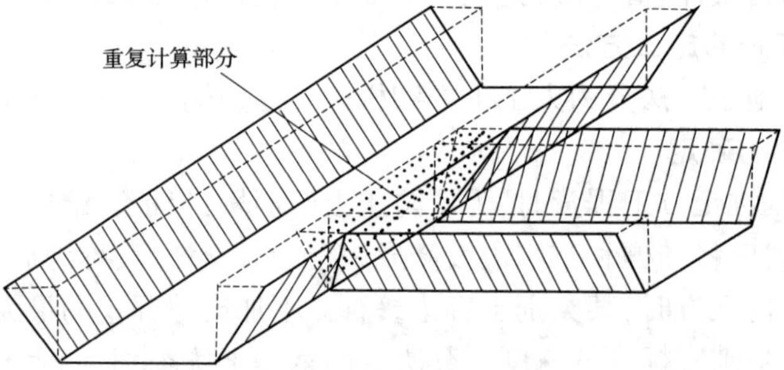

图 5-2　交接处重复计算部分示意图

(六)工作面宽度的确定

工作面是根据基础施工的需要,挖土时按基础垫层的双向尺寸向周边放出一定范围的操作面积,作为工人施工时的操作空间,这个单边放出的宽度,就称为工作面,如图 5-3 中的“c”即为工作面。工作面宽度按施工组织设计确定,施工组织设计未确定的按定额规定选取,如表 5-3 所示。

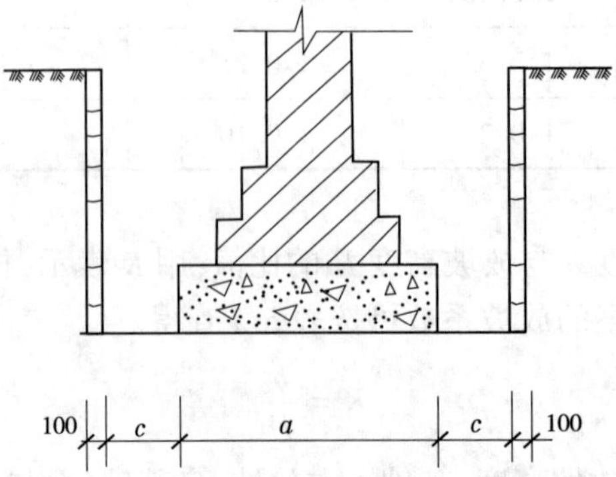

图 5-3　工作面示意图　(单位:mm)

表 5-3 基础施工单面工作面宽度

基础材料	每面增加工作面宽度/mm
砖基础	200
毛石、方整石基础	250
混凝土基础、垫层(支模板)	400
基础垂直面做砂浆防潮层	800(自防潮层面)
基础垂直面做防水层或防腐层	1 000(自防水层或防腐层面)

二、土石方工程清单分项

土方工程工程量清单项目设置、项目特征描述的内容、计量单位及工程量计算规则按表 5-4 的规定执行。回填方及土石方运输工程量清单项目设置、项目特征描述的内容、计量单位及工程量计算规则按表 5-5 的规定执行。

表 5-4 土方工程(编号:010101)

项目编码	项目名称	项目特征	计量单位	工程量计算规则	工作内容
010101001	平整场地	1. 土壤类别 2. 弃土运距 3. 取土运距	m^2	按设计图示尺寸以建筑物首层建筑面积计算	1. 土方挖填 2. 场地找平 3. 运输
010101002	挖一般土方	1. 土壤类别 2. 挖土深度 3. 弃土运距	m^3	按设计图示尺寸以体积计算	1. 排地表水 2. 土方开挖 3. 围护(挡土板)及拆除 4. 基底钎探 5. 运输
010101003	挖沟槽土方			按设计图示尺寸以基础垫层底面积乘以挖土深度计算	
010101004	挖基坑土方				
010101007	管沟土方	1. 土壤类别 2. 管外径 3. 挖沟深度 4. 回填要求	1. m 2. m^3	1. 以米计量,按设计图示以管道中心线长度计算 2. 以立方米计量,按设计图示管底垫层面积乘以挖土深度计算;无管底垫层按管外径的水平投影面积乘以挖土深度计算。不扣除各类井的长度,井的土方并入	1. 排地表水 2. 土方开挖 3. 围护(挡土板)、支撑 4. 运输 5. 回填

表 5-5　回填方及土石方运输(编号:010103)

项目编码	项目名称	项目特征	计量单位	工程量计算规则	工作内容
010103001	回填方	1. 密实度要求 2. 填方材料品种 3. 填方粒径要求 4. 填方来源、运距	m^3	按设计图示尺寸以体积计算 1. 场地回填:回填面积乘以平均回填厚度 2. 室内回填:主墙间面积乘以回填厚度,不扣除间隔墙 3. 基础回填:按挖方清单项目工程量减去自然地坪以下埋设的基础体积(包括基础垫层及其他构筑物)	1. 运输 2. 回填 3. 压实
010103002	余方弃置	1. 废弃料品种 2. 运距	m^3	按挖方清单项目工程量减去利用回填方体积(正数)计算	余方点装料运输至弃置点

三、平整场地工程量计算

码 5-1　平整场地工程量计算

在土方开挖前,运用机械或人工对施工场地中高低不平的部位进行就地平整,以便于建筑工程的定位放线。

(一)平整场地的概念

平整场地指工程动工前,对建筑场地在±30 cm 以内就地挖土、填土和找平,如图 5-4 所示。挖、填土方厚度超过±30 cm 时,按场地土方平衡竖向布置图另行计算。

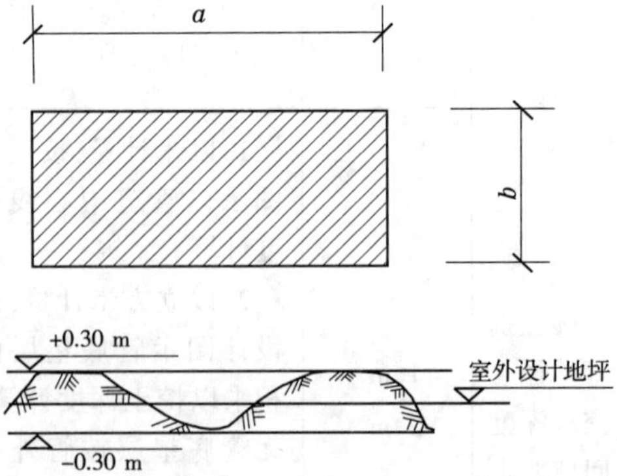

图 5-4　平整场地示意图

(二)平整场地的工程量计算规则

(1)清单计算规则。13 版《计算规范》规定:平整场地的工作内容包括土方挖填、场地找平和运输。其清单工程量计算规则为:按设计图示尺寸以建筑物首层建筑面积以

“m²”计算。

(2)定额计算规则:2017 年辽宁省《定额》的平整场地工程量计算规则和清单计算规则一致,都是按照建筑物首层建筑面积计算。

$$S = 首层建筑面积 = ab \tag{5-2}$$

(三)工程案例

【例 5-1】 某房屋首层平面图如图 5-5 所示,试计算平整场地工程量。

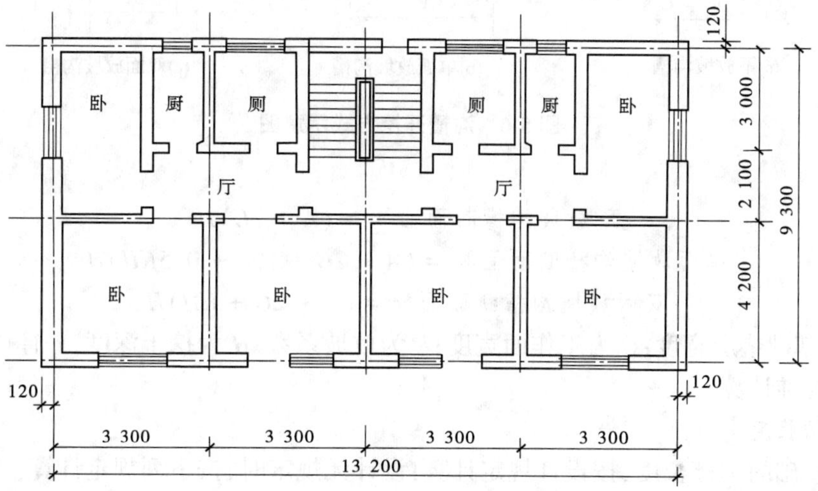

图 5-5　某房屋首层平面图　(单位:mm)

解　平整场地工程量按设计图示尺寸以建筑物首层建筑面积以“m²”计算。

$$S = (13.2 + 0.24) \times (9.3 + 0.24) = 128.22(m^2)$$

四、沟槽、基坑土方工程量计算

(一)沟槽、基坑、一般土方的划分

(1)凡图示沟槽底宽(设计图示垫层或基础的底宽,下同)≤7 m,且沟槽长>3 倍底宽为沟槽。

(2)凡图示基坑底长≤3 倍底宽,且底面积≤150 m² 为基坑。

(3)超出上述范围,又非平整场地的,为一般土方。

说明:根据施工图判断沟槽、基坑、挖土方的顺序是:先根据尺寸判断沟槽是否成立,若不成立再判断是否属于基坑,若还不成立就一定是挖土方。

根据下列各段挖方的长宽尺寸确定挖土项目:①长 7 m,宽 1.8 m;②长 25 m,宽 8 m;③长 6 m,宽 2 m;④长 20 m,宽 3 m。

根据沟槽、基坑划分的标准可知:①沟槽;②挖土方;③基坑;④沟槽。

(二)沟槽土方的工程量计算规则

挖沟槽计算规则:房屋建筑按设计图示尺寸以沟槽垫层底面积乘以挖土深度(设计室外地坪至垫层底高度)以体积计算。2017 年辽宁省《定额》的沟槽土石方工程量计算规则是按设计图示沟槽长度乘以沟槽断面面积,以体积计算。

1. 沟槽断面面积

沟槽断面面积大小与土方开挖方式有关，如图5-6所示。

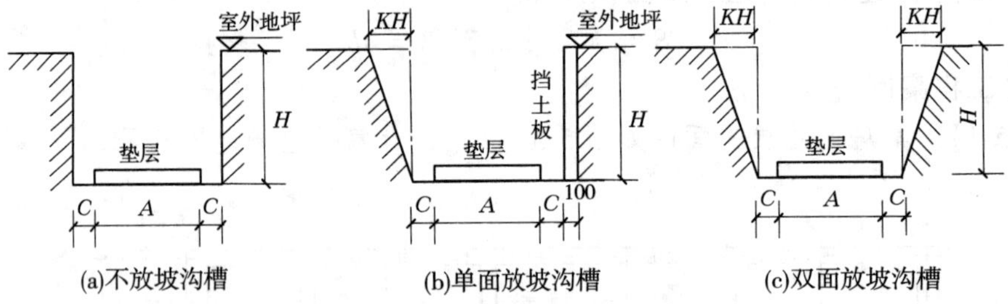

图5-6 沟槽开挖方式示意图

$$不放坡沟槽断面面积 = (A + 2C)H \tag{5-3}$$

$$单面放坡沟槽断面面积 = (A + 2C + 100 + 0.5KH)H \tag{5-4}$$

$$双面放坡沟槽断面面积 = (A + 2C + KH)H \tag{5-5}$$

式中：A 为基础垫层宽度；C 为工作面宽度；K 为放坡系数；H 为挖土深度，一律以设计室外地坪标高为准计算。

2. 沟槽长度

条形基础的沟槽长度，按设计规定计算；设计无规定时，按下列规定计算：

(1)外墙沟槽，按外墙中心线长度计算。突出墙面的墙垛，按墙垛突出墙面的中心线长度，并入相应工程量内计算。

(2)内墙沟槽、框架间沟槽，按基础(含垫层)之间垫层(或基础底)的净长度计算，内墙基沟槽长度如图5-7所示。

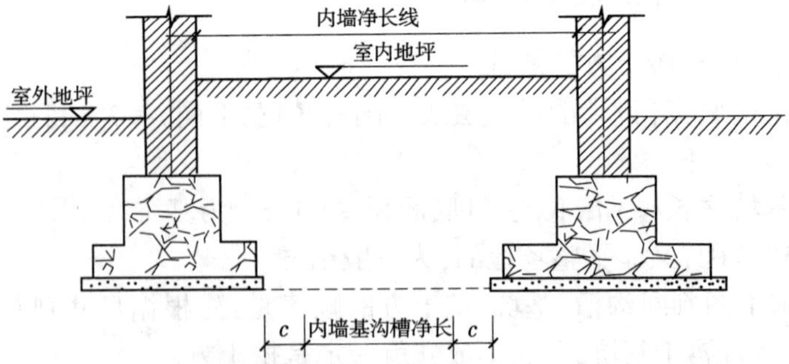

图5-7 内墙基沟槽净长示意图(c 为工作面宽度)

(三)基坑土方的工程量计算规则

基坑土方工程量的计算规则：房屋建筑按设计图示尺寸以基础垫层底面积乘以挖土深度(设计室外地坪至垫层底高度)以体积计算。

1. 方形不放坡基坑挖土工程量

$$V = 坑底面积(AB) \times 基坑深度(H) \tag{5-6}$$

式中，V 为基坑的挖土方体积，m^3；A 为基坑长度，m；B 为基坑宽度，m；H 为基坑挖土深度，m。

2. 圆形不放坡基坑挖土工程量

$$V = 坑底面积(\pi R^2) \times 基坑深度(H)$$

式中，R 为圆形基坑的半径，m；其他符号的含义同前。

3. 方形放坡基坑[如图 5-8(a)所示]挖土工程量

$$V = (A + 2C + KH)(B + 2C + KH)H + \frac{1}{3}K^2H^3 \qquad (5\text{-}7)$$

式中，V 为棱台地坑的挖土方体积，m^3；A 为基础混凝土垫层的长度，m；B 为基础混凝土垫层的宽度，m；C 为增加的工作面宽度，m，查表 5-3；K 为放坡系数，查表 5-2；H 为基坑挖土深度，m；$K^2H^3/3$ 为四角锥体的体积，m^3。

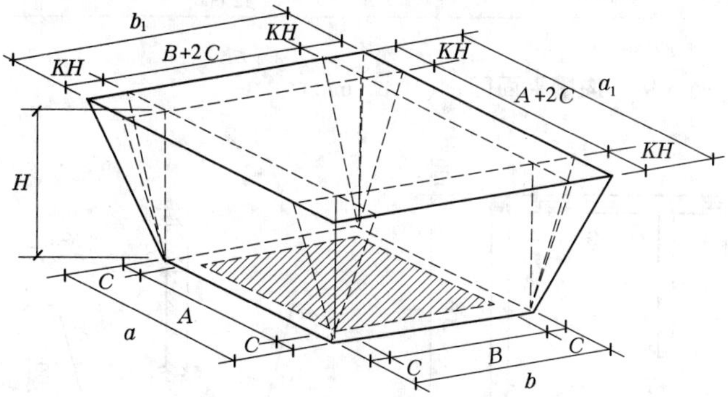

(a)方形放坡基坑

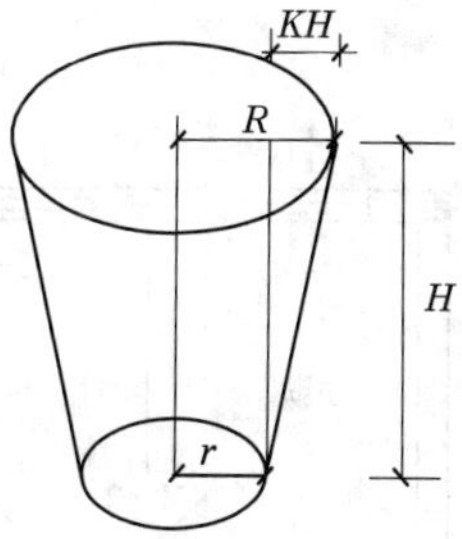

(b)圆形放坡基坑

图 5-8　放坡基坑工程量计算示意图

4. 圆形放坡基坑[如图 5-8(b)所示]挖土工程量

$$V = \frac{1}{3}\pi H(r^2 + R^2 + rR)$$

$$R = r + KH \qquad (5\text{-}8)$$

式中，r 为基坑底半径(含工作面)；R 为基坑口半径；K 为放坡系数，查表 5-2；H 为基坑挖土深度，m。

(四)工程案例

【例 5-2】　根据图 5-9 沟槽平面图，计算沟槽长度。

解　外墙沟槽长(宽 1.0 m)=(12+6.3+8.4+12)×2=77.4(m)

内墙沟槽长(宽 0.9 m)=6.3+12−1.0/2×2=17.3(m)

内墙沟槽长(宽 0.8 m)=8.4−1.0/2−0.9/2=7.45(m)

【例 5-3】　某人工挖沟槽工程，槽长为 1 200 m，槽深 1.50 m，混凝土基础垫层宽 0.90 m，每侧工作面 0.30 m，二类土，放坡系数为 0.5，试计算人工挖沟槽工程量。

解

$$V = (B + 2C + KH)HL$$

$$=(0.9+2\times0.3+0.5\times1.5)\times1.5\times1\,200=4\,050(m^3)$$

【例 5-4】　某单层房屋的平面图和沟槽断面图如图 5-10 所示，轴线居中，内外墙厚均为 240 mm,人工挖沟槽,二类土,求该工程平整场地及挖沟槽工程量。

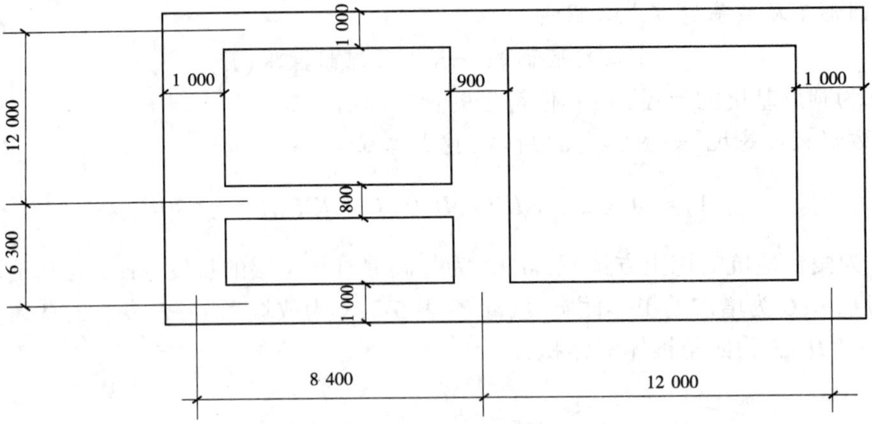

图 5-9　沟槽平面图　(单位:mm)

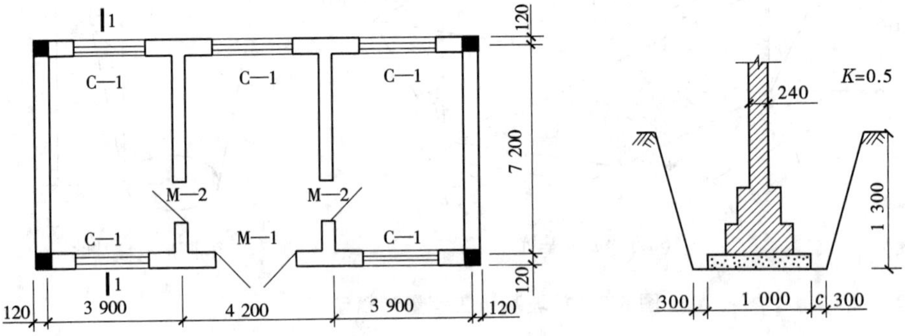

图 5-10　房屋平面图及沟槽断面图　(单位:mm)

解　平整场地工程量 $=(3.9+4.2+3.9+0.24)\times(7.2+0.24)=91.07(\text{m}^2)$

外墙沟槽长(按中心线) $=(3.9+4.2+3.9+7.2)\times2=38.4(\text{m})$

内墙沟槽长(按净长线) $=[7.2-(1+0.3\times2)]\times2=11.2(\text{m})$

挖沟槽工程量 $V=(B+2C+KH)HL$

$$=(1+2\times0.3+0.5\times1.3)\times1.3\times(38.4+11.2)\approx145(\text{m}^3)$$

【例 5-5】　已知房屋基础,设土方类别为三类土,采用混凝土垫层,为人工挖土,计算如图 5-11 所示的房屋基础土方工程量。

解　基坑挖土深度为 2.7−0.3=2.4(m)>1.5 m,根据表 5-2 可知,应放坡开挖,放坡系数为 0.33;按规定每边留工作面 C=300 mm。

$$V=(A+2C+KH)(B+2C+KH)H+\frac{1}{3}K^2H^3$$

$$=(1.2+2\times0.3+0.33\times2.4)^2\times2.4+\frac{1}{3}\times0.33^2\times2.4^3$$

$$=16.63(\text{m}^3)$$

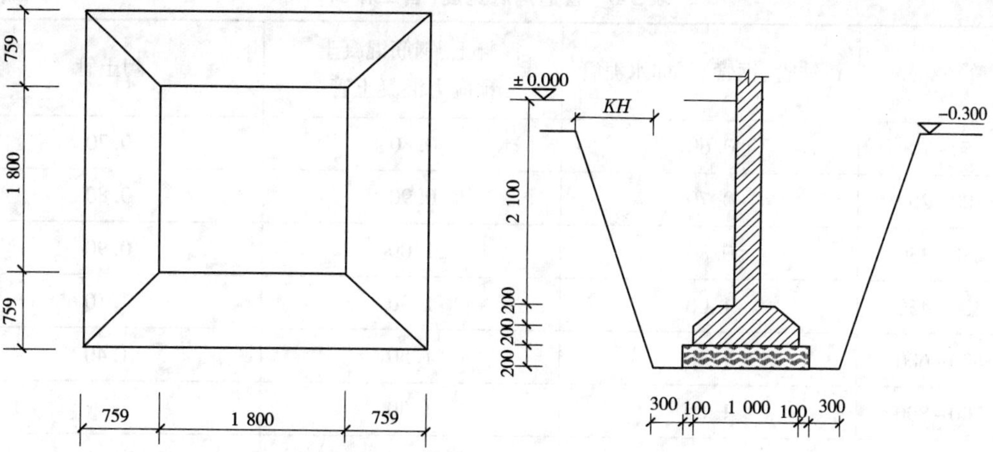

图 5-11　基础示意图　(单位:尺寸,mm;高程,m)

五、挖一般土方工程量计算

(一)土方的清单工程量计算规则

《房屋建筑与装饰工程工程量计算规范》(GB 50854—2013)规定,挖一般土方的工作内容包括排地表水、土方开挖、同拆挡土板、支撑、基底钎探和运输。

挖土方工程量计算规则为:按设计图示尺寸以体积计算。

(二)土方的计价工程量计算规则

定额挖土方分人工挖土方和机械挖土方。

(1)人工挖土方。与人工挖沟槽和人工挖基坑相同。

(2)机械挖土方。是目前施工中较常采用的一种土方开挖方式,其工程量计算方法同人工挖土方。需要指出的是:通常情况下,机械挖土方时需留出一定厚度的土方由人工廾挖,则机械挖土方就应按机械挖土方占 90%、人工挖土方占 10%分列两项计算挖土方费用。其余附项的工程量计算规则与人工挖沟槽和人工挖基坑相同。

六、管沟挖土方工程量计算

管沟土方(2017 年辽宁省《定额》)工程量计算规则:按设计图示尺寸以体积计算。

$$管沟土方体积 = 沟底宽度 \times 管沟深度 \times 管沟长度 \qquad (5\text{-}9)$$

式中,管沟长度按图示中心线长度以延长米计算;管沟深度按图示沟底至室外地坪深度计算;沟底宽度按设计规定尺寸计算,如无规定,可按表 5-6 规定宽度计算。

七、回填土、余土外运计算

(一)回填土工程量计算

1. 场区回填

场区回填按回填面积乘以平均回填厚度以体积计算。

表 5-6　管道沟底宽度(含工作面)　　单位:m

管径/mm	铸铁管、钢管、石棉水泥管	混凝土、钢筋混凝土、预应力混凝土管	陶土管
50~70	0.60	0.80	0.70
100~200	0.70	0.90	0.80
250~350	0.80	1.00	0.90
400~450	1.00	1.30	1.10
500~600	1.30	1.50	1.40
700~800	1.60	1.80	
900~1 000	1.80	2.00	
1 100~1 200	2.00	2.30	
1 300~1 400	2.20	2.60	

2. 房心回填

房心回填是指室内地坪以下,由室外设计地坪标高填至设计室内地坪垫层底标高的夯填土,按主墙间面积乘以回填厚度计算,不扣除间隔墙。

房心回填土体积 = 主墙间净面积 × 回填土厚度　　(5-10)

其中,主墙间净面积需扣除单个面积 2 m^2 以上的设备基础等面积。

回填土厚度 = 设计室内外地坪高差 - 地面面层和垫层的厚度　　(5-11)

3. 沟槽、基坑回填

沟槽、基坑回填是指在基础施工完毕以后,将槽、坑四周未做基础的部分回填至室外设计地坪标高,挖方体积减去自然地坪以下埋设的基础体积,如图 5-12 所示。

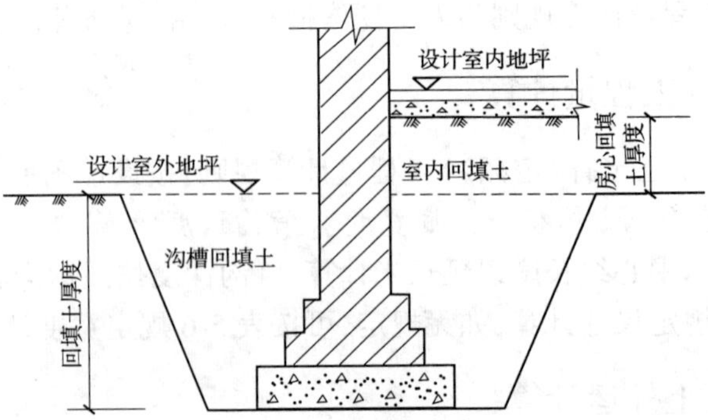

图 5-12　沟槽及室内回填土

沟槽、基坑回填土体积 = 沟槽、基坑挖土体积 - 设计室外地坪以下埋设的建筑物、基础(含垫层)体积　　(5-12)

注:沟槽、基坑回填土体积计算时,不能直接减去砖基础的工程量。因为砖基础与砖墙的分界线在设计室内地面上,而回填土的分界线在设计室外地坪上。所以,要注意调整两个分界线之间相差的工程量。

4. 管道沟槽回填土

依据 2017 年辽宁省《定额》,管道沟槽回填工程量以挖方体积减去管道基础和表 5-7 管道折合回填体积计算。管径≤300 mm 时,不扣除管道所占体积;管径>300 mm 时,按规定扣除管道所占体积,如表 5-7 所示。

表 5-7 管道折合回填体积表　　单位:m^3/m

管道	公称直径(mm 以内)					
	301~500	501~600	601~800	801~1 000	1 001~1 200	1 201~1 500
混凝土管道及钢筋混凝土管道	0.24	0.33	0.60	0.92	1.15	1.45
其他材质管道	0.13	0.22	0.46	0.74	按实计算	按实计算

(二)余土或取土工程量

余土或取土工程量包括余方弃置和缺方内运。余方弃置是指从余方点装料运输至弃置点,缺方内运是指从取料点装料运输至缺方点。余方弃置的清单工程量应按挖方清单工程量减利用回填方体积(正数)计算;缺方内运的清单工程量应按挖方清单工程量减利用回填方体积(负数)计算。

$$余土外运体积 = 挖土总体积 - 回填土总体积 \tag{5-13}$$

式中,计算结果为正值时为余土外运体积;计算结果为负值时为须取土体积。

八、综合工程案例

【例 5-6】 某建筑物的基础平面图和剖面图如图 5-13 所示。已知该工程基槽内土质为二类土,工程采用人工挖基槽的土方开挖方法;设计室外地坪以下的砖基础体积为 20.274 m^3,混凝土带形基础的体积为 21.03 m^3,混凝土垫层的体积为 8.036 m^3,室内地砖地面厚度为 130 mm,留工作面。试求以下项目的工程量:①平整场地;②人工挖基槽;③回填土;④土方运输。

解 (1)平整场地,根据平整场地的工程量计算规则,得

平整场地工程量$=(9.6+0.25\times2+4)\times(7.8+0.25\times2+4)=173.43(m^2)$

(2)挖基槽。

①挖基槽深度为 $2.1-0.45=1.65(m)$。

②确定放坡起点。由图 5-13 可知,垫层为 C10 素混凝土垫层,其放坡起点为混凝土垫层底面。

③判断是否放坡,确定放坡系数。挖基槽深度为 1.65 m;查表 5-2,得人工挖二类土放坡起点为 1.2 m;因为 1.65 m>1.2 m,所以需要放坡开挖基槽,其放坡系数 $K=0.5$,查表 5-3,得 $C=0.4$ m。

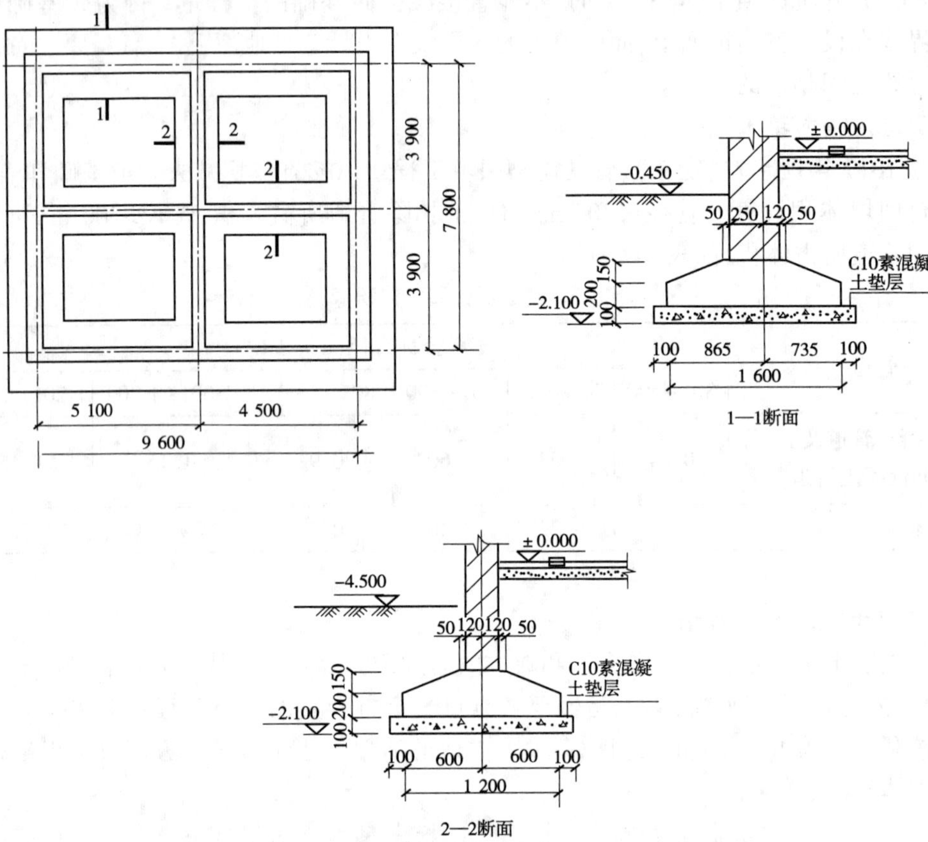

图 5-13　某建筑物的基础平面图和剖面图　（单位：mm）

④计算挖基槽土方工程量。

外墙下基槽土方工程量：

$$
\begin{aligned}
V &= (B + 2C + KH)HL \\
&= (1.6 + 0.1 \times 2 + 2 \times 0.4 + 0.5 \times 1.65) \times 1.65 \times (9.6 + 0.13 + 7.8 + 0.13) \\
&= 5.651 \times 17.66 \\
&= 99.80(\mathrm{m}^3)
\end{aligned}
$$

内墙下基槽土方工程量：

$$
\begin{aligned}
V &= (B + 2C + KH)HL \\
&= (1.2 + 0.1 \times 2 + 2 \times 0.4 + 0.5 \times 1.65) \times 1.65 \times \\
&\quad [7.8 - (0.735 + 0.1 + 0.4) \times 2 + 9.6 - \\
&\quad (0.735 + 0.1 + 0.4) \times 2 - (0.7 + 0.4) \times 2] \\
&= 51.21(\mathrm{m}^3)
\end{aligned}
$$

挖沟槽工程量=外墙基槽工程量+内墙基槽工程量=99.80+51.21=151.01(m^3)

(3)回填土。

①基础回填土。

基槽回填土工程量=挖土方体积-设计室外地坪以下埋设的砌筑物外形体积

$$=151.01-20.274-21.03-8.036$$
$$=101.67(m^3)$$

②房心回填土。

主墙间净面积：

$$S_{净}=(5.1-0.24)\times(3.9-0.24)\times2+(4.5-0.24)\times(3.9-0.24)\times2$$
$$=35.58+31.18$$
$$=66.76(m^2)$$

$$h=0.45-0.13=0.32(m)$$
$$V=h\times S_{净}=66.76\times0.32=21.36(m^3)$$

(4)土方运输。

运输总体积=挖土总体积-回填土总体积
$$=151.01-101.67-21.36$$
$$=27.98(m^3)$$

任务三　地基处理及边坡支护工程

地基处理一般是指用于改善支撑建筑物的地基(土或岩石)的承载能力或抗渗能力所采取的工程技术措施,主要分为基础工程措施和岩土加固措施。基坑与边坡支护就是为保证地下结构施工及基坑周边环境的安全,对基坑侧壁及周边环境采取的支挡、加固与保护措施。依据 2017 年辽宁省《定额》,本任务主要包括地基处理和边坡支护两大部分。

一、地基处理及边坡支护工程计量基础知识

(一)强夯地基

强夯地基是指用起重机械将大吨位夯锤起吊到 6~30 m 高度后自由落下,给地基土以强大冲击能量的夯击,使土中出现冲击波和很大的冲击应力,迫使土层空隙压缩,土体局部液化,在夯击点周围产生裂隙,形成良好的排水通道,孔隙水和气体逸出,使土料重新排列,经时效压密达到固结,从而提高地基承载力,降低其压缩性的一种有效的地基加固方法。

(1)点夯定额中综合考虑了各类布点形式,不论设计采用何种布点形式均不得调整。

(2)点夯项目中每单位面积夯点数,是指设计文件最终夯点布置图中规定的单位面积内点夯完成后最终的夯点数量。

(3)满夯应按设计要求的满夯能级计算。

(4)强夯的夯击击数,是指强夯机械就位后,夯锤在同一夯点上下起落的次数。

(5)强夯工程量应区别不同夯击能量和夯点密度,按设计图示夯击范围分别计算。

(6)设计要求采用强夯置换法夯实地基时,人工、机械乘以系数 1.25,填充夯填料以及其运输的人工、机械不含在强夯定额中,另行计算。

(7)如为强夯面积小于 600 m^2 的小型工程,应按相应定额项目乘以系数 1.25。

(二)锚杆(锚索)工程

锚杆作为深入地层的受拉构件,它一端与工程构筑物连接,另一端深入地层中,如

图 5-14 所示。整根锚杆分为自由段和锚固段。自由段是将锚杆头处的拉力传至锚固体的区域,其功能是对锚杆施加预应力;锚固段是水泥浆体将预应力筋与土层黏结的区域,其功能是将锚固体与土层的黏结摩擦作用增大,增加锚固体的承压作用,将自由段的拉力传至土体深处。

图 5-14　锚杆(锚索)施工图

(1)锚杆、土钉钻孔设计要求进入岩石层时执行入岩增加子目,入岩增加指钻入软质岩的较软岩和硬质岩。

(2)定额内未包括桩锚喷联合支护喷射混凝土护壁的钢筋网制安项目,实际发生时按 2017 年辽宁省《定额》“第五章混凝土、钢筋工程”中的相应项目执行。

(三)挡土板

挡土板定额分为疏板和密板。疏板是指间隔支挡土板,且板间净空≤150 cm 的情况;密板是指满堂支挡土板或板间净空≤30 cm 的情况。

二、地基处理及边坡支护工程清单分项

地基处理工程量清单项目设置、项目特征描述的内容、计量单位及工程量计算规则应按表 5-8 的规定执行。基坑与边坡支护工程量清单项目设置、项目特征描述的内容、计量单位及工程量计算规则应按表 5-9 的规定执行。

表 5-8　地基处理(编号:010201)

项目编码	项目名称	项目特征	计量单位	工程量计算规则	工作内容
010201004	强夯地基	1. 夯击能量 2. 夯击遍数 3. 夯击点布置形式、间距 4. 地耐力要求 5. 夯填材料种类	m^2	按设计图示处理范围以平方米计算	1. 铺设夯填材料 2. 强夯 3. 夯填材料运输

续表 5-8

项目编码	项目名称	项目特征	计量单位	工程量计算规则	工作内容
010201016	注浆地基	1. 地层情况 2. 空钻深度、注浆深度 3. 注浆间距 4. 浆液种类及配比 5. 注浆方法 6. 水泥强度等级	1. m 2. m^3	1. 按设计图示钻孔深度以米计算 2. 按设计图示的加固体积以立方米计算	1. 成孔 2. 注浆导管制作、安装 3. 浆液制作、压浆 4. 材料运输

表 5-9 基坑与边坡支护(编码:010202)

项目编码	项目名称	项目特征	计量单位	工程量计算规则	工作内容
010202006	钢板桩	1. 地层情况 2. 桩长 3. 板桩厚度	t	按设计图示尺寸以吨计算	1. 工作平台搭拆 2. 桩机移位 3. 打拔钢板桩
010202007	锚杆	1. 地层情况 2. 锚杆(锚索)类型、部位 3. 钻孔深度 4. 钻孔直径 5. 杆体材料品种、规格、数量 6. 预应力 7. 浆液种类、强度等级	m	按设计图示钻孔深度以米计算	1. 钻孔、浆液制作、运输、压浆 2. 锚杆(锚索)制作、安装 3. 张拉锚固 4. 锚杆(锚索)施工平台搭设、拆除
010202008	土钉	1. 地层情况 2. 钻孔深度 3. 钻孔直径 4. 置入方法 5. 杆体材料品种、规格、数量 6. 浆液种类、强度等级	m	按设计图示钻孔深度以米计算	1. 钻孔、浆液制作、运输、压浆 2. 土钉制作、安装 3. 土钉施工平台搭设、拆除

续表 5-9

项目编码	项目名称	项目特征	计量单位	工程量计算规则	工作内容
010202009	喷射混凝土(砂浆)支护	1. 部位 2. 厚度 3. 材料种类 4. 混凝土(砂浆)类别、强度	m^2	按设计图示尺寸以平方米计算	1. 修整边坡 2. 混凝土(砂浆)制作、运输、喷射、养护 3. 钻排水孔、安装排水管 4. 喷射施工平台搭设、拆除

三、地基处理及边坡支护工程量计算规则

(一)地基处理工程量计算规则

(1)换填垫层、碎石摊铺以面积计算,其余按设计图示尺寸以体积计算。

(2)铺设土工合成材料按设计图示尺寸以面积计算。

(3)堆载预压、真空预压按设计图示尺寸以加固面积计算。

(4)强夯地基按设计图示强夯处理范围以面积计算。设计无规定时,按建筑物外围轴线每边各加 4 m 计算。

(5)碎石桩、砂石桩、水泥粉煤灰碎石桩、挤密桩均按设计桩长(包括桩尖)乘以设计桩外径截面面积,以体积计算。

(6)深层水泥搅拌桩、三轴水泥搅拌桩、高压旋喷水泥桩按设计桩长加 50 cm 乘以设计桩外径截面面积,以体积计算。三轴水泥搅拌桩中的插、拔型钢工程量按设计图示型钢以质量计算。

(7)高压旋喷水泥桩成孔按设计图示尺寸以桩长计算。

(8)石灰桩按设计桩长(包括桩尖)以长度计算。

(9)分层注浆钻孔数量按设计图示以钻孔深度计算。注浆数量按设计图纸注明加固土体的体积计算。

(10)压密注浆钻孔数量按设计图示以钻孔深度计算。注浆数量按下列规定计算:

①设计图纸明确加固土体体积的,按设计图纸注明的体积计算。

②设计图纸以布点形式图示土体加固范围的,则按两孔间距的一半作为扩散半径,以布点边线各加扩散半径,形成计算平面,计算注浆体积。

③如果设计图纸注浆点在钻孔灌注桩之间,按两注浆孔的一半作为每孔的扩散半径,依此圆柱体积计算注浆体积。

(11)凿桩头按凿桩长度乘断面以体积计算。凿桩长度设计有规定时,按设计要求计算,设计无规定时,按 0.5 m 计算。

(二)基坑支护工程量计算规则

1. 地下连续墙

(1)现浇导墙混凝土按设计图示,以体积计算。

(2)成槽工程量按设计长度乘以墙厚及成槽深度(设计室外地坪至连续墙底),以体积计算。

(3)锁口管以“段”为单位(段指槽壁单元槽段),锁口管吊拔按连续墙段数计算,定额中已包括锁口管的摊销费用。

(4)清底置换以“段”为单位(段指槽壁单元槽段)。

(5)浇筑连续墙混凝土工程量按设计长度乘以墙厚及墙深加0.5 m,以体积计算。

(6)凿地下连续墙超灌混凝土,设计无规定时,其工程量按墙体断面面积乘以0.5 m,以体积计算。

2. 钢板桩

(1)打拔钢板桩按设计桩体以质量计算。

(2)钢板桩使用天数费=钢板桩定额使用量×使用天数×钢板桩使用费标准[元/(t·d)]。钢板桩使用天数按实际算,使用费标准9元/(t·d)。

(3)安、拆导向夹具按设计图示尺寸以长度计算。

3. 其他

(1)打入式土钉按入土深度以长度计算。

(2)砂浆土钉、砂浆锚杆的钻孔、灌浆,按设计文件或施工组织设计规定(设计图示尺寸)的钻孔深度,以长度计算。喷射混凝土护坡区分土层与岩层,按设计文件(或施工组织设计)规定尺寸,以面积计算。钢筋、钢绞线、钢管锚杆按设计图示以质量计算。锚头制作、安装、张拉、锁定按设计图示以套计算。泄水孔以个计算。

(3)挡土板按设计文件(或施工组织设计)规定的支挡范围,以面积计算。

(4)钢支撑按设计图示尺寸以质量计算,不扣除孔眼质量,焊条、铆钉、螺栓等也不另增加质量。

四、工程案例

【例5-7】 某地基处理工程采用强夯地基,地基处理设计范围如图5-15所示。

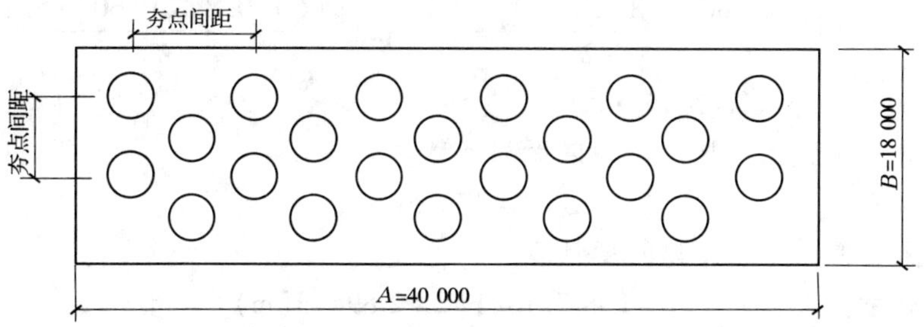

图5-15 地基处理设计图 (单位:mm)

(1)如设计要求为满夯,设计击数为 8 击,夯击能量为 3 000 kN · m,一遍夯击,求满夯工程量。

(2)如设计要求为间隔夯击,间隔夯击点不大于 8 m,设计击数为 5 击,夯击能量为 4 000 kN · m,求其工程量。

解 强夯地基按设计图示强夯处理范围以面积计算。

(1)如设计要求为满夯,强夯工程量 $=40\times18=720(m^2)$

查 2017 年辽宁省《定额》,定额编号为"2-30",对应夯击能量在 3 000 kN · m 以内,1 遍 1 击,另需加"2-31"每增加 1 击×7 次。

(2)如设计要求为间隔夯击,每 100 $m^2$13 夯点,

$$强夯工程量=40\times18=720(m^2)$$

查 2017 年辽宁省《定额》,定额编号为"2-68",夯击能量为 4 000 kN · m 以内,每 100 $m^2$13 夯点,4 击以内。另需加"2-69"每增加 1 击×1 次。

【例 5-8】 如图 5-16 所示,某工程地基施工组织设计中采用土钉支护,土钉深度为 2 m,平均每平方米设一个土钉,C25 混凝土喷射厚度为 60 mm。计算该土钉支护工程相关项目工程量。

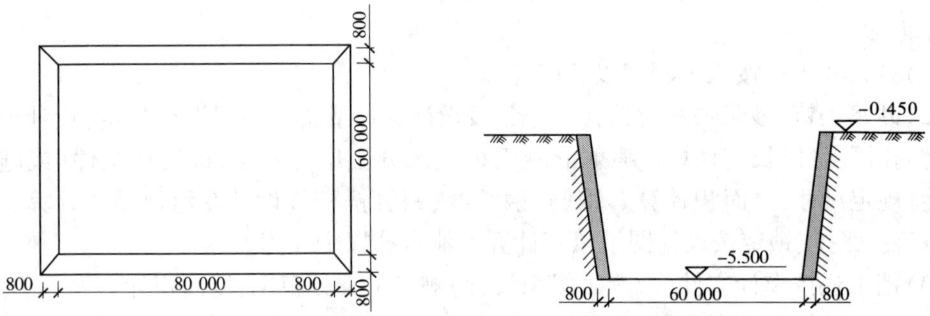

图 5-16 基坑平面图及剖面图 (单位:mm)

解 该基坑四面放坡,每一面的坡面为梯形。

$$坡面的坡长=\sqrt{[(-0.45)-(-5.5)]^2+0.8^2}=5.11(m)$$

$$边坡的面积=\frac{[(80+0.8\times2)+80]\times5.11}{2}\times2+\frac{[(60+0.8\times2)+60]\times5.11}{2}\times2$$

$$=1\ 447.15(m^2)$$

喷射混凝土护坡区按规定尺寸以面积计算。

喷射混凝土: $S=1\ 447.15(m^2)$

打入式土钉按入土深度以长度计算。

土钉工程量: $L=1\ 447.15/1\times2=2\ 894.3(m)$

任务四 桩基础工程量计算

一、桩基础工程计量的基础知识

计算桩基础工程量前,应根据工程量地质勘察报告资料确定土壤级别,依据施工组织设计明确施工方法、工艺流程、采用机型及泥浆运距等情况。

桩的制作工艺分为预制桩和灌注桩。常见的预制桩有钢筋混凝土方桩、管桩,钢管桩等,如图 5-17 所示。常见的灌注桩有钻孔灌注桩、人工挖孔桩、钻孔压浆桩等。

(a)方桩

(b)管桩

(c)钢管桩

图 5-17 预制桩

预制桩的施工顺序:桩的制作(预制件场)→运输→堆放→打桩→送桩。

灌注桩的施工顺序:桩位成孔→安放钢筋笼→浇筑混凝土成桩。

二、桩基础工程清单分项

打桩工程量清单项目设置、项目特征描述的内容、计量单位及工程量计算规则应按表 5-10 的规定执行。灌注桩工程量清单项目设置、项目特征描述的内容、计量单位及工程量计算规则应按表 5-11 的规定执行。

表 5-10 打桩(编号:010301)

项目编码	项目名称	项目特征	计量单位	工程量计算规则	工作内容
010301001	预制钢筋混凝土方桩	1. 地层情况 2. 送桩深度、桩长 3. 桩截面 4. 桩倾斜度 5. 沉桩方法 6. 接桩方式 7. 混凝土强度等级	m^3	按设计图示尺寸以桩长(包括桩尖)乘以桩截面面积,以体积计算	1. 工作平台搭拆 2. 桩机竖拆、移位 3. 沉桩 4. 接桩 5. 送桩

续表 5-10

项目编码	项目名称	项目特征	计量单位	工程量计算规则	工作内容
010301002	预制钢筋混凝土管桩	1. 地层情况 2. 送桩深度、桩长 3. 桩外径、壁厚 4. 桩倾斜度 5. 沉桩方法 6. 桩尖类型 7. 混凝土强度等级 8. 填充材料种类 9. 防护材料种类	1. m	按设计桩长(不包括桩尖)计算,以米计量	1. 工作平台搭拆 2. 桩机竖拆、移位 3. 沉桩 4. 接桩 5. 送桩 6. 桩尖制作安装 7. 填充材料、刷防护材料
010301004	截(凿)桩头	1. 桩类型 2. 桩头截面、高度 3. 混凝土强度等级 4. 有无钢筋	1. m^3 2. 根	1. 按设计桩截面乘以桩头长度,以体积计算,以立方米计量 2. 按设计图示数量计算,以根计量	1. 截(切割)桩头 2. 凿平 3. 废料外运

表 5-11　灌注桩(编号:010302)

项目编码	项目名称	项目特征	计量单位	工程量计算规则	工作内容
010302001	成孔灌注桩	1. 桩径 2. 成孔长度 3. 成孔方法 4. 混凝土种类、强度等级	1. m 2. m^3	1. 按设计图示尺寸的桩长(包括桩尖),以米计量 2. 以立方米计量,按不同截面在桩长范围内以体积计算。	1. 护筒埋设 2. 成孔、固壁 3. 混凝土制作、运输、灌注、养护 4. 土方、废泥浆外运 5. 打桩场地硬化及泥浆池、泥浆沟

续表 5-11

项目编码	项目名称	项目特征	计量单位	工程量计算规则	工作内容
010302002	沉管灌注桩	1. 沉管方法 2. 桩径 3. 沉管长度 4. 复打长度 5. 桩尖类型 6. 混凝土种类、强度等级	1. m 2. m^3 3. 根	1. 以米计量，按设计图示尺寸以桩长（包括桩尖）计算 2. 以立方米计量，按不同截面在桩长范围内以体积计算。 3. 以根计量，按设计图示数量计算	1. 打（沉）拔钢管 2. 桩尖制作、安装 3. 混凝土制作、运输、灌注、养护
010302005	人工挖孔灌注桩	1. 地层情况 2. 挖孔深度 3. 弃土（石）运距 4. 桩芯直径、桩芯长度 5. 扩底直径、扩底高度 6. 护壁厚度、高度 7. 护壁混凝土种类、强度等级 8. 桩芯混凝土种类、强度等级	m^3	按设计图示桩（含护壁）截面面积乘以桩长，以立方米计量	1. 排地表水 2. 挖土、凿石 3. 基底钎探 4. 运输 5. 护壁制作 6. 混凝土制作、运输、灌注、振捣、养护

三、桩基础工程工程量计算规则

（一）预制桩

1. 打预制钢筋混凝土桩

（1）打预制钢筋混凝土方桩。

打、压预制钢筋混凝土方桩按设计桩长（包括桩尖）乘以桩截面面积，以体积计算，如图 5-18 所示。

$$V_{方桩} = abL \tag{5-14}$$

（2）打预制钢筋混凝土管桩。

打预制钢筋混凝土管桩按设计桩长（不包括桩尖），以长度计算。

预制钢筋混凝土管桩桩尖按设计图示尺寸，以质量计算。

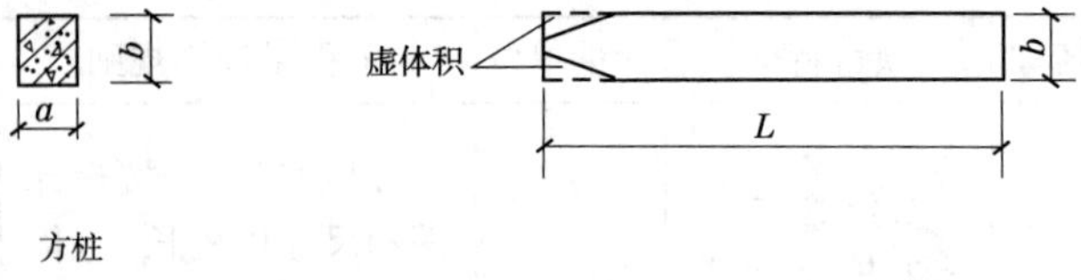

图 5-18　预制方桩

预制钢筋混凝土管桩,如按设计要求桩孔内加注填充材料,填充部分执行人工挖孔桩灌桩芯定额项目,人工、机械乘以系数 1.25。

桩头灌芯按设计尺寸以灌注体积计算。

(3)打钢管桩。

钢管桩按设计要求的桩体质量计算。

钢管桩内切割、精割盖帽按设计要求的数量计算。

钢管桩管内钻孔取土、填芯,按设计桩长(包括桩尖)乘以填芯截面面积,以体积计算。

2. 接桩

接桩是指钢筋混凝土预制桩受运输和打桩设备条件限制,当桩长超过 20 m 时,根据设计要求,按桩的总长分节预制,运至现场时先将第一根桩打入,将第二根桩垂直吊起和第一根桩相连接后再继续打桩,这个过程为接桩,如图 5-19 所示。

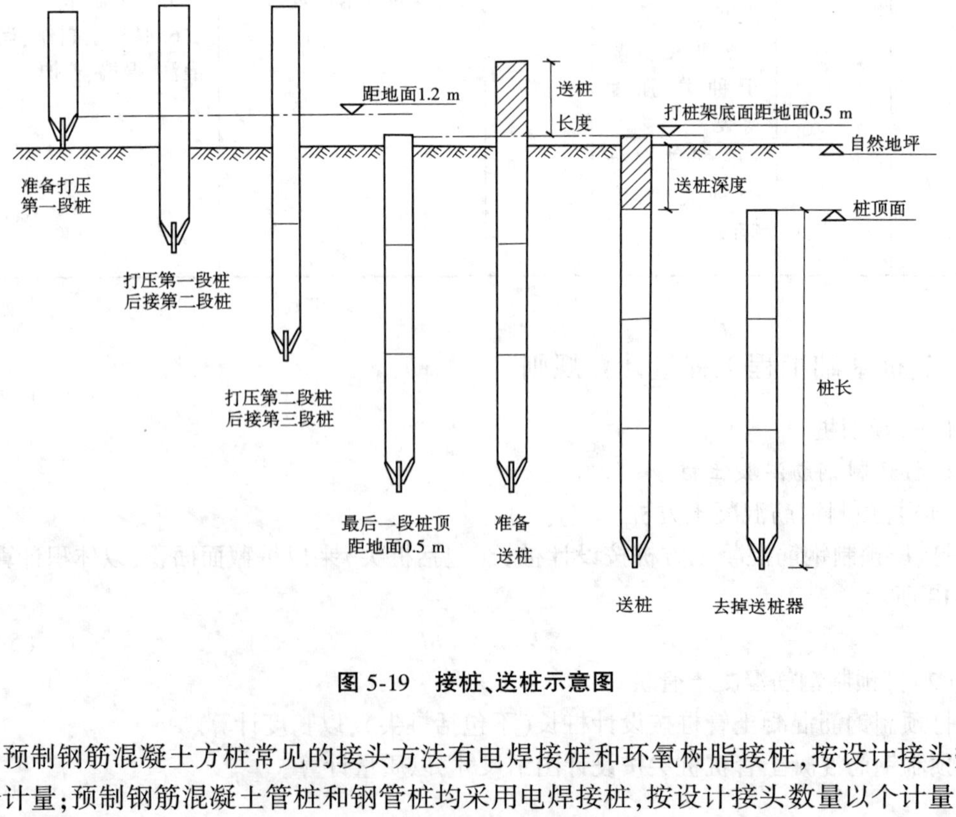

图 5-19　接桩、送桩示意图

预制钢筋混凝土方桩常见的接头方法有电焊接桩和环氧树脂接桩,按设计接头数量以个计量;预制钢筋混凝土管桩和钢管桩均采用电焊接桩,按设计接头数量以个计量。

3. 送桩

(1)送桩概念。当设计桩顶面在自然地坪以下时(见图 5-19),受打桩机的影响,桩锤不能直接锤击到桩头,必须用另一根桩置于原桩头上,才能将原桩打入土中,此过程称为送桩,如图 5-20 所示。

图 5-20 送桩施工图

(2)送桩工程量计算规则。打、压方桩送桩按送桩体积计算,即桩的断面面积与送桩长度的乘积,以立方米计量。

送桩长度均按设计桩顶标高至打桩前的自然地坪标高另加 0. 5 m,计算相应的送桩工程量。

(二)灌注桩

灌注桩是指在工程现场通过机械钻孔、钢管挤土或人力挖掘等手段在地基土中形成桩孔,并在其内放置钢筋笼、灌注混凝土而做成的桩,如图 5-21 所示。

(a)钻孔 (b)下钢筋笼 (c)灌注混凝土

图 5-21 混凝土灌注桩施工

沉管灌注桩是土木建筑工程中众多类型桩基础中的一种。采用与桩的设计尺寸相适应的钢管(套管),在端部套上桩尖沉入土中后,在套管内吊放钢筋骨架,然后边浇筑混凝土边振动或锤击拔管，利用拔管时的振动捣实混凝土而形成所需要的灌注桩，如图 5-22 所示。这种施工方法适用于有地下水、流沙、淤泥的情况。

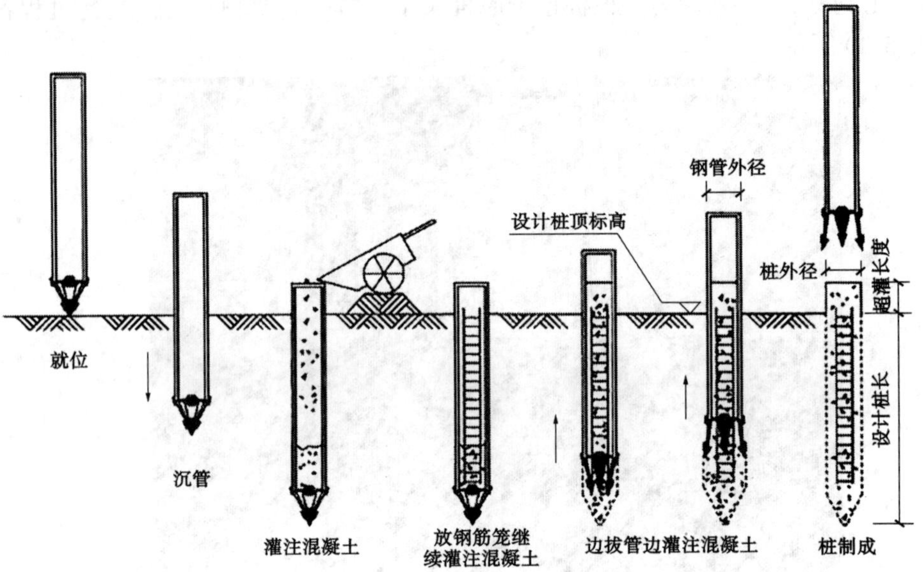

图 5-22　沉管灌注桩的形成过程

1. 成孔工程量计算规则

(1) 回旋钻机成孔、冲击钻机成孔工程量按打桩前自然地坪标高至设计桩底标高的成孔长度计算。其余机械成孔工程量按打桩前自然地坪标高至设计桩底标高的成孔长度乘以设计桩径截面面积，以体积计算。

(2) 沉管成孔工程量按打桩前自然地坪标高至设计桩底标高（不包括预制桩尖）的成孔长度乘以钢管外径截面面积，以体积计算。

(3) 人工挖孔桩挖孔工程量分土、石类别按成孔长度乘以设计护壁外围截面面积，以体积计算。

2. 灌注混凝土工程量计算规则

(1) 机械成孔灌注桩灌注混凝土工程量按设计桩径截面面积乘以设计桩长（包括桩尖）另加加灌长度，以体积计算。加灌长度设计有规定时，按设计要求计算；无规定时，按 0.5 m 计算。

(2) 沉管桩灌注混凝土工程量按钢管外径截面面积乘以设计桩长（不包括预制桩尖）另加加灌长度，以体积计算。加灌长度设计有规定时，按设计要求计算；无规定时，按 0.5 m 计算。

(3) 人工挖孔桩灌注混凝土桩芯工程量分别按设计图示截面面积乘以设计桩长另加加灌长度，以体积计算。加灌长度设计有规定时，按设计要求计算；无规定时，按 0.25 m 计算。人工挖孔扩底灌注桩按图示护壁内径圆台体积及扩大桩头实体积以体积计算。护壁混凝土按设计图示尺寸以体积计算。

钻孔灌注桩、人工挖孔桩，设计要求扩底时，其扩底工程量按设计尺寸；以体积计算，并入相应的工程量内。

四、工程案例

【例 5-9】 某建筑物基础为预制钢筋混凝土方桩基础，桩身截面尺寸为 250 mm×250 mm，设计全长（包括桩尖）为 9.5 m，设计桩顶标高为−1.05 m，室外地坪标高为−0.45 m，根数为 150 根，试计算打桩、送桩工程量。

解 打预制钢筋混凝土方桩工程量：按设计桩长（包括桩尖）乘以桩截面面积，以体积计算。

打桩工程量 $=0.25\times0.25\times9.5\times150=89.06(\text{m}^3)$。

送桩工程量 $=0.25\times0.25\times(1.05-0.45+0.5)\times150=10.31(\text{m}^3)$。

【例 5-10】 如图 5-23 所示，某工程需打设钻孔灌注桩 60 根，桩径 900 mm，采用旋挖钻机成孔，设计桩长 25 m，设计加灌长度为 0.6 m，自然标高−0.45 m，桩顶标高−2.45 m，预拌水下混凝土 C30，土孔混凝土充盈系数为 1.25，每根桩钢筋用量为 0.75 t。请分别计算钻孔灌注桩相关工程量。

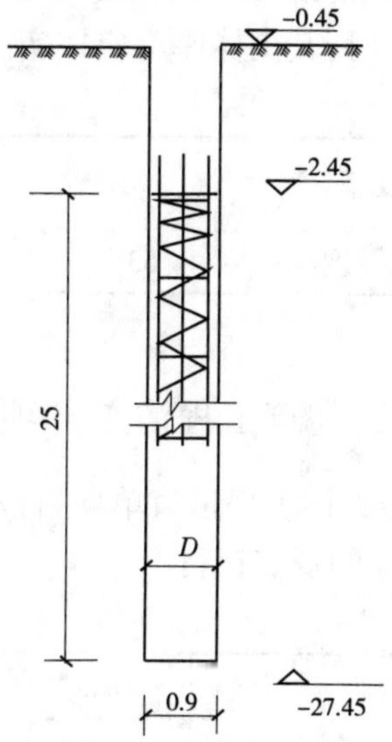

图 5-23　旋挖钻孔桩示意图　（单位：m）

解 旋挖钻机成孔工程量 $=[(-0.45)-(-27.45)]\times\pi(0.9/2)^2\times60=1\ 031.98(\text{m}^3)$。

钻孔桩灌注混凝土工程量 $=(25+0.6)\times\pi(0.9/2)^2\times60=976.67(\text{m}^3)$。

【例 5-11】 某工程需打设 80 根沉管混凝土灌注桩。钢管内径为 350 mm，管壁厚度为 50 mm，设计桩长为 8.5 m，请分别计算沉管桩相关工程量。

解 沉管成孔工程量 $=8.5\times\pi\left(\dfrac{0.35}{2}+0.05\right)^2\times80=108.09(\text{m}^3)$。

沉管桩灌注混凝土工程量 $=(8.5+0.5)\times\pi\left(\dfrac{0.35}{2}+0.05\right)^2\times80=114.45(\text{m}^3)$

任务五　砌筑工程量计算

一、计算砌筑工程量前应准备的资料

（一）砌体材料的种类及规格

砌筑工程中常用砌块种类有标准砖、多孔砖、空心砖、陶粒空心砌块以及粉煤灰砌块、矿渣砌块、硅酸盐砌块等。

常用的砌块规格：标准砖 240 mm×115 mm×53 mm（长×宽×高）；空心砖 240 mm×115 mm×90 mm、240 mm×180 mm×115 mm；烧结黏土多孔砖 240 mm×115 mm×90 mm（KP_1型）；硅酸盐砌块 880 mm×430 mm×240 mm、580 mm×430 mm×240 mm。在预算定额中，砖的规格是按标准砖编制的，砌块、多孔砖、空心砖的规格是按常用规格编制的，规格不同，可以换算。

（二）砌筑砂浆的种类、强度等级及使用部位

在砌筑工程中，常用砌筑砂浆的种类有水泥砂浆、水泥混合砂浆，其相应的强度等级有 M5.0、M7.5、M10 等。在定额中，不同使用部位的砂浆是按常用规格、强度等级列出的，如与设计不同，可以换算。

（三）砌筑墙体的厚度

以标准砖墙为例，其墙体厚度有 120 mm、180 mm、240 mm、370 mm 。标准砖墙的厚度：标准砖以 240 mm×115 mm×53 mm 为准，标准砖墙的厚度可按表 5-12 计算。使用非标准砖时，其砌体厚度应按实际规格和设计厚度计算。

表 5-12　标准砖墙的计算厚度

砖数（厚度）	1/4	1/2	3/4	1	$1\frac{1}{2}$	2	$2\frac{1}{2}$	3
计算厚度/mm	53	115	180	240	365	490	615	740

二、砌筑工程清单分项

砖砌体工程量清单项目设置、项目特征描述的内容、计量单位及工程量计算规则应按表 5-13 的规定执行。

表 5-13　砖砌体（编号：010401）

项目编码	项目名称	项目特征	计量单位	工程量计算规则	工作内容
010401001	砖基础	1. 砖品种、规格、强度等级 2. 基础类型 3. 砂浆强度等级 4. 防潮层材料种类	m^3	按设计图示尺寸以体积计算。 包括附墙垛基础宽出部分体积，扣除地梁（圈梁）、构造柱所占体积，不扣除基础大放脚 T 形接头处的重叠部分及嵌入基础内的钢筋、铁件、管道、基础砂浆防潮层和单个面积≤0.3 m^2 的孔洞所占的体积，靠墙暖气沟的挑檐不增加。 基础长度：外墙按外墙中心线，内墙按内墙净长线计算	1. 砂浆制作、运输 2. 砌砖 3. 防潮层铺设 4. 材料运输

续表 5-13

项目编码	项目名称	项目特征	计量单位	工程量计算规则	工作内容
010401003	实心砖墙	1. 砖品种、规格、强度等级 2. 墙体类型、砌筑高度 3. 砂浆强度等级、配合比	m^3	按设计图示尺寸以立方米计量，扣除门窗洞口、单个面积大于 0.3 m^2 的孔洞，嵌入墙内的钢筋混凝土柱、梁、圈梁、挑梁、过梁、反梁及凹进墙内的壁龛、管槽、消火栓箱所占体积。不扣除梁头、板头、砖墙内加固钢筋及单个面积0.3 m^2 以内的孔洞所占体积。凸出墙面的砖垛并入墙体体积内计算，砌体厚度应按砖实际规格计算	1. 砂浆制作、运输 2. 砌砖 3. 刮缝 4. 砖压顶砌筑 5. 材料运输
010401004	多孔砖墙				
010401005	空心砖墙				
010401012	零星砌砖	1. 零星砌砖名称、部位 2. 砖品种、规格、强度等级 3. 砂浆强度等级、配合比	m^3	按设计图示尺寸的截面面积乘以长度以立方米计量	

三、砖基础工程量计算规则

（一）基础和墙身的划分

（1）当基础与墙（柱）身使用同一种材料时，以设计室内地面为界（有地下室者，以地下室室内设计地面为界），以下为基础，以上为墙（柱）身，如图 5-24 所示。

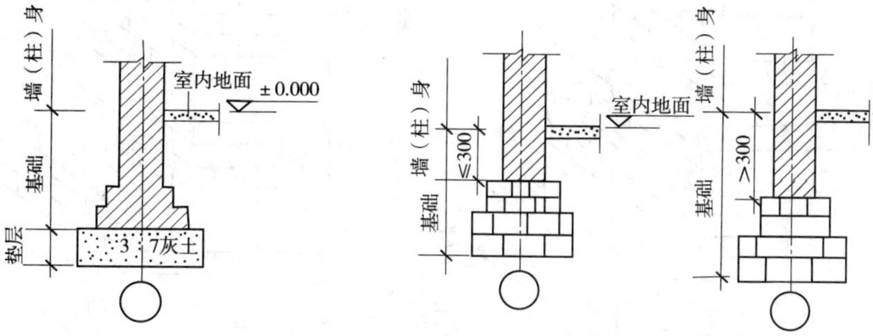

图 5-24　墙与柱身的划分方法

(2)基础与墙身使用不同材料时，位于室内设计地坪±300 mm 以内时，以不同材料为分界线，超过±300 mm 时，以设计室内地面为分界线。

(3)砖围墙以设计室外地坪为界线，以下为基础，以上为墙身。

(二)砖基础工程量计算规则

砖基础按设计图示尺寸以体积计算，包括附墙垛基础宽出部分体积，扣除地梁(圈梁)、构造柱所占体积，不扣除基础大放脚T形接头处的重叠部分(见图5-25)及嵌入基础内的钢筋、铁件、管道、基础砂浆防潮层(见图5-25)和单个面积在0.3 m^2 以内的孔洞所占体积，靠墙暖气沟的挑檐不增加。

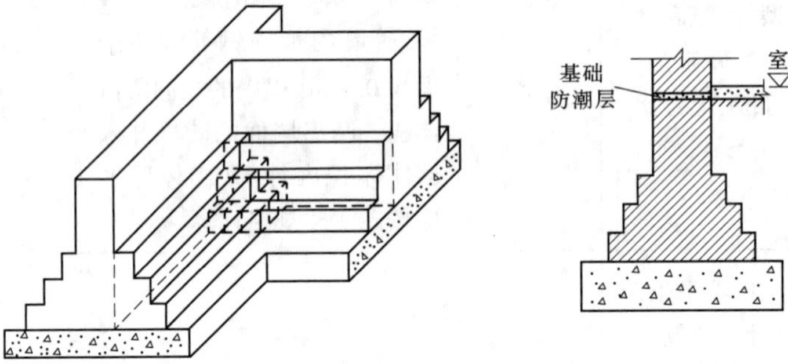

图5-25 T形接头重叠部分和基础防潮层示意图

$$V_{砖基础} = S_{断面} \times L_{长度} - V_{扣除} + V_{增加} \tag{5-15}$$

式中，$S_{断面}$为基础的断面面积；$L_{长度}$为基础长度，外墙墙基按外墙中心线长度计算，内墙墙基按内墙净长度计算；$V_{扣除}$为包括面积在0.3 m^2 以上的孔洞所占体积，伸入墙体内的地梁(圈梁)、构造柱所占体积；$V_{增加}$为包括附墙垛的宽出部分增加的体积。

1. 砖基础的断面面积

砖基础多为大放脚形式。大放脚有等高式与间隔式两种，如图5-26所示。

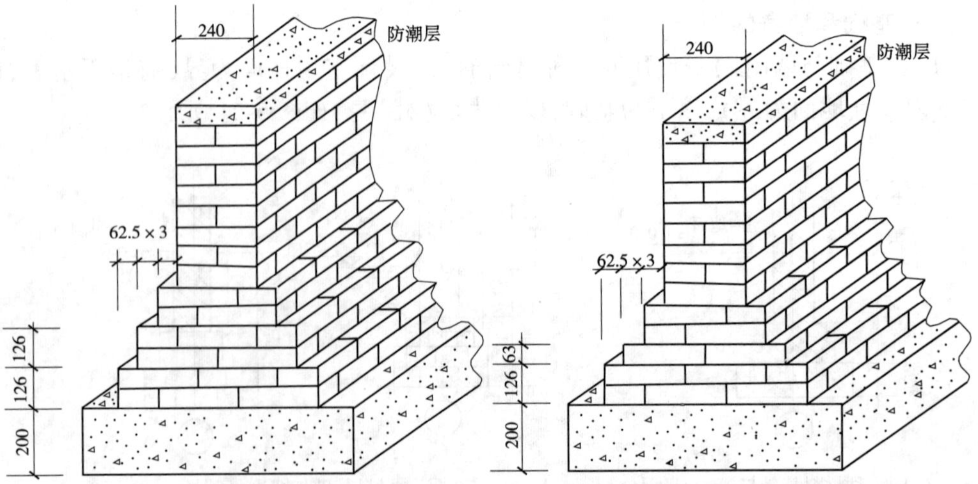

(a)等高式大放脚　　(b)不等高式大放脚

图5-26 砖基础大放脚的两种形式

由于砖基础的大放脚具有一定的规律性，所以可将各种标准砖墙厚度的大放脚增加断面面积按墙厚折成高度。把砖基础大放脚的折加高度及大放脚增加的断面面积编制成表格。计算基础工程量时，就可直接查折加高度和大放脚增加的断面面积表，如表 5-14 所示。

$$折加高度=大放脚增加面积/基础墙厚$$

表 5-14　砖基础等高、间隔大放脚折加高度和大放脚增加断面面积表

放脚层高	折加高度/m												增加面积/m^2	
	$\frac{1}{2}$砖（0.115）		1 砖（0.24）		$1\frac{1}{2}$砖（0.365）		2 砖（0.49）		$2\frac{1}{2}$砖（0.615）		3 砖（0.74）			
	等高	间隔式	等高	间隔式	等高	间隔式	等高	间隔式	等高	间隔式	等高	间隔式	等高	间隔式
一	0.137	0.137	0.066	0.066	0.043	0.043	0.032	0.032	0.026	0.026	0.021	0.021	0.015 8	0.015 8
二	0.411	0.342	0.197	0.164	0.129	0.108	0.096	0.080	0.077	0.064	0.064	0.053	0.047 3	0.039 4
三	—	—	0.394	0.328	0.259	0.216	0.193	0.161	0.154	0.128	0.128	0.106	0.094 5	0.078 78
四	—	—	0.656	0.525	0.432	0.345	0.321	0.253	0.256	0.205	0.213	0.170	0.157 5	0.126 0
五	—	—	0.984	0.788	0.647	0.518	0.482	0.380	0.384	0.307	0.319	0.255	0.236 3	0.189 0
六	—	—	1.378	1.083	0.906	0.712	0.672	0.530	0.538	0.419	0.447	0.351	0.330 8	0.259 9
七	—	—	1.838	1.444	1.208	0.949	0.900	0.707	0.717	0.563	0.596	0.468	0.441 0	0.346 5
八	—	—	2.363	1.838	1.553	1.208	1.157	0.900	0.922	0.717	0.766	0.596	0.567 0	0.441 0
九	—	—	2.953	2.297	1.942	1.510	1.447	1.125	1.153	0.896	0.958	0.745	0.708 8	0.551 3
十	—	—	3.610	2.789	2.372	1.834	1.768	1.366	1.409	1.088	1.171	0.905	0.866 3	0.669 4

2. 砖基础的长度

外墙墙基按外墙中心线长度计算，内墙墙基按内墙基净长计算。

码 5-2　墙体砌筑工程量计算

四、砖墙、砌块墙工程量计算规则

（一）砖墙、砌块墙工程量计算的一般规则

（1）砖墙、砌块墙按设计图示尺寸以体积计算。

（2）扣除门窗、洞口、嵌入墙内的钢筋混凝土柱、梁、圈梁、挑梁、过梁，以及凹进墙内的壁龛、管槽、暖气槽、消火栓箱、门窗侧面预埋的混凝土块所占的体积。

（3）不扣除梁头、板头、檩头、垫木、木楞头、沿缘木、木砖、门窗走头、砖墙内加固钢筋、木筋、铁件、钢管及单个面积 0.3 m^2 以内的孔洞所占的体积。

（4）凸出墙面的腰线、挑檐、压顶、窗台线、虎头砖、门窗套的体积亦不增加。

（5）凸出墙面的砖垛并入墙体体积内计算。

（二）砖墙、砌块墙工程量计算公式

砖墙、砌块墙工程量计算式如下：

砖墙体积=(墙长×墙高-嵌入墙身的门窗洞孔的面积)×墙厚-嵌入墙身的构件体积 (5-16)

1. 墙长

外墙长度按中心线计算,内墙长度按净长计算。

(1)内墙与外墙丁字相交[见图 5-27(a)]时,计算内墙长度时算至外墙的里边线。

(2)外墙与外墙 L 形相交[见图 5-27(b)]时,两面外墙的长度均算至中心线。

(3)内墙与内墙十字相交[见图 5-27(c)]时,较薄墙体的内墙长度算至较厚墙体的外边线处。

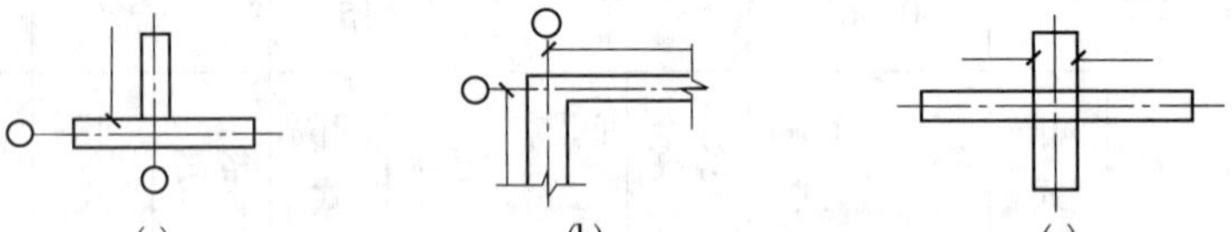

图 5-27 内墙、外墙相交示意图

2. 墙高

(1)外墙高度。斜(坡)屋面无檐口天棚者算至屋面板底;有屋架且室内外均有天棚者算至屋架下弦底另加 200 mm;无天棚者算至屋架下弦底另加 300 mm,出檐宽度超过 600 mm 时按实砌高度计算;有钢筋混凝土楼板隔层者算至板顶。平屋顶算至钢筋混凝土板底,如图 5-28 所示。

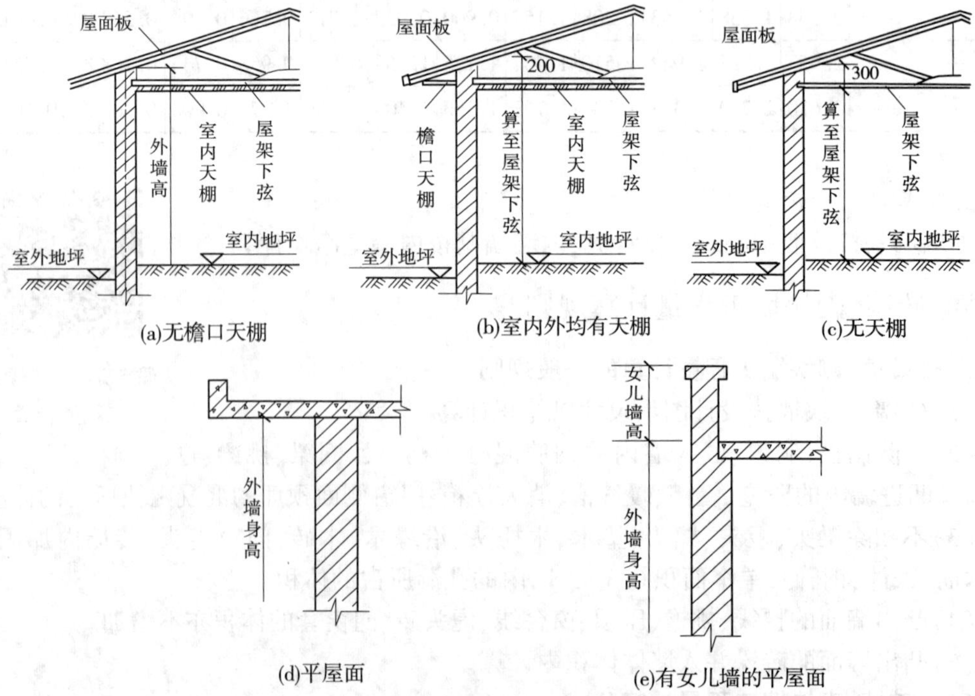

图 5-28 外墙墙身高度示意图 (单位:mm)

(2)内墙高度。位于屋架下弦者,算至屋架下弦底;无屋架者算至天棚底另加 100 mm;有钢筋混凝土楼板隔层者算至楼板底;有框架梁时算至梁底,如图 5-29 所示。

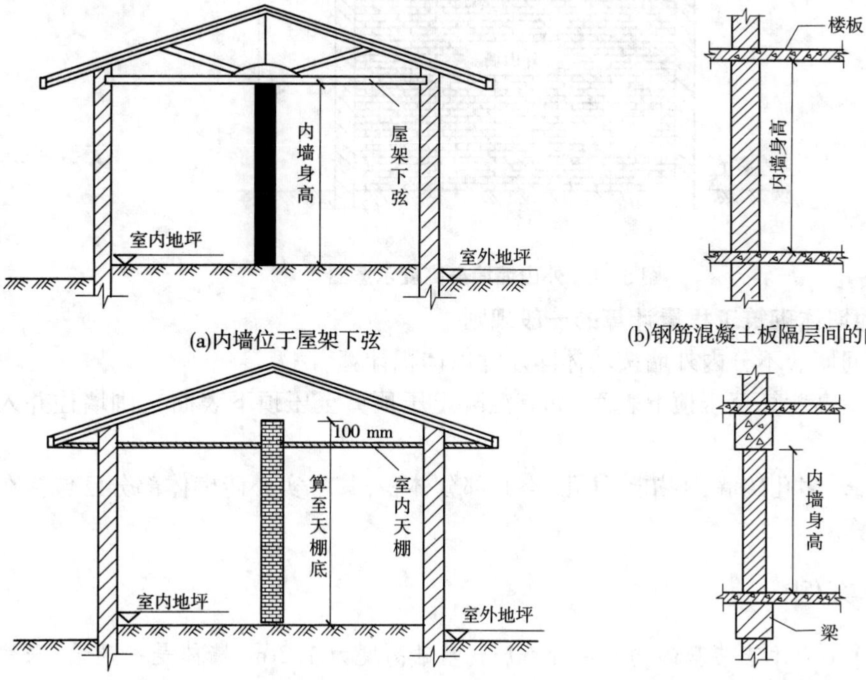

(a)内墙位于屋架下弦　(b)钢筋混凝土板隔层间的内墙

(c)无屋架但有天棚　(d)有框架梁的钢筋混凝土隔层

图 5-29　内墙墙身高度示意图

(3)女儿墙高度。从屋面板上表面算至女儿墙顶面(如有混凝土压顶时算至压顶下表面),如图 5-30 所示。

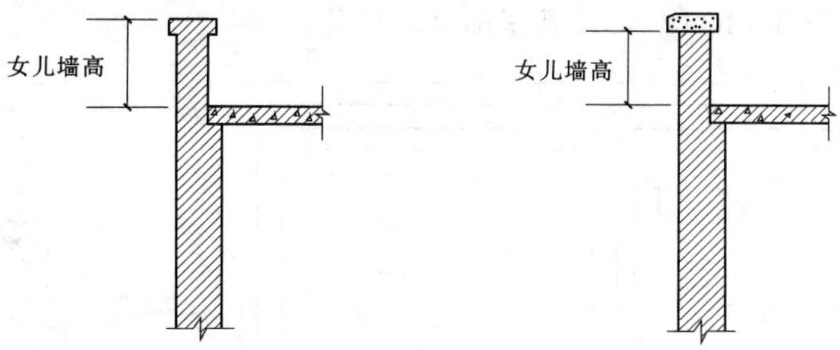

(a)无混凝土压顶　(b)有混凝土压顶

图 5-30　女儿墙墙身高度示意图

(4)坡屋顶、内、外山墙。按其平均高度计算,如图 5-31 所示。

3. 墙厚

按设计图示尺寸计算,可查阅表 5-12。

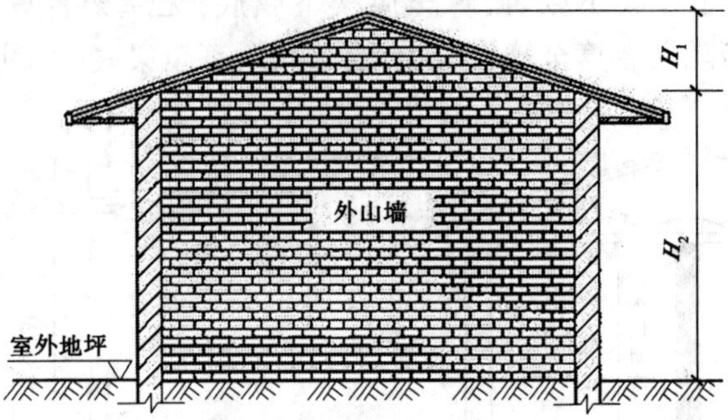

图 5-31　外山墙墙身高度示意图

(三)其他墙体砌筑工程量计算的一般规则

(1)框架间墙。不分内外墙按墙体净尺寸以体积计算。

(2)围墙。高度算至压顶上表面(如有混凝土压顶算至压顶下表面),围墙柱并入围墙体积内。

(3)空心砖、多孔砖墙,不扣除其孔、空心部分体积,其中实心砖砌体部分已包括在项目内,不另计算。

五、工程案例

【例 5-12】　已知某砖基础的长度为 50 m,基础高度为 1.2 m,墙体是一砖墙,采用四层不等高式砖基础,试计算其工程量。

解　查表 5-14 得折加高度为 0.525 m,大放脚增加断面面积为 0.126 m^2,得

$$V = 50 \times (0.24 \times 1.2 + 0.126) = 20.7(m^3)$$

或

$$V = 50 \times 0.24 \times (1.2 + 0.525) = 20.7(m^3)$$

【例 5-13】　某基础平面如图 5-32(a)所示,内墙为一砖墙,轴线居中,外墙为一砖半墙,基础断面图如图 5-32(b)所示,计算基础的工程量。

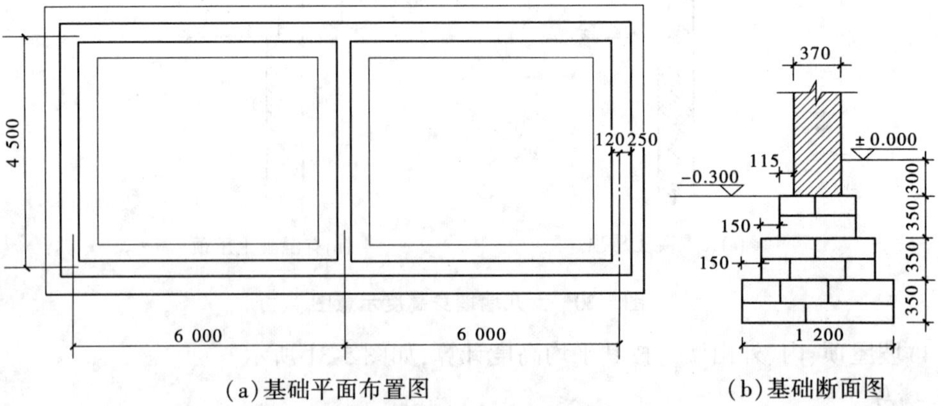

(a)基础平面布置图　　(b)基础断面图

图 5-32　基础平面图和基础断面图　(单位:mm)

解　$L_{中} = (6 + 6 - 0.24 + 0.37 + 4.5 - 0.24 + 0.37) \times 2 = 33.52(m)$

$$L_{内} = 4.5 - 0.24 = 4.26(m)$$

因为基础与墙身使用不同材料,且分界线位于设计室内地坪 300 mm 以内,以不同材料为分界线,所以设计室内地坪以下的砖砌体并入墙体工程量计算。

毛石基础工程量为

$$V = (1.2 \times 0.35 + 0.9 \times 0.35 + 0.6 \times 0.35) \times (33.52 + 4.26) = 35.7(m^3)$$

【例 5-14】 某住宅楼平面图及其基础剖面图如图 5-33 所示,已知内外墙墙厚均为 240 mm,层高为 3.0 m,内外墙上均设圈梁,洞口上部设过梁,墙转角处设置构造柱,门窗及构件尺寸见表 5-15。试根据已知条件计算该工程的砌筑工程量。

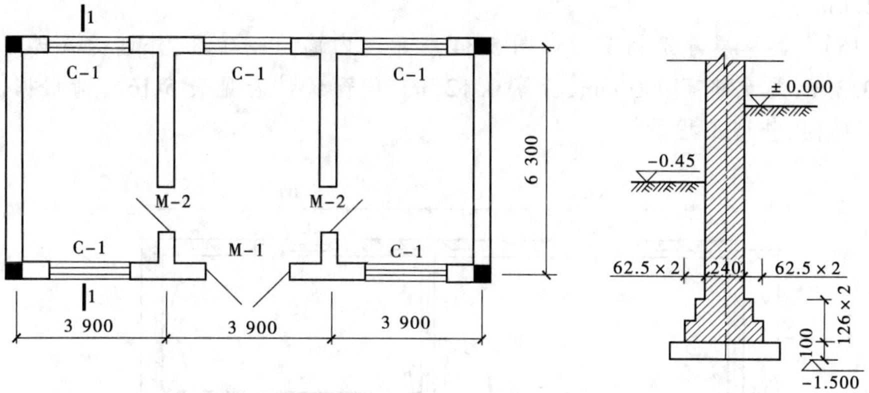

(a)底层平面图　　(b)1—1 剖面图

图 5-33　某住宅楼平面图及其基础剖面图　(单位:mm)

表 5-15　门窗及墙体构件尺寸

门窗名称	门窗尺寸(宽×高)/(mm×mm)	构件名称	构件尺寸或体积
M-1	1 800×2 100	构造柱	0.15 m³/根
M-2	1 000×2 100	圈梁	240 mm×240 mm
C-1	1 500×1 500	过梁	(洞口宽度+0.5)×0.24×0.12(m³)

解　由上述资料可知,本工程所完成的砌筑工程施工内容有砖基础、砖墙、钢筋砖过梁。因此,本例题应列的砌筑工程定额项目有砖基础、砖墙。

(1)基数。

$$L_{中} = (3.9 \times 3 + 6.3) \times 2 = 36(m)$$

$$L_{内} = (6.3 - 0.24) \times 2 = 12.12(m)$$

(2)门窗洞口面积及墙体埋件体积的计算。

$$S_{M-1} = 1.8 \times 2.1 = 3.78(m^2)$$

$$S_{M-2} = 1.0 \times 2.1 = 2.1(m^2)$$

$$S_{C-1} = 1.5 \times 1.5 = 2.25(m^2)$$

$$V_{gz} = 0.15 \times 4 = 0.6(m^3)$$

$$V_{ql} = 0.24 \times 0.24 \times [(36 - 0.24 \times 4) + 12.12] = 2.72(m^3)$$

$V_{gl} = 0.24 \times 0.12 \times [(1.8+0.5)\times 1+(1.0+0.5)\times 2+(1.5+0.5)\times 5] = 0.44(m^3)$

(3)砖基础工程量。

砖基础工程量=基础断面面积×基础长度

$V_{砖基础} = [0.24\times(1.5-0.1)+0.04725]\times(36+12.12) = 18.44(m^3)$

(4)砖墙。

墙体工程量=(墙体长度×墙体高度-门窗洞口所占面积)×墙体厚度-应扣除嵌入墙体体积

$V_{砖墙} = [(36+12.12)\times 3-(3.78+2.1\times 2+2.25\times 5)]\times 0.24-(0.6+2.72+0.44) = 26.27(m^3)$

【例5-15】 某单层建筑物平面如图5-34所示。内墙为一砖墙，外墙为一砖半墙，板顶标高为3.3 m，儿女墙高900 mm，板厚0.12 m。门窗统计表见表5-16。请根据图示尺寸分别计算砖内、外墙工程量。

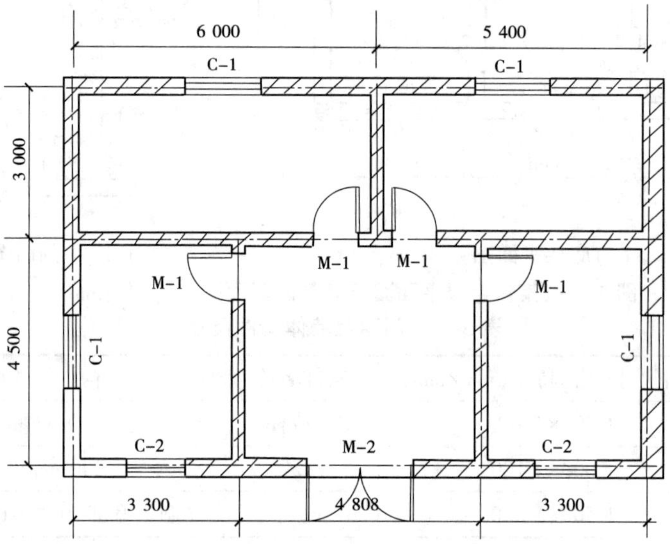

图5-34 某单层建筑物平面图 (单位:mm)

表5-16 门窗统计表

类别	代号	宽/m×高/m=面积/m²	数量
门	M-1	0.9×2.1=1.89	4
门	M-2	2.1×2.4=5.04	1
窗	C-1	1.5×1.5=2.25	4
窗	C-2	1.2×1.5=1.8	2

解 (1)墙长。

外墙长按中心线长度计算，图中尺寸表示的是外墙轴线间距离，并不是中心线，需要转化成中心线。

$L_{外} = [(6 + 5.4 - 0.24 + 0.37) + (4.5 + 3 - 0.24 + 0.37)] \times 2 = 38.32(m)$

$L_{内} = (6 + 5.4 - 0.24) + (3 - 0.24) + (4.5 - 0.24) \times 2 = 22.44(m)$

(2)应扣除的门窗洞口面积。

$$S_{外门窗} = 2.25 \times 4 + 1.8 \times 2 + 5.04 = 17.64(m^2)$$

$$S_{内门窗} = 1.89 \times 4 = 7.56(m^2)$$

(3)砖墙。

墙体工程量=(墙体长度×墙体高度-门窗洞口所占面积)×墙体厚度-应扣除嵌入墙身体积

$$V_{外墙} = (38.32 \times 3.3 - 17.64) \times 0.365 = 39.72(m^3)$$

$$V_{内墙} = [22.44 \times (3.3 - 0.12) - 7.56] \times 0.24 = 15.31(m^3)$$

任务六　混凝土及钢筋混凝土量计算

一、混凝土及钢筋混凝土工程算量准备知识

按构件部位、作用及其性质划分,建筑物中的混凝土工程项目的主体结构构件主要有基础、柱、梁、板、墙,工程辅助构件有楼梯、阳台、栏板、雨篷、檐沟等。

(一)基础

基础按外形分,有条形基础、筏形基础(又称满堂基础)、独立基础等,在条形基础下设有桩基础时,又统称为桩承台。

(1)条形基础。也称为带形基础,如图5-35所示,分为无梁式(板式基础)和有梁式(有肋条形基础)。

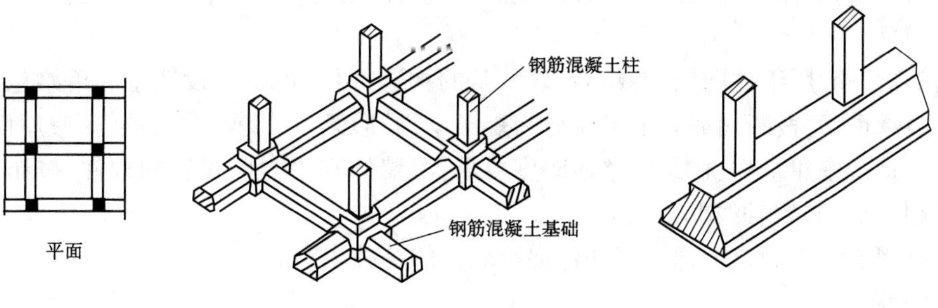

(a)井格式柱下条形基础　　(b)柱下条形基础

图5-35　条形基础

(2)满堂基础。是指由成片的钢筋混凝土板支撑着整个建筑,一般分为无梁式满堂基础、有梁式满堂基础和箱式满堂基础三种形式。无梁式满堂基础也称为板式基础,有扩大或角锥形柱墩时,应并入无梁式满堂基础内计算;有梁式满堂基础也称为梁板式基础,相当于倒置的有梁板或井格形板;箱式满堂基础是指由顶板、底板及纵横墙板连成整体的基础,如图5-36所示。

(3)独立基础。柱下单独基础常用的断面形式有四棱锥台形[见图5-37(a)]、杯形

[见图 5-37(b)]、踏步形等。

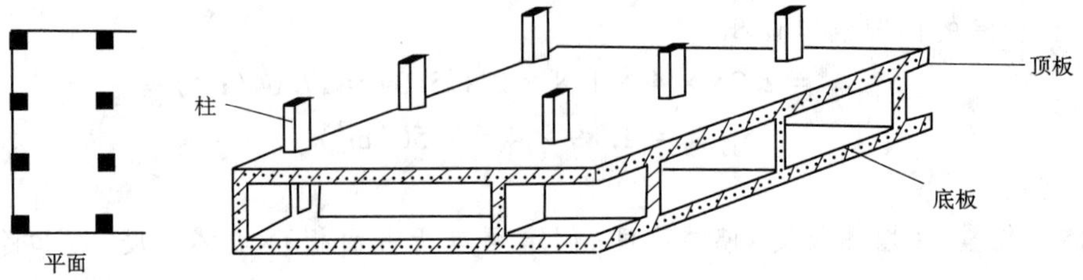

图 5-36　箱式满堂基础

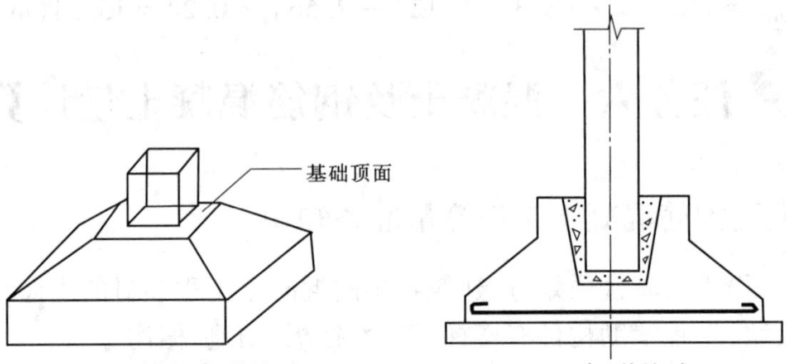

(a)四棱锥台形基础　　(b)杯形基础

图 5-37　独立基础

(二)柱

柱按断面形状可分为矩形柱、圆形柱和异形柱,按其作用简单分为独立柱和构造柱。独立柱常见于承重独立柱、框架柱、有梁板柱、无梁板柱等。构造柱是指按建筑物刚性要求设置的、先砌墙体后浇捣的柱,按设计规范要求,需设与墙体咬接的马牙槎。

(三)梁

基础梁一般用于柱网结构或不宜设墙基的构造部位,可不再设墙基。单梁包括框架梁或单独承重梁,按断面或外形形状分为矩形梁、异形梁、弧形梁、拱形梁、薄腹屋面梁等。

圈梁是指按建筑物、构筑物整体刚度要求,沿墙体水平封闭设置的构件,按布置方式有矩形和弧形(布置轴线非直线)。

过梁用于承受洞口上部荷载并传递给墙体的单独小梁。

(四)板

钢筋混凝土楼板按荷载传递形式分为平板、有梁板(包括密肋板、井字板)、无梁板。按外形或结构形式不同,有拱形板、薄壳屋盖等。

(五)墙

钢筋混凝土墙按荷载传递形式分为钢筋混凝土剪力墙、钢筋混凝土地下室、无筋混凝土挡土墙、大钢模板墙。墙按外形不同,有直形和弧形之分。

二、混凝土工程清单分项

混凝土工程量清单项目设置、项目特征描述的内容、计量单位及工程量计算规则应按

表 5-17～表 5-22 的规定执行。

表 5-17 现浇混凝土基础(编号:010501)

项目编码	项目名称	项目特征	计量单位	工程量计算规则	工作内容
010501001	垫层	1. 混凝土类别 2. 混凝土强度等级	m^3	按设计图示尺寸以体积计算,不扣除伸入承台基础的桩头所占体积。型钢混凝土中型钢骨架所占体积按 7 850 kg/m^3(密度)扣除	1. 模板及支撑制作、安装、拆除、堆放、运输及清理模内杂物、刷隔离剂等 2. 混凝土制作、运输、浇筑、振捣、养护
010501002	带形基础				
010501003	独立基础				
010501004	满堂基础				

表 5-18 现浇混凝土柱(编号:010502)

项目编码	项目名称	项目特征	计量单位	工程量计算规则	工作内容
010502001	矩形柱	1. 混凝土类别 2. 混凝土强度等级	m^3	按设计图示尺寸以立方米计算,不扣除构件内钢筋、预埋铁件所占体积。型钢混凝土中型钢骨架所占体积按 7 850 kg/m^3(密度)扣除	混凝土制作、运输、浇筑、振捣、养护
010502002	构造柱				
010502003	异形柱	1. 柱形状 2. 混凝土类别 3. 混凝土强度等级			

表 5-19 现浇混凝土梁(编号:010503)

项目编码	项目名称	项目特征	计量单位	工程量计算规则	工作内容
010503001	基础梁	1. 混凝土类别 2. 混凝土强度等级	m^3	按设计图示尺寸以立方米计量,不扣除构件内钢筋、预埋铁件所占体积。伸入墙内的梁头、梁垫并入梁体积内。型钢混凝土中型钢骨架所占体积按 7 850 kg/m^3(密度)扣除	混凝土制作、运输、浇筑、振捣、养护
010503002	矩形梁				
010503003	异形梁				
010503004	圈梁				
010503005	过梁				

表 5-20　现浇混凝土墙(编号:010504)

项目编码	项目名称	项目特征	计量单位	工程量计算规则	工作内容
010504001	直形墙	1. 混凝土类别 2. 混凝土强度等级	m^3	按设计图示尺寸以立方米计量,不扣除构件内钢筋、预埋铁件所占体积,扣除门窗洞口及单个面积>0.3 m^2 的孔洞所占体积。型钢混凝土中型钢骨架所占体积按7 850 kg/m^3(密度)扣除	混凝土制作、运输、浇筑、振捣、养护
010504002	弧形墙				
010504004	挡土墙				

表 5-21　现浇混凝土板(编号:010505)

项目编码	项目名称	项目特征	计量单位	工程量计算规则	工作内容
010505001	有梁板	1. 混凝土类别 2. 混凝土强度等级	m^3	按设计图示尺寸以立方米计量,不扣除单个面积≤0.3 m^2 的柱、垛以及孔洞所占体积,不扣除构件内钢筋、预埋铁件所占体积。型钢混凝土中型钢骨架所占体积按7 850 kg/m^3(密度)扣除构件内压形钢板所占体积计算	混凝土制作、运输、浇筑、振捣、养护
010505002	无梁板				
010505003	平板				
010505008	雨篷、悬挑板、阳台板			按设计图示尺寸的墙外体积以立方米计量。包括伸出墙外的牛腿和雨篷反挑檐的体积	
010505009	空心板			按设计图示尺寸以体积计算。空心板(GBF高强薄壁蜂巢芯板等)应扣除空心部分体积	
010505010	其他板			按设计图示尺寸以立方米计量	

表 5-22　现浇混凝土楼梯(编号:010506)

项目编码	项目名称	项目特征	计量单位	工程量计算规则	工作内容
010506001	直形楼梯	1. 混凝土种类 2. 混凝土强度等级	m^2	按设计图示尺寸的水平投影面积以平方米计量,不扣除宽度 ≤ 500 mm 的楼梯井,伸入墙内部分不计算	混凝土制作、运输、浇筑、振捣、养护
010506002	弧形楼梯				

三、现浇混凝土工程量计算规则

混凝土工程量除另有规定者外,均按设计图示尺寸以体积计算。不扣除构件内钢筋、预埋铁件所占体积。混凝土构件中如设计采用型钢,应扣除其体积。

(一)基础混凝土的工程量计算规则

1. 条形基础

有梁条形混凝土基础,其梁高与梁宽之比在 4∶1以内的按条形基础计算;超过 4∶1时,其基础底按条形基础计算,以上部分按墙计算。条形基础的计算公式为

$$V_{条形基础} = LS_{断面} + V_{搭接体积} \tag{5-17}$$

$$S_{断面} = Bh_1 + \frac{1}{2} \times (b + B)h_2 \tag{5-18}$$

式中,L 为长度,外墙按外墙墙基中心线长度(当不为偏心基础时,外墙墙基中心线长度即为 $L_中$)取值,内墙基础以基础间净长度计算;$V_{搭接体积}$ 为搭接体积,按图示尺寸计算体积。图 5-38 为标准条形基础混凝土搭接。

$$V_{搭接体积} = V_1 + V_2 \tag{5-19}$$

式中,V_1 为长方体体积,$V_1 = bHL_{搭接}$;V_2 为两只三棱锥和半只长方体的体积,$V_2 = bh_1L_{搭接}/2 + 2 \times 1/3 \times 1/2(B - b)/2 \times h_1L_{搭接} = 1/6 \times (2b + B) \times h_1L_{搭接}$。

2. 独立基础

常见台阶形独立基础和四棱锥台形基础,如图 5-39 所示。台阶形基础混凝土计算公式为

$$V = abh + a_1b_1h_1 \tag{5-20}$$

四棱锥台形基础混凝土计算公式为

$$V = abh + \frac{1}{6}h_1[ab + (a + a_1)(b + b_1) + a_1b_1] \tag{5-21}$$

3. 杯形基础

杯形基础如图 5-40 所示,工程量按图示尺寸计算,计量单位为 m^3。计算公式为

$$V = V_1 + V_2 + V_3 - V_4 \tag{5-22}$$

式中,V_1 为底部立方体体积;V_2 为中部棱台体体积;V_3 为上部立方体体积;V_4 为杯口槽体积。

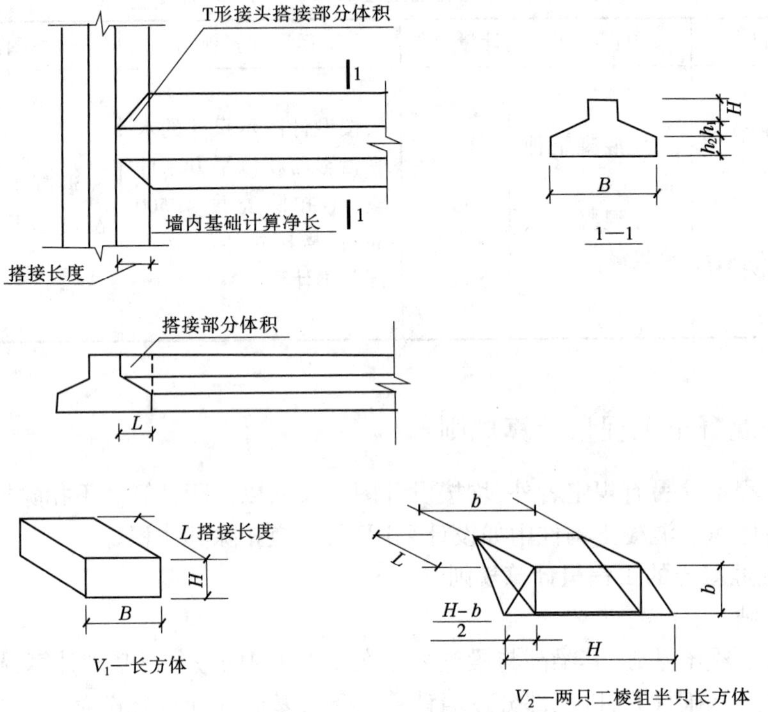

图 5-38　条形基础搭接

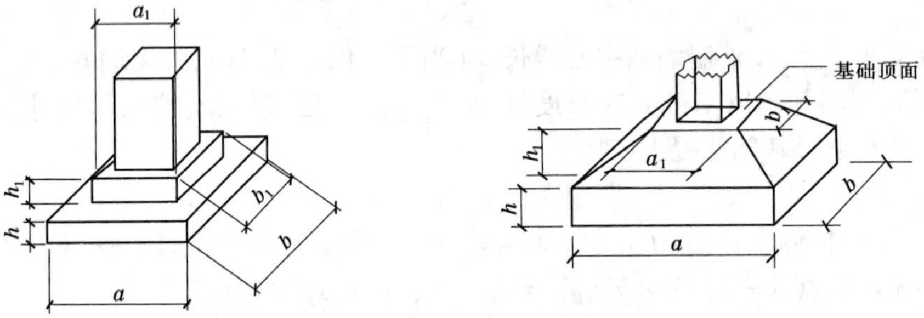

(a)台阶形独立基础　　(b)四棱锥台形基础

图 5-39　四棱锥台形基础

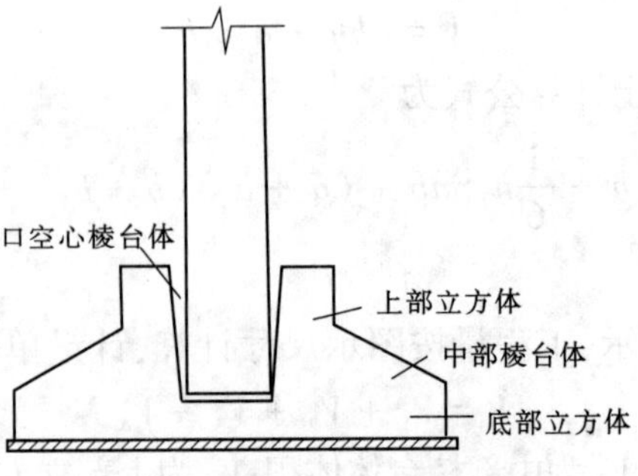

图 5-40　杯形基础

4. 箱式满堂基础

箱式满堂基础应分别按满堂基础、柱、墙、梁、板的有关规定计算，套用相应项目。

$$箱形满堂基础体积 = 顶板体积 + 地板体积 + 墙体体积 \tag{5-23}$$

5. 块体设备基础

按设计图示尺寸以立方米计量。框架式设备基础分别按基础、柱、梁、墙、板等有关规定计算，套用相应项目。楼层上的设备基础，按梁、板相应项目分别计算。

(二)柱的混凝土工程量计算规则

柱的工程量按图示断面尺寸乘以柱高，以立方米计量。柱高按以下规定确定：

(1)柱和板连接的柱高，应根据柱基上表面(或楼板上表面)至上一层楼板上表面之间的高度计算，如图 5-41(a)所示。

(2)带柱帽的柱和板连接的柱高，应根据柱基上表面(或楼板上表面)至柱帽下表面之间的高度计算。柱帽工程量合并到柱子工程量内计算，如图 5-41(b)所示。

(3)框架柱的柱高，应根据柱基上表面至柱顶高度计算，如图 5-41(c)所示。

(4)构造柱的柱高，按全高计算，与砖墙嵌接部分的体积并入柱身体积内计算，如图 5-41(d)所示。

码 5-3　梁板柱混凝土工程量计算

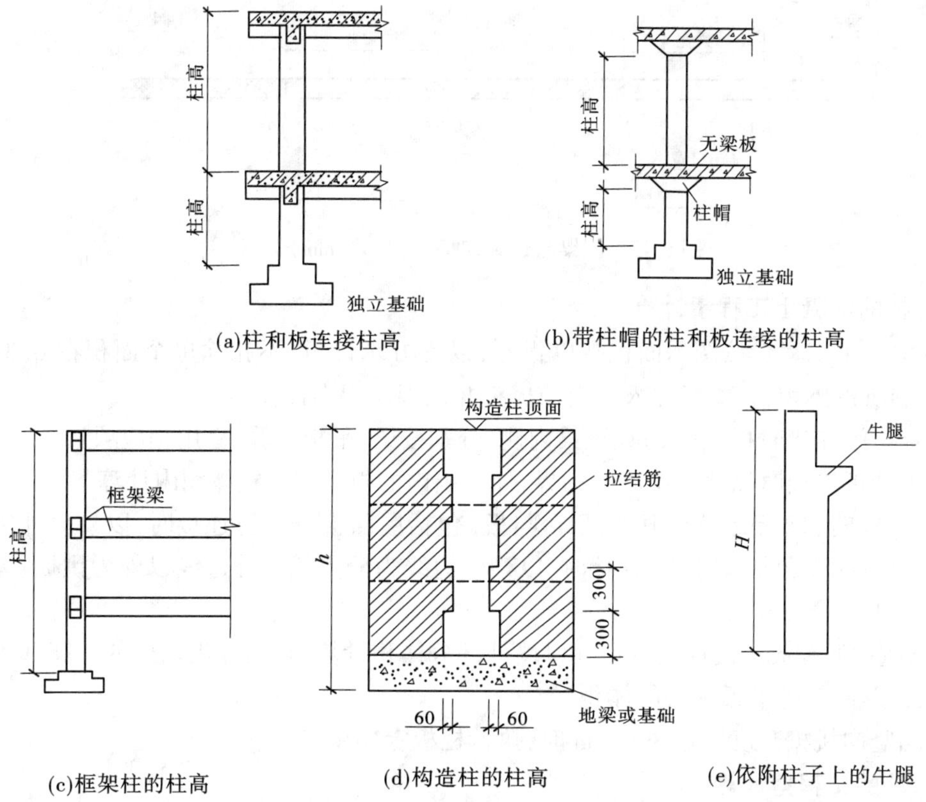

图 5-41　柱子高度的确定　(单位:mm)

(5)依附柱子上的牛腿,并入柱身体积内计算,如图 5-41(e)所示。

(6)升板柱帽按图示尺寸以立方米计量。

(三)梁的混凝土工程量计算规则

梁的混凝土工程量按图示断面尺寸乘以梁长,以立方米计量,伸入墙内梁头、梁垫并入梁体积内计算。梁长按以下方法确定:

(1)梁与柱连接时,梁长算至柱侧面,如图 5-42(a)所示。

(2)主梁与次梁连接时,次梁长算至主梁侧面,如图 5-42(b)所示。

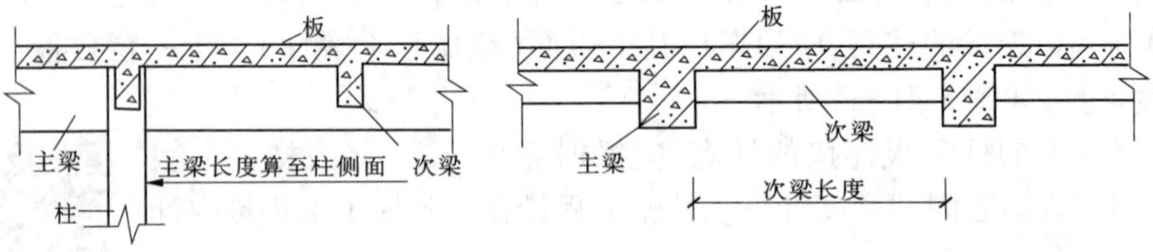

(a)主梁长度计算　　　(b)次梁长度计算

图 5-42　主、次梁长度计算　(单位:mm)

(3)圈梁与过梁连接者,分别套用圈梁、过梁定额,其过梁长度按门、窗口外围宽度两端共加 50 cm 计算,如图 5-43 所示。

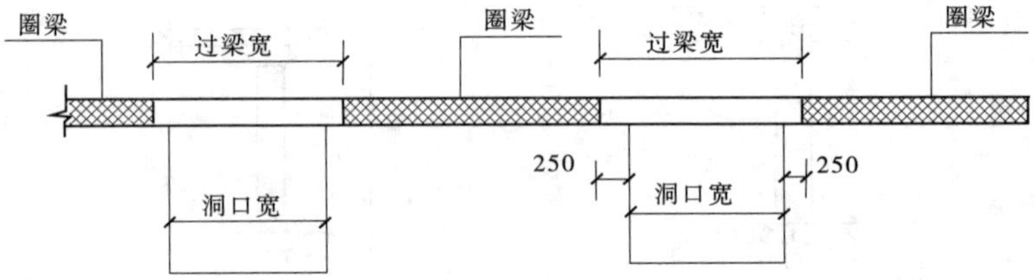

图 5-43　圈梁与过梁连接　(单位:mm)

(四)板的混凝土工程量计算

板的混凝土工程量按图示面积乘以板厚,以立方米计量,不扣除单个面积在 0.3 m^2 以内的孔洞所占体积,各类板伸入墙内的板头并入板体积内计算。

(1)板与梁连接时板宽(长)算至梁内侧,分别按梁、平板计算,套用相应项目。

(2)多种板连接时以墙的中心线为界,伸入墙内的板头并入板体积内计算。

(3)当现浇挑檐、天沟板、雨篷、阳台与板(包括屋面板、楼板)连接时,以外墙外边线为分界线;与圈梁(包括其他梁)连接时,以梁外边线为分界线。外边线以外为挑檐、天沟板、雨篷或阳台。

(4)雨篷、阳台板按设计图示尺寸以墙外部分体积计算,包括伸出墙外的牛腿和雨篷反挑檐及弧形阳台外沿弧形梁的体积。

(5)当竖向挑檐高度超过 300 mm 时,执行栏板定额项目。

(五)墙的工程量计算

墙、间壁墙、电梯井壁,按图示中心线长度乘以墙高及厚度,以立方米计量,应扣除门

窗洞口及单个面积在 0.3 m^2 以上孔洞所占体积，墙垛及突出墙面部分并入墙体体积内计算。墙的工程量计算公式为

$$V_{墙} = 墙中心线长度 \times 墙高 \times 墙厚 \tag{5-24}$$

(1)剪力墙中暗梁、暗柱、端柱并入墙内计算。

(2)建筑膜网墙内的构造柱、圈梁、过梁混凝土与墙混凝土合并计算。

(3)建筑膜网安装工程量，外墙按外墙中心线长度乘以结构高度(地面至板顶)，内墙按内墙净长线长度乘以内墙净高，以单面面积计算。

(六)楼梯的工程量计算

整体楼梯包括休息平台、平台梁、斜梁及楼梯的连接梁，按设计图示尺寸以水平投影面积计算，不扣除宽度小于 500 mm 的楼梯井，伸入墙内部分不计算。当整体楼梯与现浇楼梯板无梁连接时，以楼梯的最后一个踏步边缘加 300 mm 为界。楼梯的工程量计算公式为

$$S_{每层楼梯投影面积} = LB - 空隙宽度大于50\ cm楼梯井面积 \tag{5-25}$$

式中，L 为楼梯间的净长；B 为楼梯间的净宽。

(七)其他构件的工程量计算

(1)台阶、压顶、门框、小型构件及小型池槽按设计图示尺寸以体积计算。

(2)栏杆按设计图示尺寸以长度(伸入墙内的长度已综合在项目内)计算。扶手按设计图示尺寸以体积计算。

(3)一步台阶、三步台阶项目按水平投影以平方米计量，台阶的平台面积并入台阶内计算。

四、工程案例

【例 5-16】 计算如图 5-44 所示的基础工程量。

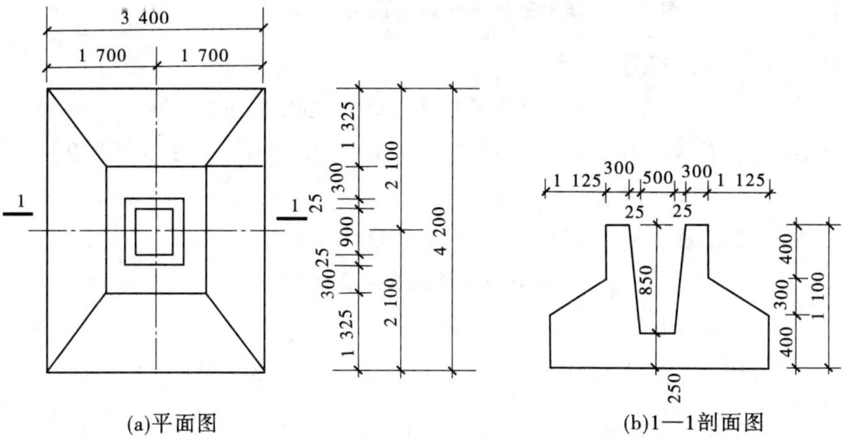

(a)平面图　　(b)1—1剖面图

图 5-44　杯形基础　(单位:mm)

解　基底部分体积 $V_1 = 3.4 \times 4.2 \times 0.4 = 5.712(m^3)$。

四棱台体积：

$$V_2 = 0.3/6 \times [3.4 \times 4.2 + (3.4 + 1.15) \times (4.2 + 1.55) + 1.15 \times 1.55] = 2.111(m^3)$$

杯口部分体积：

$$V_3 = 1.15 \times 1.55 \times 0.4 = 0.713(m^3)$$

杯口槽体积：

$$V_4 = 0.85/6 \times [0.5 \times 0.9 + 0.55 \times 0.95 + (0.5 + 0.95) \times (0.9 + 0.95)] = 0.413(m^3)$$

杯形基础浇捣工程量：

$$V = V_1 + V_2 + V_3 - V_4 = 5.712 + 2.111 + 0.713 - 0.413 = 8.123(m^3)$$

【例 5-17】 某建筑的基础为有梁式条形基础，其平面及剖面图如图 5-45 所示，计算该基础混凝土的工程量。

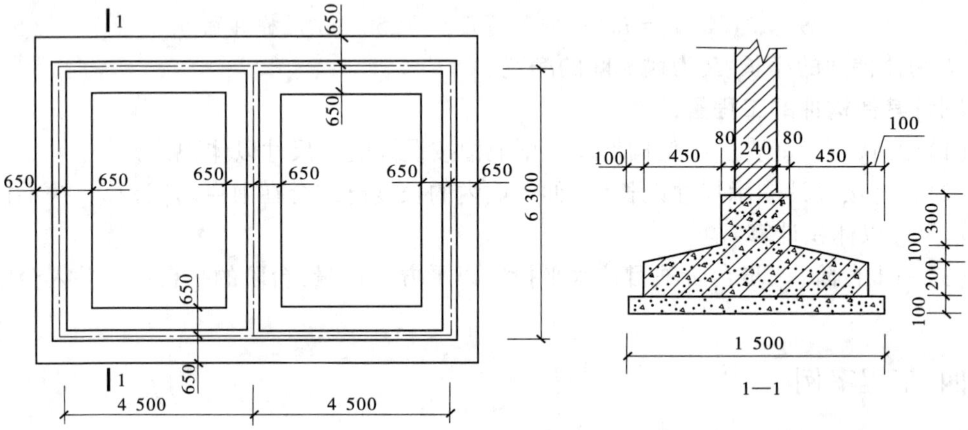

(a)平面图　　(b)1—1 剖面图

图 5-45　条形基础平面及剖面图　(单位：mm)

解　(1)外墙基础工程量。

$$L_{中} = (4.5 \times 2 + 6.3) \times 2 = 30.6(m)$$

$$V_{外墙基础} = S_{基础断面} L_{中} = [0.3 \times 0.4 + (0.4 + 1.3)/2 \times 0.1 + 1.3 \times 0.2] \times 30.6 = 14.23(m^3)$$

(2)内墙基础工程量。此时需要注意搭接体积的求解。

$$L_{基底净长} = 6.3 - 0.65 \times 2 = 5(m)$$

$$\begin{aligned} V_{内墙基础} &= S_{基础断面} \times L_{基底长度} + V_{搭接体积} \\ &= [0.3 \times 0.4 + (0.4 + 1.3)/2 \times 0.1 + 1.3 \times 0.2] \times 5 + \\ &\quad \left[0.4 \times 0.3 \times 0.45 + \frac{1}{6} \times (0.4 \times 2 + 1.3) \times 0.1 \times 0.45\right] \times 2 \\ &= 2.325 + (0.054 + 0.0158) \times 2 \\ &= 2.46(m^3) \end{aligned}$$

(3)条形基础工程量。

$$V = 14.23 + 2.46 = 16.7(m^3)$$

【例 5-18】 某工程结构平面图如图 5-46 所示，采用 C25 现拌混凝土浇捣，层高为 3.9 m，板厚为 100 mm，柱截面均为 350 mm×350 mm，KL1：300 mm×600 mm，KL2：250 mm×500 mm，试计算梁、柱、板混凝土工程量。

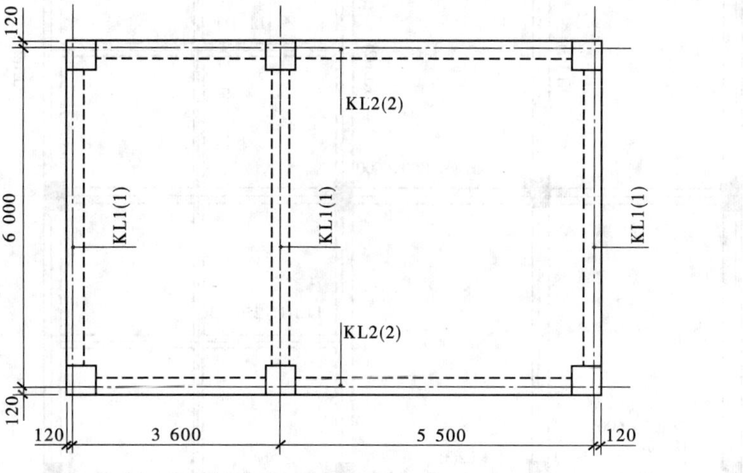

图 5-46　某工程结构平面图　（单位：mm）

解　柱混凝土工程量：

$$V_{柱} = 0.35 \times 0.35 \times 3.9 \times 6 = 2.867(m^3)$$

梁混凝土工程量：

KL1(1)：　$L = 6 + 0.12 \times 2 - 0.35 \times 2 = 5.54(m)$

KL2(2)：　$L = 3.6 + 5.5 + 0.24 - 0.35 \times 3 = 8.29(m)$

所以　$V_{KL1} = 0.3 \times 0.6 \times 5.54 \times 3 = 2.992(m^3)$

$$V_{KL2} = 0.25 \times 0.5 \times 8.29 \times 2 = 2.073(m^3)$$

合计：　$2.992 + 2.073 = 5.065(m^3)$

板混凝土工程量：

$$V_{板} = (3.6 + 5.5 + 0.24 - 0.3 \times 3) \times (6 + 0.24 - 0.25 \times 2) \times 0.1 = 4.84(m^3)$$

【例 5-19】 某工程现浇框架结构，其二层结构平面图如图 5-47 所示，已知设计室内地坪标高为±0.000，柱基顶面标高−0.900 m，楼面结构标高为 3.6 m，柱 C35，梁、板均采用 C25 现浇现拌混凝土，板厚度为 120 mm。试计算柱、梁、板的混凝土工程量。

解　柱混凝土工程量：

$$V_{柱} = S_{断} \times h = 0.4 \times 0.6 \times (0.9 + 3.6) \times 12 = 12.96(m^3)$$

C35 柱混凝土工程量为 12.96 m^3。

梁混凝土工程量：

KL1(2)：　$L = 12.24 - 3 \times 0.6 = 10.44(m)$

$$V_{KL1} = 0.3 \times 0.7 \times 10.44 \times 4 = 8.77(m^3)$$

KL2(3)：　$L = 14.24 - 4 \times 0.4 = 12.64(m)$

$$V_{KL2} = 0.3 \times 0.85 \times 12.64 \times 2 = 6.45(m^3)$$

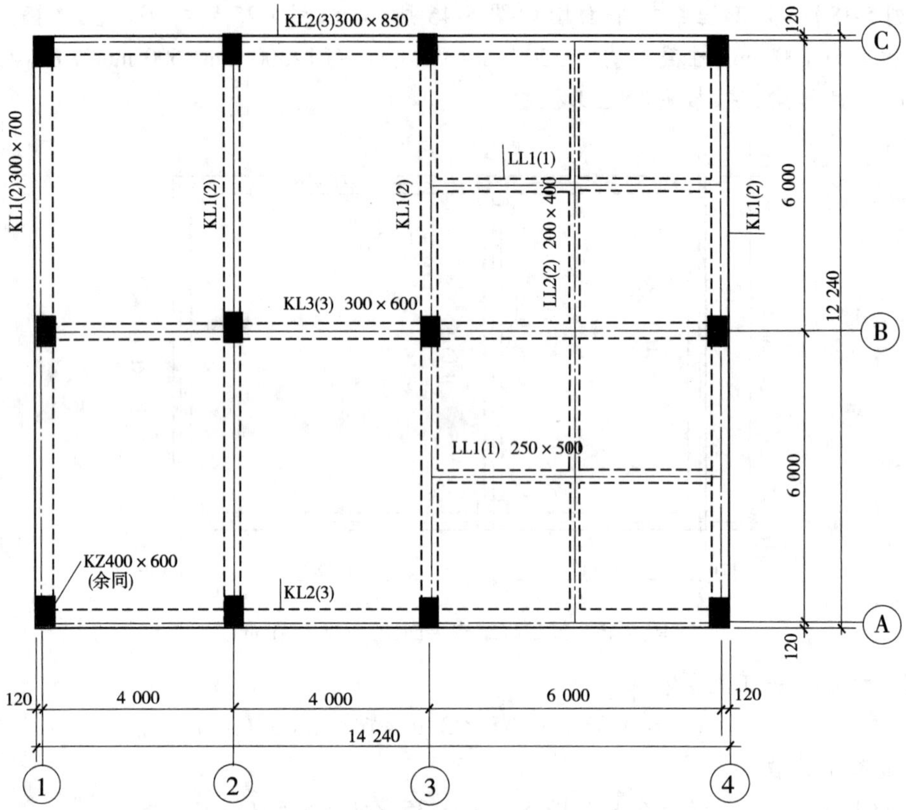

图 5-47 某工程二层结构平面图 （单位:mm）

KL3(3): $L = 14.24 - 4 \times 0.4 = 12.64(\text{m})$

$V_{KL3} = 0.3 \times 0.6 \times 12.64 = 2.28(\text{m}^3)$

LL1(1): $L = 6.12 - 0.3 - 0.15 = 5.67(\text{m})$

$V_{LL1} = 0.25 \times 0.5 \times 5.67 \times 2 = 1.42(\text{m}^3)$

LL2(2): $L = 12.24 - 0.3 \times 3 - 0.25 \times 2 = 10.84(\text{m})$

$V_{LL2} = 0.2 \times 0.4 \times 10.84 = 0.87(\text{m}^3)$

板梁混凝土工程量合计:

$$V_{梁} = 8.77 + 6.45 + 2.28 + 1.42 + 0.87 = 19.79(\text{m}^3)$$

板混凝土工程量:

$$\begin{aligned} V_{板} &= (4.0 + 4.0 + 0.12 - 0.3 \times 2 - 0.15) \times (6 + 6 + 0.24 - 0.3 \times 3) \times 0.12 + \\ &\quad (6 + 0.12 - 0.15 - 0.3 - 0.2) \times (6 + 6 + 0.24 - 0.3 \times 3 - 0.25 \times 2) \times 0.12 \\ &= 7.37 \times 11.34 \times 0.12 + 5.47 \times 10.84 \times 0.12 \\ &= 10.3 + 7.12 \\ &= 17.42(\text{m}^3) \end{aligned}$$

$$V = V_{梁} + V_{板} = 19.79 + 17.42 = 37.21(\text{m}^3)$$

所以, C25 混凝土工程量为梁和板工程量之和 37.21 m^3。

任务七　钢筋工程量计算

一、钢筋工程量计算基础知识

码 5-4　钢筋工程量计算的基础知识

(一)钢筋的强度和品种

钢筋按其外形分为光面钢筋和变形钢筋两类,光面钢筋俗称"圆钢",其截面为圆形,表面光滑无凸起的花纹。变形钢筋也称为带肋钢筋,是在钢筋表面轧成肋纹,如月牙纹或人字纹。

目前,我国钢筋混凝土和预应力钢筋混凝土中使用的钢筋按生产加工工艺的不同,可分为热轧钢筋、钢丝、钢绞线和热处理钢筋四大类。《混凝土结构施工图平面整体表示方法制图规则和构造详图》(16G101)系列图集实施后,普通钢筋淘汰低强度等级 235 MPa 钢筋,以 300 MPa 光圆钢筋替代;增加高强度等级 500 MPa 钢筋;限制并准备淘汰 335 MPa 钢筋;最终形成 300 MPa、400 MPa、500 MPa 的强度梯次,与国际接轨。普通钢筋强度标准值见表 5-23。

表 5-23　普通钢筋强度标准值

牌号	符号	公称直径/mm	屈服强度标准值/(N/mm²)
HPB300	Φ	6~22	300
HRB335 HRBF335	Φ $Φ^{F}$	6~50	335
HRB400 HRBF400 RRB400	Φ $Φ^{F}$ $Φ^{R}$	6~50	400
HRB500 HRBF500	Φ $Φ^{F}$	6~50	500

其中,H、P、R、B、F 分别为热轧(hot-rolled)、光圆(plain)、带肋(ribbed)、钢筋(bars)、细粒(fine)5 个词的英文首位字母。

(二)钢筋的分类和作用

混凝土构件中的钢筋,按其作用和位置不同分为以下几种,如图 5-48 所示:

(1)受力筋。是构件中最主要的受力钢筋,是主要承受拉、压应力的钢筋,用于梁、板、柱、墙等钢筋混凝土构件受力区域中。受力钢筋是通过结构计算确定的,分为直筋和弯起筋两种。

(2)箍筋。也称钢箍,用以固定受力筋的位置,并受一部分斜拉应力,多用于梁和柱内。

(3)架立筋。用以固定梁内箍筋位置,与受力筋、箍筋一起形成钢筋骨架,一般只在

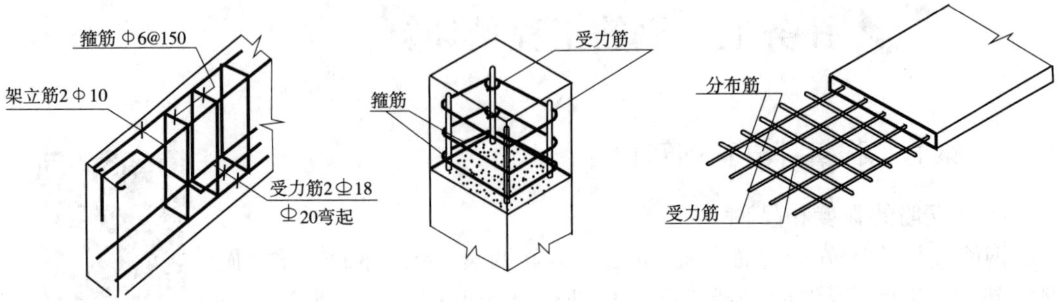

(a)梁　　(b) 柱　　(c)板

图 5-48　钢筋配置构造

梁内使用。

(4)分布筋。用于板或墙内,与板内受力筋垂直布置,用以固定受力筋的位置,是需要按构造要求配置的钢筋。分布筋将其承受的重量均匀地传给受力筋,同时抵抗热胀冷缩所引起的温度变形。

(5)其他钢筋。构件因在构造上的要求或施工安装需要而配置的钢筋,如预埋锚固筋、吊环等。

(三)混凝土保护层厚度

为了保护钢筋不受大气的侵蚀而生锈,在钢筋的周围应留有混凝土保护层。混凝土保护层厚度是指最外层钢筋外边缘至混凝土表面的距离,适用于设计使用年限为 50 年的混凝土结构。图纸有规定时,按图纸的规定执行;图纸无规定时,纵向受力的普通钢筋及预应力钢筋,其保护层厚度不应小于钢筋的公称直径,且应符合表 5-24 的规定。

表 5-24　混凝土保护层的最小厚度　　单位:mm

环境类别	板、墙	梁、柱
一	15	20
$二_a$	20	25
$二_b$	25	35
$三_a$	30	40
$三_b$	40	50

注:①构件中受力钢筋的保护层厚度不应小于钢筋的公称直径。
②混凝土强度等级不大于 C25 时,表中保护层厚度数值应增加 5 mm。
③基础底面钢筋的保护层厚度,有混凝土垫层时应从垫层顶面算起,且不应小于 40 mm。

(四)钢筋锚固

混凝土中的钢筋在伸入或穿过支座或支点时,应与支座有足够的锚固能力,因而必须保证钢筋伸入支座或支点内有足够的长度。纵向受力钢筋伸入混凝土支座内的长度称为锚固长度。

任何情况下受拉钢筋的锚固长度不能小于最低限度(最小锚固长度),其数值不应小于0.6l_{ab}(l_{ab} 为基本锚固长度)及200 mm。根据近年来系统试验研究及可靠度分析并参考国外标准,16G101系列图集给出了受拉钢筋基本锚固长度 l_{ab}(见表5-25)、抗震设计时受拉钢筋基本锚固长度 l_{abE}(见表5-26)、受拉钢筋锚固长度 l_a(见表5-27)、受拉钢筋抗震锚固长度 l_{aE}(见表5-28)。

表5-25 受拉钢筋基本锚固长度 l_{ab}

钢筋种类	混凝土强度等级								
	C20	C25	C30	C35	C40	C45	C50	C55	≥C60
HPB300	39*d*	34*d*	30*d*	28*d*	25*d*	24*d*	23*d*	22*d*	21*d*
HRB335、HRBF335	38*d*	33*d*	29*d*	27*d*	25*d*	23*d*	22*d*	21*d*	21*d*
HRB400、HRBF400、RRB400	—	40*d*	35*d*	32*d*	29*d*	28*d*	27*d*	26*d*	25*d*
HRB500、HRBF500	—	48*d*	43*d*	39*d*	36*d*	34*d*	32*d*	31*d*	30*d*

注:*d* 为钢筋直径,后同。

表5-26 抗震设计时受拉钢筋基本锚固长度 l_{abE}

钢筋种类		混凝土强度等级								
		C20	C25	C30	C35	C40	C45	C50	C55	≥C60
HPB300	一、二级	45*d*	39*d*	35*d*	32*d*	29*d*	28*d*	26*d*	25*d*	24*d*
	三级	41*d*	36*d*	32*d*	29*d*	26*d*	25*d*	24*d*	23*d*	22*d*
HRB335 HRBF335	一、二级	44*d*	38*d*	33*d*	31*d*	29*d*	26*d*	25*d*	24*d*	24*d*
	三级	40*d*	35*d*	31*d*	28*d*	26*d*	24*d*	23*d*	22*d*	22*d*
HRB400 HRBF400	一、二级	—	46*d*	40*d*	37*d*	33*d*	32*d*	31*d*	30*d*	29*d*
	三级	—	42*d*	37*d*	34*d*	30*d*	29*d*	28*d*	27*d*	26*d*
HRB500 HRBF500	一、二级	—	55*d*	49*d*	45*d*	41*d*	39*d*	37*d*	36*d*	35*d*
	三级	—	50*d*	45*d*	41*d*	38*d*	36*d*	34*d*	33*d*	32*d*

(五)钢筋连接

钢筋的连接可分为绑扎搭接、机械连接和焊接连接,计算时区分不同连接方法分别计算钢筋接头工程量,还需要考虑钢筋的锚固长度。

(1)绑扎搭接。直接将两根钢筋相互参差地搭接在一起,就是绑扎连接。纵向钢筋绑扎搭接接头长度的计算符合《混凝土结构施工图平面整体表示方法制图规则和构造详图(现浇混凝土框架、剪力墙、梁、板)》(16G101-1)的规定,如表5-29所示。

表 5-27　受拉钢筋锚固长度 l_a

钢筋种类	混凝土强度等级																
	C20	C25		C30		C35		C40		C45		C50		C55		≥C60	
	d≤25	d≤25	d>25	d≤25	d>25	d≤25	d>25	d≤25	d>25	d≤25	d>25	d≤25	d>25	d≤25	d>25	d≤25	d>25
HPB300	39d	34d	—	30d	—	28d	—	25d	—	24d	—	23d	—	22d	—	21d	—
HRB335、HRBF335	38d	33d	—	29d	—	27d	—	25d	—	23d	—	22d	—	21d	—	21d	—
HRB400、HRBF400	—	40d	44d	35d	39d	32d	35d	29d	32d	28d	31d	27d	30d	26d	29d	25d	28d
HRB500、HRBF500	—	48d	53d	43d	47d	39d	43d	36d	40d	34d	37d	32d	35d	31d	34d	30d	33d

表 5-28　受拉钢筋抗震锚固长度 l_{aE}

钢筋种类		混凝土强度等级																
		C20	C25		C30		C35		C40		C45		C50		C55		≥C60	
		d≤25	d≤25	d>25	d≤25	d>25	d≤25	d>25	d≤25	d>25	d≤25	d>25	d≤25	d>25	d≤25	d>25	d≤25	d>25
HPB300	一、二级	45d	39d	—	35d	—	32d	—	29d	—	28d	—	26d	—	25d	—	24d	—
	三级	41d	36d	—	32d	—	29d	—	26d	—	25d	—	24d	—	23d	—	22d	—
HRB335 HRBF335	一、二级	44d	38d	—	33d	—	31d	—	29d	—	26d	—	25d	—	24d	—	24d	—
	三级	40d	35d	—	30d	—	28d	—	26d	—	24d	—	23d	—	22d	—	22d	—
HRB400 HRBF400	一、二级	—	46d	51d	40d	45d	37d	40d	33d	37d	32d	36d	31d	35d	30d	33d	29d	32d
	三级	—	42d	46d	37d	41d	34d	37d	30d	34d	29d	33d	28d	32d	27d	30d	26d	29d
HRB500 HRBF500	一、二级	—	55d	61d	49d	54d	45d	49d	41d	46d	39d	43d	37d	40d	36d	39d	35d	38d
	三级	—	50d	56d	45d	49d	41d	45d	38d	42d	36d	39d	34d	37d	33d	36d	32d	35d

表 5-29 纵向受拉钢筋绑扎搭接长度 l_l

钢筋种类及同一区段内搭接钢筋面积百分率		混凝土强度等级																
		C20	C25		C30		C35		C40		C45		C50		C55		≥C60	
		$d\leqslant25$	$d\leqslant25$	$d>25$	$d\leqslant25$	$d>25$	$d\leqslant25$	$d>25$	$d\leqslant25$	$d>25$	$d\leqslant25$	$d>25$	$d\leqslant25$	$d>25$	$d\leqslant25$	$d>25$	$d\leqslant25$	$d>25$
HPB300	≤25%	47*d*	41*d*	—	36*d*	—	34*d*	—	30*d*	—	29*d*	—	28*d*	—	26*d*	—	25*d*	—
	50%	55*d*	48*d*	—	42*d*	—	39*d*	—	35*d*	—	34*d*	—	32*d*	—	31*d*	—	29*d*	—
	100%	62*d*	54*d*	—	48*d*	—	45*d*	—	40*d*	—	38*d*	—	37*d*	—	35*d*	—	34*d*	—
HRB335 HRBF335	≤25%	46*d*	40*d*	—	35*d*	—	32*d*	—	30*d*	—	28*d*	—	26*d*	—	25*d*	—	25*d*	—
	50%	53*d*	46*d*	—	41*d*	—	38*d*	—	35*d*	—	32*d*	—	31*d*	—	29*d*	—	29*d*	—
	100%	61*d*	53*d*	—	46*d*	—	43*d*	—	40*d*	—	37*d*	—	35*d*	—	34*d*	—	34*d*	—
HRB400 HRBF400	≤25%	—	48*d*	53*d*	42*d*	47*d*	38*d*	42*d*	35*d*	38*d*	34*d*	37*d*	32*d*	36*d*	31*d*	35*d*	30*d*	34*d*
	50%	—	56*d*	62*d*	49*d*	55*d*	45*d*	49*d*	41*d*	45*d*	39*d*	43*d*	38*d*	42*d*	36*d*	41*d*	35*d*	39*d*
	100%	—	64*d*	70*d*	56*d*	62*d*	51*d*	56*d*	46*d*	51*d*	45*d*	50*d*	43*d*	48*d*	42*d*	46*d*	40*d*	45*d*
HRB500 HRBF500	≤25%	—	58*d*	64*d*	52*d*	56*d*	47*d*	52*d*	43*d*	48*d*	41*d*	44*d*	38*d*	42*d*	37*d*	41*d*	36*d*	40*d*
	50%	—	67*d*	74*d*	60*d*	66*d*	55*d*	60*d*	50*d*	56*d*	48*d*	52*d*	45*d*	49*d*	43*d*	48*d*	42*d*	46*d*
	100%	—	77*d*	85*d*	69*d*	75*d*	62*d*	69*d*	58*d*	64*d*	54*d*	59*d*	51*d*	56*d*	50*d*	54*d*	48*d*	53*d*

(2)机械连接。包括直螺纹连接、锥螺纹连接、套管冷挤压连接等几种情况。

(3)焊接连接。包括对焊、单面焊、双面焊、电渣压力焊、气压焊等几种情况。其中，电渣压力焊用于竖直钢筋的连接，如框架柱等。

(六)钢筋弯钩长度的计算

HPB300 级钢筋末端可做三种弯钩形式，即 180°半圆弯钩、135°斜弯钩和 90°直弯钩。计算时，当一级钢筋的末端做成如图 5-49 所示的 180°、135°和 90°三种弯钩时，各弯钩长度值见表 5-30。

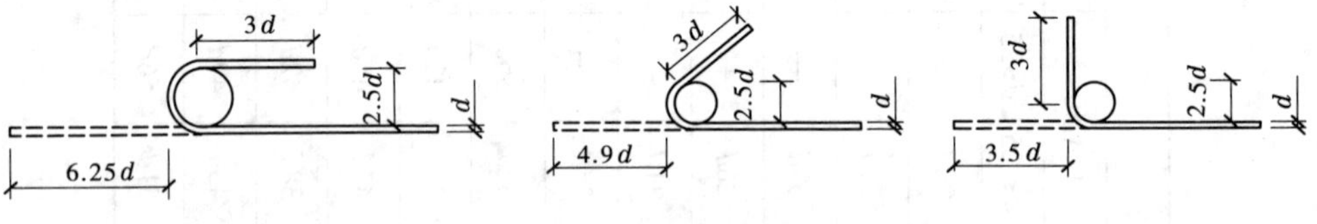

(a)180°半圆弯钩　(b)135°斜弯钩　(c)90°直弯钩

图 5-49　钢筋弯钩

表 5-30　弯钩长度

弯钩形式	180°半圆弯钩	90°直弯钩	135°斜弯钩
弯钩长度	6. 25d	3. 5d	4. 9d

二、钢筋工程量清单分项

钢筋工程量清单项目设置、项目特征描述的内容、计量单位及工程量计算规则按表 5-31 的规定执行。

表 5-31　钢筋工程(编号:010515)

<table>
<tr><th>项目编码</th><th>项目名称</th><th>项目特征</th><th>计量单位</th><th>工程量计算规则</th><th>工作内容</th></tr>
<tr><td>010515001</td><td>现浇构件钢筋</td><td rowspan="4">钢筋种类、规格</td><td rowspan="4">t</td><td rowspan="4">按设计图示钢筋(网)长度(面积)乘单位理论质量计算</td><td rowspan="2">1. 钢筋制作、运输
2. 钢筋安装
3. 焊接(绑扎)</td></tr>
<tr><td>010515002</td><td>预制构件钢筋</td></tr>
<tr><td>010515003</td><td>钢筋网片</td><td>1. 钢筋网制作、运输
2. 钢筋网安装
3. 焊接(绑扎)</td></tr>
<tr><td>010515004</td><td>钢筋笼</td><td>1. 钢筋笼制作、运输
2. 钢筋笼安装
3. 焊接(绑扎)</td></tr>
</table>

三、钢筋工程量计算规则及公式

(一)钢筋工程量计算规则

(1)钢筋工程量应区别不同品种和规格,分别按设计图示钢筋长度乘以单位理论质量计算。

(2)钢筋接头数量、结构和构造搭接按设计规定或施工规范要求计算。钢筋规格搭接,按Φ10~Φ25以内的每12 m一个接头;Φ25以外的每8 m一个接头,定尺搭接的数量按工程总量的70%计算,搭接长度实际施工无论采用何种方式均按30倍钢筋直径综合考虑。

(3)钢筋电渣压力焊接、套筒挤压、螺纹连接等接头,以个计算。

(二)钢筋工程量计算公式

钢筋工程量计算公式为

钢筋工程量=钢筋净用量+钢筋损耗量=钢筋净用量×(1+钢筋损耗率)　(5-26)

钢筋损耗率:现浇构件为2%,预制构件为9%。

钢筋每米质量为0.006 165d^2(d为钢筋直径),也可以从表5-32中查询常用钢筋的理论质量。

表5-32　常用钢筋的理论质量

直径/mm	6.5	8	10	12	14	16	18	20	22	25
理论质量/(kg/m)	0.260	0.395	0.617	0.888	1.21	1.58	2.00	2.47	2.98	3.85

1.纵向钢筋的长度计算

纵向钢筋的长度计算公式为

两端无弯钩的直钢筋长度=构件长-两端混凝土保护层厚度　(5-27)

两端有弯钩的直钢筋长度=构件长-两端混凝土保护层厚度+两端弯钩增加长度　(5-28)

式中,两端弯钩增加长度包括了锚固长度、钢筋弯钩长度以及钢筋接头搭接长度。

2.箍筋的长度计算

箍筋的长度计算公式为

箍筋单根长度=构件断面周长-8×混凝土保护层厚度+弯钩增加长度　(5-29)

箍筋根数=(构件长度-两端混凝土保护层厚度)/箍筋间距+1　(5-30)

构件中箍筋总长=箍筋单根长度×箍筋根数　(5-31)

按规范要求,箍筋末端应按设计要求做弯钩,对于一般结构,箍筋弯钩的弯折角度不应小于90°,弯折后平直部分的长度不应小于箍筋直径的5倍,对有抗震设防及设计有专门要求的结构构件,箍筋弯钩的弯折角度不应小于135°,弯折后平直部分的长度不应小于箍筋直径的10倍和75 mm的较大值。因此,单根双肢箍筋长度为

箍筋长度=构件断面周长-8×混凝土保护层厚度+2×1.9d+2×max(10d,75)

拉筋长度=柱边长−2×保护层厚度+$1.9d\times2+2\times\max(10d,75)$

对于柱子中的复合箍筋，计算较复杂，参考图 5-50。

$$2\text{号箍筋长度}=[(b-2c-2d-D)/(b\text{边纵筋根数}-1)\times j+D+2d]\times 2+(h-2c)\times2+2\times1.9d+2\max(10d,75)$$

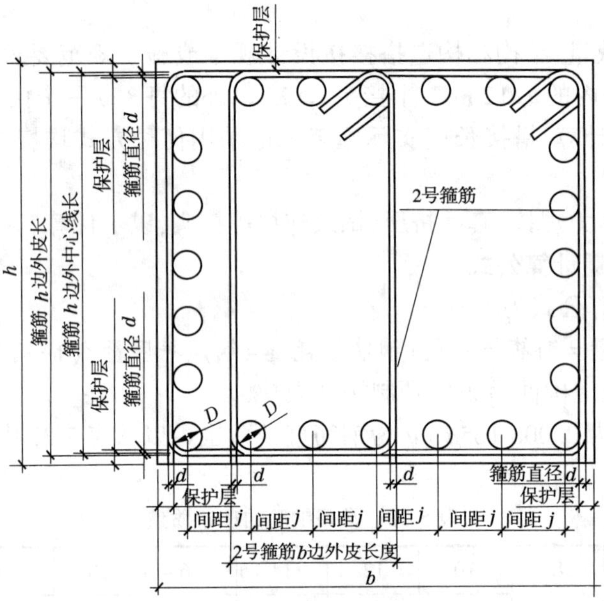

图 5-50 柱子复合箍筋计算

四、基础钢筋工程量计算（以独立柱基为例）

（一）基础钢筋工程量计算公式

钢筋种类为双向受力筋，单根长度计算公式为

$$X\text{方向单根长度}=X-2\times\text{保护层厚度}\qquad(5\text{-}32)$$

$$Y\text{方向单根长度}=Y-2\times\text{保护层厚度}\qquad(5\text{-}33)$$

码 5-5 独立基础钢筋工程量计算

式中，X 为独立基础横向尺寸；Y 为独立基础纵向尺寸。

当独立基础长边的长度不小于 2 500 mm 时，独立基础底板配筋长度缩短 10%构造，四周四根钢筋不缩尺。

$$\text{单根长}=0.9X\qquad(5\text{-}34)$$

独立基础中四周最外侧钢筋距离基础边缘之间的距离取值要求是小于或等于 75 mm，同时也要小于或等于 1/2 板筋间距，故钢筋根数计算公式为

$$\text{根数}=[\text{另一方向基础宽}-2\times\min(\text{板筋间距}/2,75\text{ mm})]/\text{间距}+1\qquad(5\text{-}35)$$

$$\text{总长}=\text{单根长}\times\text{根数}\qquad(5\text{-}36)$$

可参考《混凝土结构施工图平面整体表示方法制图规则和构造详图（独立基础、条形基础、筏形基础及桩基承台）》（16G101-3）。

（二）工程案例

【例 5-20】 某工程独立柱基配筋如图 5-51 所示，保护层厚度为 40 mm，计算此基础

钢筋工程量。

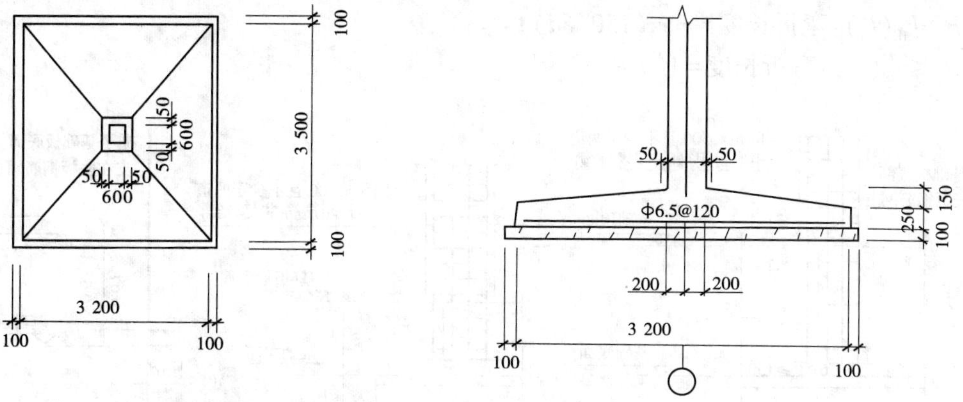

(a)柱基平面图　　(b)柱基剖面图

图 5-51　某工程现浇钢筋混凝土独立柱　(单位:mm)

解　(1)基础截面尺寸为 3 200 mm×3 500 mm,Φ6.5@120 沿 0.9X 和 0.9Y 相互交错布置。16G101-3 图集规定:基础边长≥2 500 mm 时(除外侧钢筋外),受力钢筋的长度可减为 0.9 边长交错布置。

(2)最外侧四根钢筋长度不能缩尺。

X 方向长度:　　3.2−0.04×2=3.12(m)

Y 方向长度:　　3.5−0.04×2=3.42(m)

其余中间的钢筋:

X 方向长度:　　0.9×3.2=2.88(m)

Y 方向长度:　　0.9×3.5=3.15(m)

X 方向总的根数:(3.2−0.04×2)/0.12+1=27(根),取 27 根。

Y 方向总的根数:(3.5−0.04×2)/0.12+1=29.5(根),取 30 根。

(3)总长=3.12×2+3.42×2+2.88×(30−2)+3.15×(27−2)=172.47(m)。

(4)总质量=172.47×0.26=44.84(kg)。钢筋损耗量另加。

五、框架柱内钢筋工程量计算

码 5-6　框架柱中纵筋工程量计算

框架柱内的钢筋包括纵筋和箍筋。框架柱内纵筋工程量计算分为顶层纵筋、中间层纵筋、基础插筋三部分。计算的重点是确定这三部分的长度。依据 16G101-1 的构造要求,因框架柱所在位置的不同,锚固长度取值不同,计算时须注意。

(一)纵筋工程量计算

1. 基础插筋

基础插筋长度计算如下:

$$\text{基础插筋长度}=\text{纵筋插入长度}+\text{弯折长度}+\text{底部非连接区长度} \quad (5\text{-}37)$$

(1)纵筋插入长度=H_j-H_{bc}。其中,H_j 为基础底面至基础顶面的距离,对于带基础梁的基础,为基础梁顶面至基础梁底面的高度,如图 5-52 所示。

(2)弯折长度取值。

$H_j > l_{aE}(l_a)$:弯折长度=max(150,6d);

$H_j \leqslant l_{aE}(l_a)$:弯折长度=15$d$。

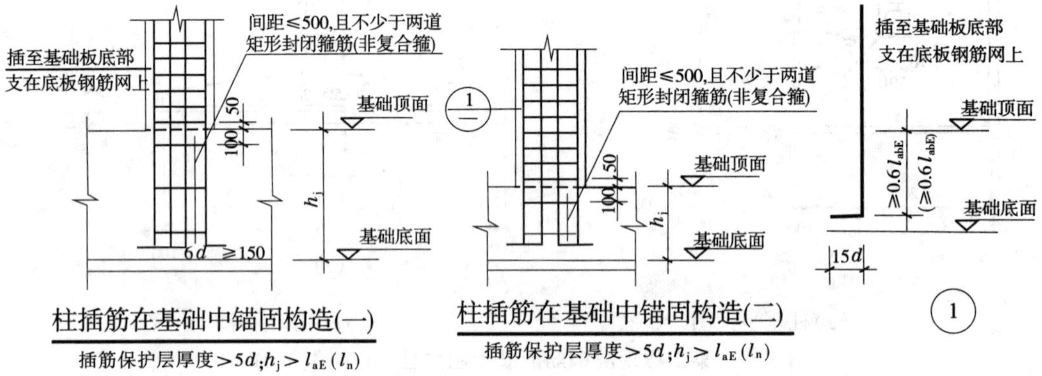

图 5-52　基础插筋

(3)底部非连接区。

嵌固部位的高度=$h_n/3$。

非嵌固部位的高度=max($h_n/6$,H_c,500),其中,h_n 为柱净高,H_c 为柱截面长边尺寸。

2. 中间段长度

中间段长度计算公式如下:

绑扎搭接长度=本层层高-本层底部非连接区+上层底部非连接区+搭接长度　(5-38)

机械连接、焊接长度=本层层高-本层底部非连接区+上层底部非连接区　(5-39)

3. 顶层框架纵筋

顶层框架柱因其所处位置不同,分为中柱、边柱和角柱,顶层中的四边都属于顶层内侧钢筋[见图 5-53(a)],边柱一边属于外侧钢筋,另外三边属于内侧钢筋[见图 5-53(b)],角柱两边属于外侧钢筋,另外两边属于内侧钢筋[见图 5-53(c)]。

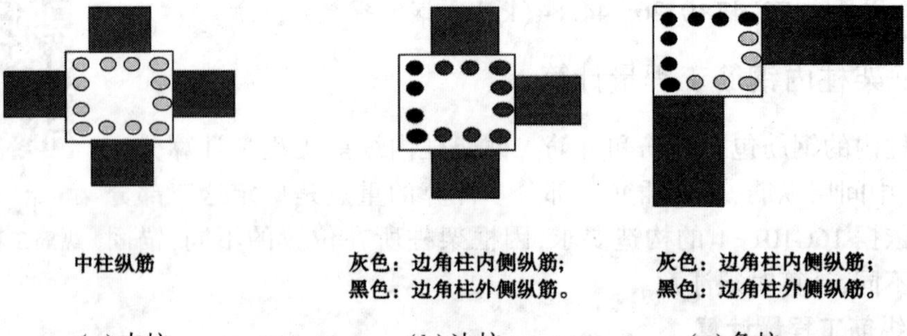

(a)中柱　(b)边柱　(c)角柱

图 5-53　顶层框架柱钢筋的划分

(1)顶层内侧钢筋。锚固如图 5-54 所示。

纵筋长度=层高-本层底部非连接区-梁高+锚固长度　(5-40)

当梁高−保护层<l_{aE} 时,弯锚,算至柱顶加 $12d$,锚固长度=梁高−保护层厚度+$12d$。

当梁高−保护层≥l_{aE} 时,直锚,算至柱顶,锚固长度=梁高−保护层厚度。

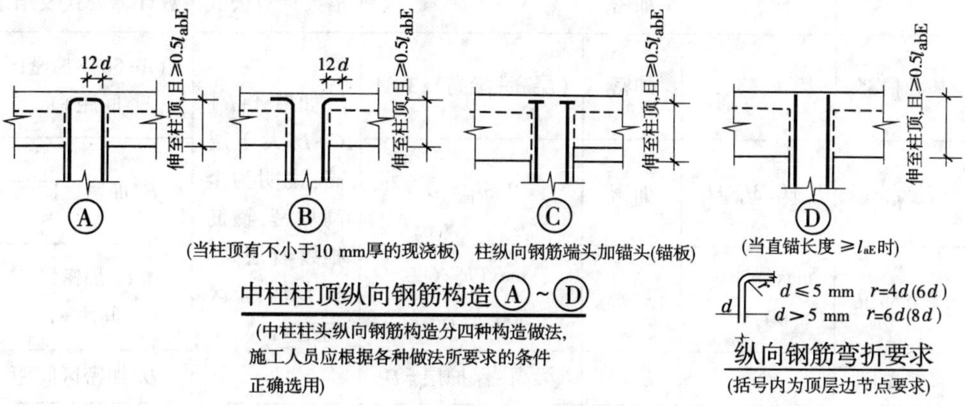

图 5-54　顶层内侧钢筋锚固

(2)顶层外侧钢筋。锚固如图 5-55 所示。

$$纵筋长度=层高-本层底部非连接区-梁高+锚固长度 \tag{5-41}$$

当柱宽−保护层+梁高−保护层<$1.5l_{abE}$ 时,选择 B 节点构造,锚固长度为 $1.5l_{abE}$。

当柱宽−保护层+梁高−保护层 ≥$1.5l_{abE}$ 时,选择 C 节点构造,锚固长度=梁高−保护层厚度+$15d$。

l_{abE}:抗震设计时受拉钢筋基本锚固长度,可由 G101 图集得到。

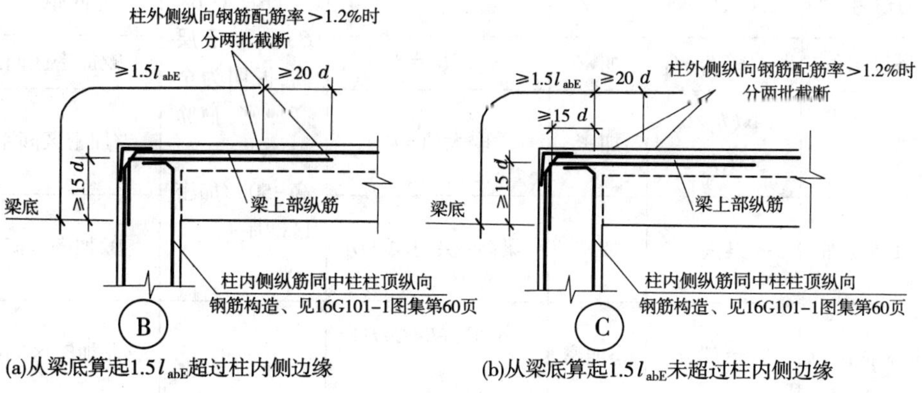

图 5-55　柱顶角柱和边柱锚固

(二)箍筋工程量计算

箍筋工程量计算可分为单根箍筋的长度和箍筋的根数两部分。箍筋单根长度计算见上一节箍筋长度计算,箍筋根数计算的关键是确定加密区的范围,柱在某层的加密范围包括该层非连接区、梁下部位、梁高范围,中间为非加密区。详细计算过程见表 5-33 和表 5-34。

码 5-7　框架柱中箍筋工程量计算

表 5-33　相邻层或一层箍筋根数计算(绑扎连接)

序号	部位	范围	是否加密	加密长度	全高加密箍筋根数计算公式	非全高加密箍筋根数计算公式及结果
1	基础根部	$h_n/3$	加密	(层高-梁高)/3=A	如果 $A+B+C+D$ 大于层高,说明为全高加密,箍筋根数=(层高-50)/加密区间距+1	(A-50)/加密区间距+1
2	搭接部位	$l_{lE}+0.3l_{lE}+l_{lE}$	加密	$2.3l_{lE}=B$		B/加密区间距
3	梁下部位	max($h_n/6$, 500, h_c)	加密	max($h_n/6$, 500, h_c)=C		C/加密区间距+1
4	梁高范围	梁高	加密	梁高-保护层=D		D/加密区间距
5	非加密部位	剩余部分	非加密	层高-($A+B+C+D$)=E	—	E/非加密区间距-1

注:H_n 为柱净高;L_{lE} 为纵向受拉钢筋抗震搭接长度;H_c 为柱截面边长尺寸。

表 5-34　中间层箍筋根数计算表(绑扎连接)

序号	部位	范围	是否加密	加密长度	全高加密箍筋根数计算公式	非全高加密箍筋根数计算公式及结果
1	某层非连接区	max($h_n/6$, 500, h_c)	加密	取大值=A	如果 $A+B+C+D$ 大于层高,说明为全高加密,箍筋根数=(层高-50)/加密区间距+1	(A-50)/加密区间距+1
2	搭接部位	$l_{lE}+0.3l_{lE}+l_{lE}$	加密	$2.3l_{lE}$=B		B/加密区间距
3	梁下部位	max($h_n/6$, 500, h_c)	加密	取大值=C		C/加密区间距+1
4	梁高范围	梁高	加密	梁高-保护层=D		D/加密区间距
5	非加密部位	剩余部分	非加密	层高-($A+B+C+D$)=E	—	E/非加密区间距-1

总根数=序号 1 根数+序号 2 根数+序号 3 根数+序号 4 根数+序号 5 根数

以上为框架柱中钢筋的计算,但是如果工程中遇到各层柱子中钢筋直径与数量相同,可以简化计算,即计算插入基础中的钢筋长度、中间层的钢筋长度、柱顶的锚固长度。箍筋的计算也可以进行简化处理。

(三)工程案例

【例 5-21】 某边柱 KZ1,如图 5-56 所示,已知条件见表 5-35,计算纵筋及箍筋工程量。

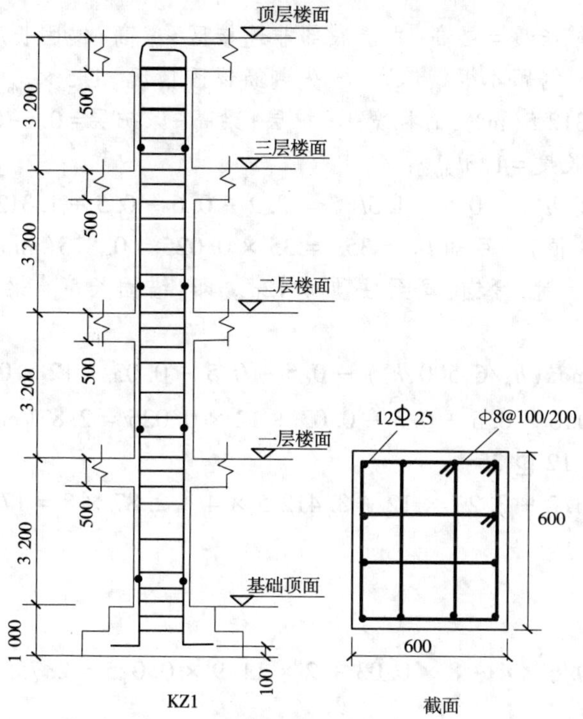

图 5-56　某框架边柱 KZ1　（单位：mm）

注：KZI 为边柱，采用焊接连接，主筋在基础内水平弯折 200 mm。此图基础顶部为嵌固部位。基础箍筋 2 根，主筋的交错位置、箍筋的加密位置及长度按 16G101-1 计算。

表 5-35　已知条件

计算条件	值	计算条件	值
混凝土强度	C25	h_c	柱长边尺寸
纵筋连接方式	电渣压力焊	h_b	梁高
抗震等级	三级	柱保护层	30 mm
嵌固部位	基础顶部	基础底部保护层	100 mm

解　(1)纵筋的计算：12 Φ 25。

①基础插筋。

基础插筋长度=纵筋插入长度 +弯折长度+底部非连接区长度

$$l = 1 - 0.1 + 0.2 + (3.2 - 0.5)/3 = 2(\text{m})$$

②地下室、一层、二层纵筋长度。

地下室纵筋长度=本层层高-本层底部非连接区+上层底部非连接区

$$l = 3.2 - (3.2 - 0.5)/3 + \max(h_n/6, 500, h_c) = 3.2 - 0.9 + 0.6 = 2.9(\text{m})$$

一层、二层纵筋长度：

$l = 3.2 - \max(h_n/6, 500, h_c) + \max(h_n/6, 500, h_c) = 3.2 - 0.6 + 0.6 = 3.2(\text{m})$

③顶层钢筋。

顶层纵筋长度=层高−本层底部非连接区−梁高+锚固长度

a. 边柱外侧纵筋(本例题 4 根钢筋)。首先判断锚固情况。$1.5 \times l_{abE} = 1.5 \times 35 \times d = 1.5 \times 35 \times 0.025 = 1.3125(\text{m})$，而柱宽−保护层+梁高−保护层=0.6−0.03+0.5−0.03=1.04(m)<$1.5l_{abE}$；锚固长度=$1.5l_{abE}$。

$l = 3.2 - \max(h_n/6, 500, h_c) - 0.5 + 1.5l_{abE} = 3.2 - 0.6 - 0.5 + 1.3125 = 3.4125(\text{m})$

b. 边柱内侧纵筋(8 根)。可知 $l_{aE} = 35d = 35 \times 0.025 = 0.875(\text{mm})$。当梁高−保护层=0.5−0.03=0.47<$l_{aE}$ 时，弯锚，算至柱顶加 $12d$。即：锚固长度=梁高−保护层厚度+$12d$。

$$l = 3.2 - \max(h_n/6, 500, h_c) - 0.5 + 0.5 - 0.03 + 12 \times 0.025$$
$$= 3.2 - 0.6 - 0.5 + 0.5 - 0.03 + 12 \times 0.025 = 2.87(\text{m})$$

汇总柱中纵向钢筋 12 Φ 25：

$$(2.0 + 2.9 + 3.2 + 3.2) \times 12 + 3.4125 \times 4 + 2.87 \times 8 = 172.21(\text{m})$$

钢筋接头：12×4=48(个)。

(2)箍筋的计算。

①箍筋长度。

a. 大方长度：　$0.6 \times 4 - 8 \times 0.03 + 2 \times 11.9 \times 0.025 = 2.755(\text{m})$

b. 一个小方长度：

[(0.6−2×0.03−2×0.008−0.025)/(4−1)×1+0.025+2×0.008]×2+(0.6−2×0.03)+2×11.9×0.008=0.166×2+0.025+0.016+1.188+0.19=1.751(m)

c. 箍筋长度：$2.755 + 1.585 \times 2 = 5.925(\text{m})$

②箍筋根数。

a. 基础至一层，见表 5-36。

表 5-36　基础至一层的箍筋计算

序号	部位	范围	是否加密	加密长度/m	非全高加密箍筋根数计算公式及结果/根
1	基础根部	$h_n/3$	加密	(3.2−0.5)/3=0.9	(0.9−0.05)/0.1 +1=10
2	梁下部位	$\max(h_n/6, 500, h_c)$	加密	$\max(h_n/6, 500, h_c)=0.6$	0.6/0.1+1=7
3	梁高范围	梁高	加密	0.5−0.03=0.47	0.47/0.1=5
4	非加密部位	剩余部分	非加密	3.2−(0.9+0.6+0.5)=1.2	1.2/0.2−1=5

由已知条件知基础箍筋是 2 根，所以基础至一层的箍筋数量=2+10+7+5+5=29(根)。

b. 一层至顶层，见表 5-37。

表 5-37 一层至顶层的箍筋计算

序号	部位	范围	是否加密	加密长度/m	非全高加密箍筋根数计算公式及结果/根
1	某层非连接区	max(h_n/6,500,h_c)	加密	取大值=0.6	(0.6−0.05)/0.1+1=7
2	梁下部位	max(h_n/6,500,h_c)	加密	取大值=0.6	0.6/0.1+1=7
3	梁高范围	梁高	加密	0.5−0.03=0.47	0.47/0.1=5
4	非加密部位	剩余部分	非加密	3.2−(0.6+0.6+0.47)=1.53	1.53/0.2−1=7

一层至顶层箍筋根数=(7+7+5+7)×3=78(根)。

c. 箍筋根数共计 29+78=107(根)。

③箍筋工程量:5.925×107=634(m)。

(3)钢筋质量计算。查表 5-32,得钢筋汇总见表 5-38。

表 5-38 钢筋汇总

钢筋汇总	长度/m	每米质量/(kg/m)	总质量/kg
Φ 25	172.21	3.85	663
Φ 8	634	0.395	250.43

六、框架梁(KL)钢筋工程量计算

框架梁(KL)内的钢筋种类有上部通长筋、支座负筋、架立筋、下部跨中纵筋、梁侧构造筋 G(扭筋 N)、箍筋、构造筋的拉筋、附加箍筋或吊筋。计算时依据 16G101-1 不同的构造要求分别计算。梁中钢筋如图 5-57 所示。

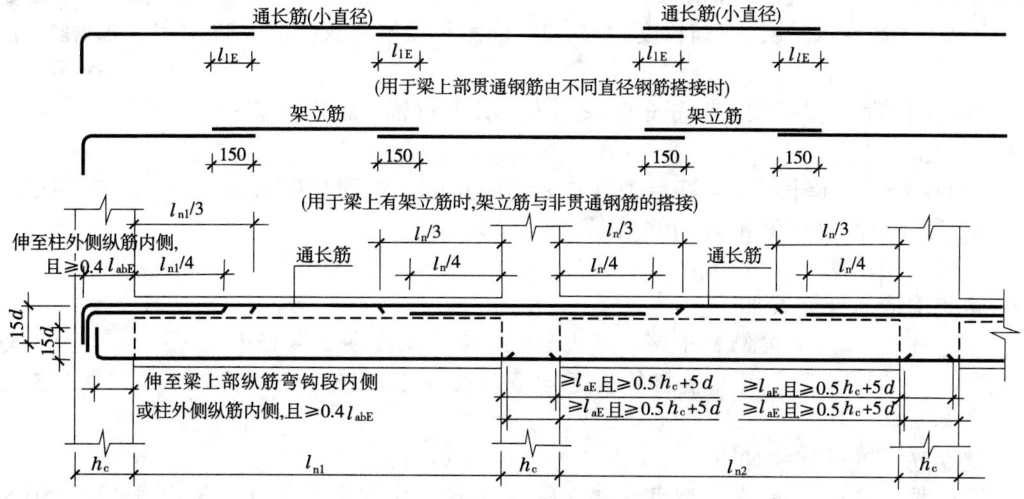

图 5-57 抗震楼层框架梁(KL)纵向钢筋构造 (单位:mm)

(一)框架梁中钢筋工程量计算公式

1. 上部通长筋

上部通长筋长度计算式如下:

长度 l = 通跨净长 + 左支座锚固长度 + 右支座锚固长度 + 搭接长度 × 搭接个数 (5-42)

左右支座锚固长度的取值判断:

当 h_c(柱宽) - 保护层 ≥ l_{aE} 时,直锚,锚固长度 = $\max(l_{aE}, 0.5h_c + 5d)$;

当 h_c(柱宽) - 保护层 < l_{aE} 时,弯锚,锚固长度 = h_c - 保护层 + $15d$。

当为屋面框架梁时,上部通长筋伸入支座端弯折至梁底。当为非框架梁时,上部通长筋伸入支座端弯折 $15d$;当按设计铰接时伸入支座内的平直段长度不小于 $0.35l_{ab}$,当充分利用钢筋抗拉强度时不小于 $0.6l_{ab}$;当为框支梁时,纵筋伸入支座对边向下弯锚,通过梁底线后再下插 $l_{aE}(l_a)$。

码 5-8 框架梁中上部通长筋工程量计算

2. 支座负筋

(1)端支座负筋。

第一排长度 = $l_n/3$ + 左右支座锚固 (5-43)

第二排长度 = $l_n/4$ + 左右支座锚固 (5-44)

码 5-9 框架梁支座负筋工程量计算

(2)中间支座负筋。上排长度 $l = 2 \times l_n/3$ + 支座宽(l_n 为左跨和右跨的较大值)。如果负筋在第二排,下排长度 $l = 2 \times l_n/4$+支座宽。

3. 下部通长筋

长度 l=总净跨长+左支座锚固+右支座锚固+搭接长度×搭接个数。锚固值同上部通长筋。下部不伸入支座钢筋长度=净跨长−2×0.1×净跨长。

4. 下部跨中纵筋

(1)边跨。边跨长度 l=净跨长+左支座锚固+右支座锚固。

左右支座锚固长度的取值判断:

当 h_c(柱宽)−保护层(直锚长度)≥l_{aE} 时,锚固长度取 $\max(l_{aE}, 0.5h_c + 5d)$;

当 h_c(柱宽)−保护层(直锚长度)<l_{aE} 时,必须弯锚,锚固长度=h_c−保护层+$15d$。

码 5-10 框架梁中下部钢筋工程量计算

(2)中跨。中跨长度 l = 净跨值 + 2 × 锚固长度。锚固长度取 $\max(l_{aE}, 0.5h_c + 5d)$,其中 h_c 为柱截面沿框架梁方向的高度。

5. 梁侧构造筋

梁侧构造筋计算式如下:

梁侧构造筋长度 l = 两边跨间净值 + 2 × $15d$ (5-45)

抗扭筋长度 = 净跨长 + 2 × $15d$ (5-46)

6. 架立筋

架立筋长度计算式如下:

架立筋长度 = 净跨长 − 左支座负筋伸入跨内净长 − 右支座负筋伸入跨内净长 + 150 × 2 (5-47)

注：当梁上部既有通长筋又有架立筋时，其中架立筋的搭接长度为 150 mm；当梁的上部没有贯通筋，都是架立筋时，架立筋与支座负筋的连接长度取 l_{lE}（抗震搭接长度）。

7. 箍筋（每一跨）

箍筋长度计算式如下：

$$箍筋长度 = 根数 \times 单根箍筋长度 \tag{5-48}$$

（1）箍筋设置区的长度＝净跨值−0. 05×2。

注：梁箍筋距支座边的距离为 50 mm。

（2）加密区范围。

码 5-11　框架梁中箍筋工程量计算

一级抗震：取加密区长度≥$2h_b$且≥500 mm 的较大值，h_b 为梁截面高度。

二至四级抗震：取≥1. 5 h_b 且≥500 mm 的较大值。

（3）根数＝[（左加密区长度−50）/加密间距+1]+（非加密区长度/非加密间距−1）+[（右加密区长度−50）/加密间距+1]。

（4）单根箍筋长度＝梁的周长−8×保护层厚度+2×1. 9d + 2×max（75，10d）。

8. 构造钢筋的拉筋（16G101−1）

（1）直径取值范围。当梁宽≤350 mm 时，为 6 mm；当梁宽>350 mm 时，为 8 mm。

（2）拉筋长度＝梁宽−2×保护层厚度+2×1. 9d+2×max（10d，75）。

（3）拉筋根数＝[（净跨长−50×2）/拉筋间距+1]×排数。

（4）间距为非加密区箍筋间距的 2 倍。

9. 附加箍筋或吊筋（用在主次梁交接的位置）

吊筋长度计算式如下：

$$吊筋长度 = 2 \times 锚固长度 + 2 \times 斜段长度 + 次梁宽度 + 2 \times 50 \tag{5-49}$$

（1）吊筋底部各宽出此梁两端各 50 mm。

（2）当主梁高度≤800 mm 时，吊筋角度取 45°；当主梁高度>800 mm 时，吊筋角度取 60°。

（3）吊筋上端水平锚固长度为 20d。

（二）工程案例

【例 5-22】　某框架结构房屋，已知梁混凝土强度等级为 C25，正常室内环境使用，抗震等级为三级，框架梁 KL3（1）配筋如图 5-58 所示，已知梁混凝土保护层厚度为 25 mm，柱混凝土保护层厚度为 30 mm，框架柱宽为 600 mm，轴线居中，试计算该梁的上部通长筋、支座负筋和箍筋长度。

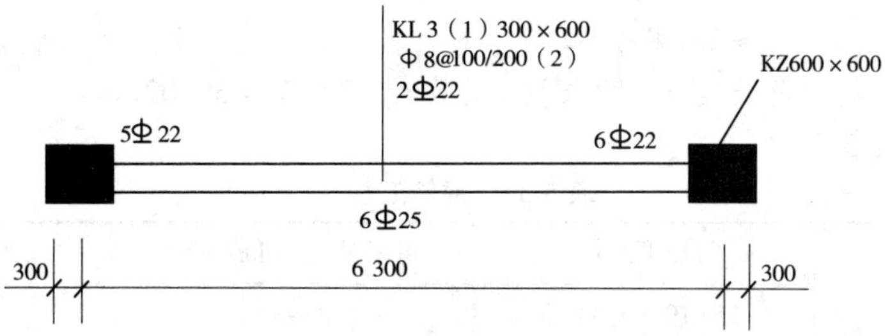

图 5-58　某房屋框架梁 KL3（1）配筋图　（单位：mm）

解 根据已知条件：HRB335 级钢筋，C25 混凝土，三级抗震，查 16G101-1 得 $l_{aE}=35d$。

(1)上部通长筋 2 Φ 22。

查得 $l_{aE}=35d=35\times22=770(mm)$。

因为 $l_{aE}=770\ mm>h_c$(柱宽)-保护层厚度=600-30=570(mm)，故此时需弯锚。

$$锚固长度=h_c-保护层+15d=600-30+15\times22=900(mm)$$

$$单根上部通长筋长度=各净跨长+左支座锚固长度+右支座锚固长度=6.3-0.3\times2+2\times0.9=7.5(m)$$

故上部通长筋总长=7.5×2=15(m)。

(2)支座负筋。

该跨度内左支座处有 5-2=3(根)直径 22 mm 的负筋，右支座处有 6-2=4(根)直径 22 mm 的负筋。由于两端负筋直径与上部通长筋相同，故左、右支座负筋在支座内的锚固长度=上部通长筋在支座内的锚固长度=900 mm。

单根负筋的长度：

$$\begin{aligned}l&=\frac{1}{3}l_n+左右支座锚固\\&=\frac{1}{3}\times(6.3-0.3\times2)+0.9\\&=1.9+0.9\\&=2.8(m)\end{aligned}$$

负筋总长=2.8×(3+4)=19.6(m)。

(3)箍筋长度计算。

①单根箍筋长度。

$$\begin{aligned}l&=(0.3+0.6)\times2-8\times0.025+2\times11.9\times0.008\\&=1.8-0.2+0.19\\&=1.79(m)\end{aligned}$$

②箍筋根数。根据 16G101-1 图集 88 页的要求，箍筋加密区的长度不小于 $1.5h_b$ 并且大于 500 mm，因为 $1.5h_b=1.5\times0.6=0.9(m)$，故第一跨加密区长度取 0.9 m。

$$\begin{aligned}第一跨箍筋设置个数&=加密区个数\times2+非加密区个数\\&=[(0.9-0.05)\div0.1+1]\times2+(6.3-0.3\times2-0.9\times2)\div0.2-1\\&\approx19+18.5\\&\approx38(根)\end{aligned}$$

$$箍筋总长度=单根长度\times根数=1.79\times38=68.02(m)$$

钢筋汇总见表 5-39。

表 5-39 钢筋汇总

钢筋汇总	长度/m	每米质量/(kg/m)	总质量/kg
Φ 22	15+19.6=34.6	2.98	103.11
Φ 8	68.02	0.395	26.87

【例 5-23】 某框架结构房屋，抗震等级为二级，其框架梁 KL1(2)配筋如图 5-59 所示，混凝土强度等级为 C35，正常室内环境使用，梁混凝土保护层厚度为 25 mm，柱混凝土保护层厚度为 30 mm，框架柱 KZ 宽为 500 mm，轴线居中，试计算该梁的钢筋工程量。

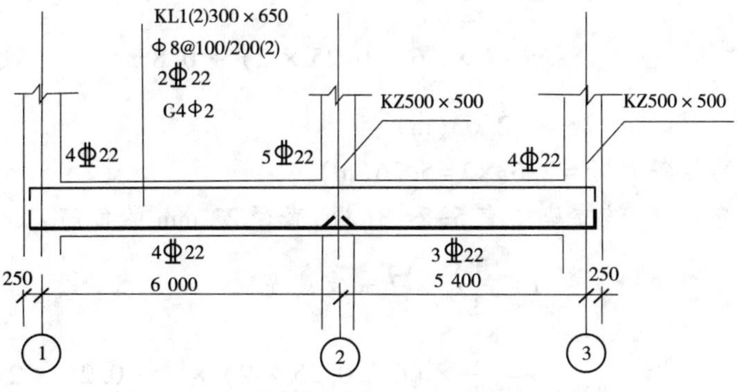

图 5-59 某房屋框架梁 KL1(2)配筋 （单位：mm）

解 1. 分析

KL1 要计算的钢筋有上部通长筋、支座负筋、箍筋、下部受力筋、构造筋及拉筋。

2. 识图

图 5-59 反映了梁配筋的平法表示，它的含义是：①、③轴线间的 KL1(2)300 mm×650 mm 共两跨，截面宽度为 300 mm，截面高度为 650 mm，Φ 8@ 100/200(2)表示箍筋直径为 8 mm，加密区间距为 100 mm，非加密区间距为 200 mm，采用两肢箍；2 Φ 22 表示梁上部通长筋为 2 根，直径为 22 mmHRB400 级。G4 Φ 12 表示构造筋 4 根，直径为 12 mm HPB300 级，每侧 2 根。

①轴支座处上部的 4 根Φ 22，包括 2 根上部通长筋，另外 2 根为支座负筋。③轴支座处负筋的表示与①轴相同。②轴支座处上部的 5 根Φ 22，包括 2 根上部通长筋，另外 3 根为支座负筋。①—②轴梁下部受力筋为 4 Φ 22，表示 4 根直径为 22 mmHRB400 级钢筋，②—③轴梁下部受力筋为 3 Φ 22，表示 3 根直径为 22 mmHRB400 级钢筋。

以上各位置钢筋的放置情况如图 5-59 所示。

3. 工程量计算

根据已知条件：HRB400 级钢筋，C35 混凝土，二级抗震，查 16G101-1 得 $l_{aE}=37d$。

(1)上部通长筋 2 Φ 22 的长度。查得 $l_{aE}=37d=37\times22=814$(mm)。

因为 $l_{aE}=814$ mm>h_c(柱宽)-保护层厚度=500-30=470(mm)，故此时需弯锚。

$$锚固长度 = h_c - 保护层 + 15d = 500 - 30 + 15\times22 = 800(\text{mm})$$

$$\begin{aligned}单根上部通长筋长度 &= 各净跨长 + 左支座锚固长度 + 右支座锚固长度\\ &= (6 + 5.4 - 0.25\times2) + 2\times0.8\\ &= 12.5(\text{m})\end{aligned}$$

故上部通长筋总长=12.5×2=25(m)。

(2)支座负筋。

①轴支座处有 4-2=2(根)直径 22 mm 的负筋。由于负筋直径与上部通长筋相同，故

该支座负筋在支座内的锚固长度=上部通长筋在支座内的锚固长度=800 mm。

单根长度为

$$l=\frac{1}{3}l_n+\text{左右支座锚固}$$
$$=\frac{1}{3}\times(6-0.25\times2)+0.8$$
$$=2.63(\text{m})$$

①轴支座处负弯矩筋总长=2.63×2=5.26(m)。

②轴支座处负弯矩筋,该支座处有5-2=3(根)直径22 mm的负筋。

$$l=\frac{1}{3}l_n\times2+\text{支座宽}$$
$$=\frac{1}{3}\times(6-0.25\times2)\times2+0.25\times2$$
$$=1.83\times2+0.5$$
$$=4.16(\text{m})$$

②轴支座处负弯矩筋总长=4.16×3=12.48(m)。

③轴支座处负弯矩筋2 Φ 22的长度:③轴支座处有4-2=2(根)直径22 mm的负筋。由于负筋直径与上部通长筋相同,故该支座负筋在支座内的锚固长度=上部通长筋在支座内的锚固长度=800 mm。

单根长度为

$$l=\frac{1}{3}l_n+\text{左右支座锚固}$$
$$=\frac{1}{3}\times(5.4-0.25\times2)+0.8$$
$$=2.43(\text{m})$$

③轴支座处负弯矩筋总长=2.43×2=4.86(m)。

(3)下部受力筋。

①第一跨(①、②轴线间)下部受力筋4 Φ 22。

$$l=\text{净跨长}+\text{左支座锚固}+\text{右支座锚固}$$

左支座锚固长度的取值判断:

当h_c(柱宽)-保护层(直锚长度)<l_{aE}时,需弯锚,锚固长度=h_c-保护层+15d。

$$\text{锚固长度}=h_c-\text{保护层}+15d=500-30+15\times22=800(\text{mm})$$

右支座锚固长度的取值判断:

锚固长度取max(l_{aE},0.5h_c+5d)的较大值,h_c为柱截面沿框架梁方向的高度。

$l_{aE}=37d=37\times22=814(\text{mm})>0.5h_c+5d=0.5\times500+5\times22=360(\text{mm})$

故锚固长度=814 mm。

每根长度:

$$l=6-0.25\times2+0.5-0.03+15\times0.022+0.814$$

$= 5.5 + 0.8 + 0.814$

$= 7.114(m)$

第一跨下部贯通筋的总长度 $l=7.114\times4=28.46(m)$。

②第二跨(②、③轴线间)下部贯通筋 3 ⏀22。计算同①、②轴线间受力筋每根长度:

$$l = 5.4 - 0.25 \times 2 + 0.814 + 0.8$$
$$= 6.51(m)$$

第二跨下部受力筋的总长度 $l=6.51\times3=19.53(m)$。

(4)箍筋。

①箍筋长度。

每根双肢箍筋长度为

$$l = (0.3 + 0.65) \times 2 - 8 \times 0.03 + 2 \times 11.9 \times 0.008$$
$$= 1.9 - 0.24 + 0.19$$
$$= 1.85(m)$$

②箍筋根数。根据16G101-1图集88页的要求,箍筋加密区的长度不小于 $1.5h_b$ 并且不小于500 mm,因为 $1.5h_b=1.5\times0.65=0.975(m)$,故第一跨加密区长度取0.975 m。

第一跨箍筋设置个数=加密区个数×2+非加密区个数

$$= [(0.975 - 0.05) \div 0.1 + 1] \times 2 + (6 - 0.25 \times 2 - 0.975 \times 2) \div 0.2 - 1$$
$$\approx 20.5 + 17.75 - 1$$
$$\approx 38(根)$$

第二跨箍筋设置个数 $=[(0.975-0.05)\div0.1+1]\times2+(5.4-0.25\times2-0.975\times2)\div0.2-1$

$$\approx 20.5+14.75-1$$
$$\approx 35(根)$$

箍筋总长度=单根长度×根数=$1.85\times(38+35)=135.05(m)$。

(5)构造筋 G4 Φ12 及其拉筋。

市场供应的拉筋直径为Φ6.5,计算如下。

构造筋长度=每根腰筋×根数

$$l = (6 + 5.4 - 0.25 \times 2 + 2 \times 15 \times 0.012) \times 4$$
$$= 11.26 \times 4$$
$$= 45.04(m)$$

拉筋长度=每根拉筋长度×根数

拉筋长度=梁宽-2×保护层厚度+2×11.9d

$$l = 0.3 - 2 \times 0.03 + 2 \times 11.9 \times 0.065$$
$$= 0.3 - 0.06 + 1.547$$
$$= 1.787(m)$$

拉筋根数=[(净跨长-50×2)/拉筋间距+1]×排数。其中,拉筋间距为非加密区箍筋间距的2倍。

$$n = [(6 + 5.4 - 0.25 \times 2 - 0.25 \times 2 - 0.05 \times 4) \div 0.4 + 1] \times 2$$

= [10.2 ÷ 0.4 + 1] × 2

= 26.5 × 2

≈ 27 × 2

= 54(根)

拉筋总长 l=1.787×54=96.50(m)。

4. 钢筋汇总

钢筋汇总见表 5-40。

表 5-40　钢筋汇总

钢筋汇总	长度/m	每米质量/(kg/m)	总质量/kg
Φ 22	25+5.26+12.48+4.86+28.46+19.53=95.59	2.98	284.86
Φ 12	45.04	0.888	40.00
Φ 8	135.05	0.395	53.34
Φ 6.5	96.50	0.260	25.09

七、板钢筋工程量计算

(一)板钢筋工程量计算公式

板内常见钢筋有受力筋(单向或双向,单层或双层)、支座负筋、分布筋、附加钢筋(角部附加放射筋、洞口附加钢筋)、撑脚钢筋(双层钢筋时支撑上下层)。有梁楼盖楼面板 LB 和屋面板 WB 钢筋构造见图 5-60。

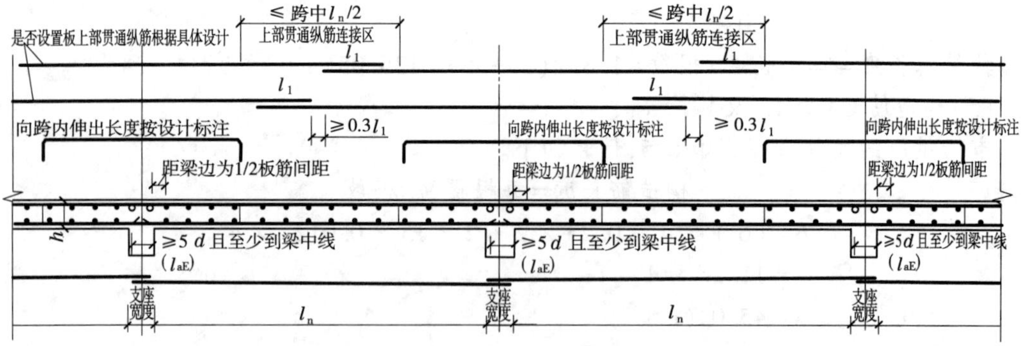

图 5-60　有梁楼盖楼面板 LB 和屋面板 WB 钢筋构造

注:括号内的锚固长度 l_{aE} 用于梁板式转换层的板。

1. 受力筋

(1)受力筋长度=净跨+左伸进长度+右伸进长度+弯钩增加值。

伸进支座长度的判断:当端部支座为梁、剪力墙时(见图 5-61),伸进长度=max(支座宽/2,5d)。

(2)根数=(支座间净距-板筋间距)/间距+1。第一根钢筋距梁边 1/2 板筋间距。

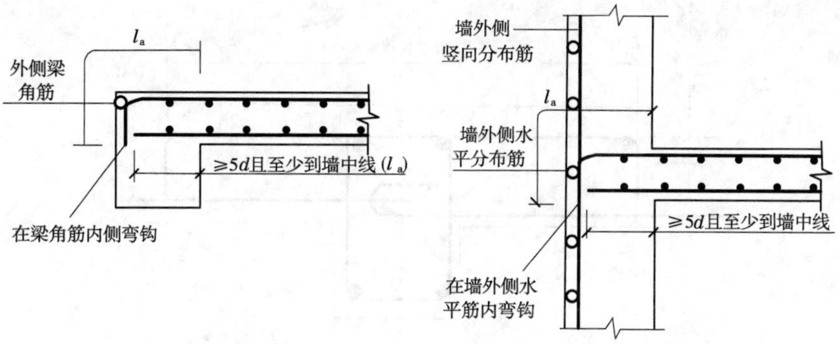

(a)端部支座为梁　　(b)端部支座为剪力墙

图 5-61　板在端部支座的锚固构造

2. 支座负筋

(1)端支座负筋：

$$端支座负筋长度 = 伸入端支座弯折长度 + 伸入跨内的长度 + 弯折长度 \quad (5\text{-}50)$$

式中，伸入端支座弯折长度按端支座锚固构造计算，当支座为梁时，深入长度=平直段长度+15d。其中，平直段长度=梁宽−保护层−梁角筋直径。此处平直段长度分“设计按绞接时”和“充分利用钢筋抗拉强度时”两种情况，应由设计者在图中指定，当直段长度不小于 l_a 时可不弯折。

当支座为剪力墙时，深入长度=平直段长度+15d。其中，平直段长度=墙厚−保护层−墙外侧竖向筋直径。平直段长度应不小于 $0.4l_{ab}$。

伸入跨内的长度按设计标注，弯折长度=板厚−保护层。

板端支座负筋计算简图见图 5-62。

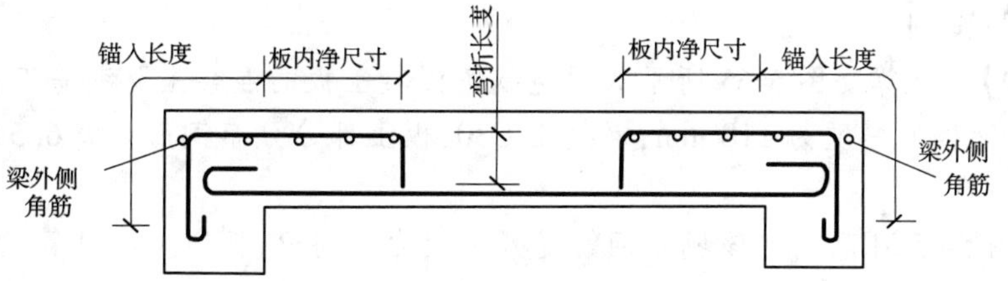

图 5-62　板端支座负筋计算简图

(2)中间支座负筋：

$$中间支座负筋长度 = 水平长度 + 弯折长度 \times 2 \quad (5\text{-}51)$$

式中，水平长度=标注长度，当标注长度为自支座边缘向内的伸入长度时，水平长度还要加上支座宽；弯折长度=板厚−保护层。板中间支座负筋计算简图见图 5-63。

(3)负筋根数：

$$负筋根数 = 布筋范围 / 布筋间距 + 1 \quad (5\text{-}52)$$

3. 负筋的分布筋

板支座分布筋计算示意见图 5-64。

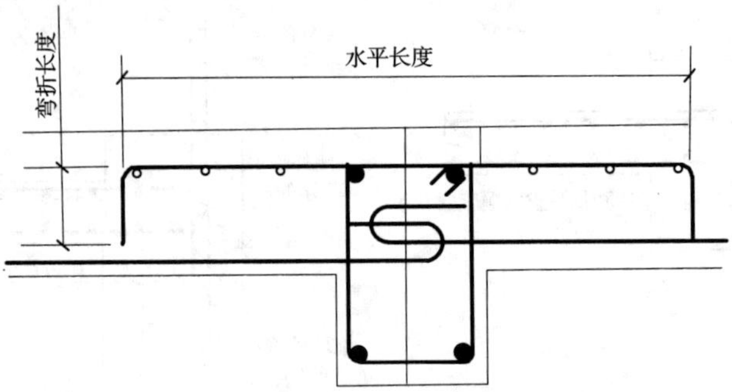

图 5-63　板中间支座负筋计算简图

负筋的分布筋长度 = 两端支座负筋净距 + 150(搭接长度) × 2
= 轴线长度 − 负筋标注长度 × 2 + 150 × 2　　(5-53)

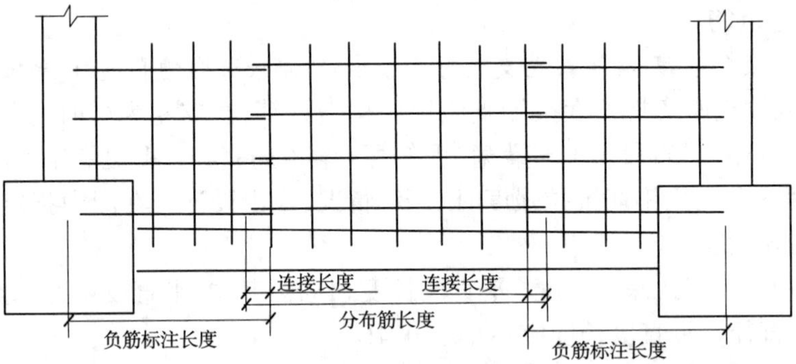

图 5-64　板支座分布筋计算示意图

负筋的分布筋根数 = (负筋板内净长 − 1/2 分布筋间距)/ 分布筋间距 + 1　(5-54)

(二)工程案例

【例 5-24】 计算如图 5-65 所示的现浇钢筋混凝土板的混凝土及钢筋工程量,已知板四周与梁相连,板的厚度为 110 mm,混凝土 C30,板上部分分布钢筋为Φ 6.5@ 200。

解　1. 分析

根据如图 5-65 可以判定该现浇钢筋混凝土板为双向板,板所需要计算的钢筋有受力筋、支座负筋。

2. 识图

由图 5-65 可知,板的尺寸为 4 800 mm×4 200 mm,①、②号筋为底部的受力筋,①Φ10@ 150,表示 1 号钢筋的直径为 10 mm,Ⅰ级钢筋,间距为 150 mm;②Φ10@ 180,表示 2 号钢筋的直径为 10 mm,Ⅰ级钢筋,间距为 180 mm;③、④号钢筋为负筋,布置在板的上部,具体含义同上。

3. 工程量计算

(1)板的混凝土工程量为

$$(4.8 - 0.125 \times 2) \times (4.2 - 0.125 \times 2) \times 0.11 = 1.977(m^3)$$

(2)钢筋工程量。

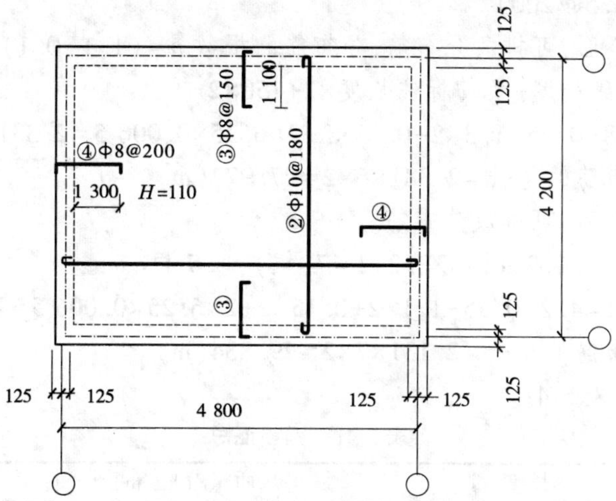

图 5-65　现浇钢筋混凝土板

①号钢筋(Φ10@150)。钢筋根数 $n=(4.2-0.25-0.15)/0.15+1=26.3$(根),取 27 根。

钢筋单根长度=净跨+左伸进长度+右伸进长度+(Ⅰ级钢筋)弯钩 $6.25d\times2$。

伸进支座长度的判断:

当端部支座为剪力墙、梁时,伸进长度=max(支座宽/2,5*d*)= max(250/2,5×10)= 125(mm),因此伸入长度取支座宽/2,即 125 mm。

故
$$l=4.8-0.125\times2+0.125\times2+6.25\times0.01\times2=4.925(\text{m})$$

①号钢筋总长度=钢筋根数×单根钢筋长度=27×4.925=132.975(m)。

②号钢筋(Φ10@180)。钢筋根数 $n=(4.8-0.25-0.18)/0.18+1=25.28$(根),取 26 根。钢筋单根长度 $l=4.2-0.125\times2+0.125\times2+6.25\times0.01\times2=4.325(\text{m})$。

②号钢筋总长度=钢筋根数×单根钢筋长度=26×4.325=112.45(m)。

③号钢筋(Φ8@150)。③号负筋的根数 $n=(4.8-0.25-0.15)/0.15+1=30.33$(根),取 31 根。

端支座③号负筋长度为

$$\begin{aligned}l &= 1.1+(0.11-0.015\times2)+[0.25-(0.015+0.01+0.02)]+15\times0.008\\ &= 1.1+0.08+0.205+0.12\\ &= 1.505(\text{m})\end{aligned}$$

③号钢筋总长度=31×1.505×2=93.31(m)。

④号钢筋(Φ8@200)。④号负筋的根数 $n=(4.2-0.25-0.2)/0.2+1=19.75$(根),取 20 根。单根长度

$$\begin{aligned}l &= 1.3+0.11-0.015\times2+[0.25-(0.015+0.01+0.02)]+15\times0.008\\ &= 1.3+0.08+0.205+0.12\\ &= 1.705(\text{m})\end{aligned}$$

④号钢筋总长度=20×1.705×2=68.2(m)。

(3)分布筋(Φ6.5@200)。

在③号钢筋的下面,可排放分布筋,分布筋的根数 $n=(1.1-0.1)/0.2+1=6$(根),取6根。单根长度=轴线长度-负筋标注长度×2+150×2。

$$l=4.8-0.25-1.3\times2+0.15\times2+2\times6.25\times0.0065=2.331(\text{m})$$

③号钢筋上分布筋的总长=2.331×6×2=27.972(m)。

在④号钢筋的下面,可排放分布筋。

分布筋的根数 $n=(1.3-0.1)/0.2+1=7$(根),取7根。

$$单根长度\ l=4.2-0.25-1.1\times2+0.15\times2+2\times6.25\times0.0065=2.131(\text{m})$$

④号钢筋上分布筋的总长=2.131×7×2=29.834(m)。

(4)钢筋汇总见表5-41。

表5-41 钢筋汇总

钢筋汇总	长度/m	每米质量/(kg/m)	总质量/kg
Φ10	132.975+112.45=245.425	0.617	151.43
Φ8	93.31+68.2=161.51	0.395	63.80
Φ6.5	27.972+29.834=57.806	0.260	15.03

任务八 门窗工程量计算

一、门窗工程算量准备知识

门窗按材料可分为木门窗、塑料门窗、金属门窗(铝合金门窗、钢门窗)、玻璃钢门窗。

门窗按开启方式可分为平开门窗、推拉门窗、折叠门、转门窗、弹簧门、其他门(包括卷帘门、升降门、上翻门等)。

门窗按功能可分为普通门窗、百叶门窗、保温门、防火门、隔声门等。

二、门窗工程清单分项

门窗工程量清单项目设置、项目特征描述、计量单位及工程量计算规则应按表5-42~表5-46的规定执行。

表5-42 木门(编号:010801)

项目编码	项目名称	项目特征	计量单位	工程量计算规则	工作内容
010801001	木质门	1.门代号及洞口尺寸 2.镶嵌玻璃品种、厚度	1. m^2 2.樘	1.按设计图示洞口尺寸以平方米计量 2.按设计图示以樘计量	1.门安装 2.玻璃安装 3.五金安装

续表 5-42

项目编码	项目名称	项目特征	计量单位	工程量计算规则	工作内容
010801005	木门框	1. 框截面尺寸 2. 防护材料种类	m	按设计图示框的中心线以延长米计算	1. 木门框制作、安装 2. 运输 3. 刷防护材料

表 5-43　金属门(编号:010802)

项目编码	项目名称	项目特征	计量单位	工程量计算规则	工作内容
010802001	金属(塑钢)门	1. 门框、扇材质 2. 玻璃品种、厚度	m^2	按设计图示洞口尺寸以平方米计量	1. 门安装 2. 五金安装 3. 玻璃安装
010802002	彩板门				
010802003	钢质防火门	门框、扇材质	m^2		
010802004	防盗门				1. 门安装 2. 五金安装

表 5-44　金属卷帘闸门(编号:010803)

项目编码	项目名称	项目特征	计量单位	工程量计算规则	工作内容
010803001	金属卷帘(闸)门	1. 门代号及洞口尺寸 2. 门材质 3. 启动装置品种、规格	1. 樘 2. m^2	1. 以樘计量,按设计图示数量计算 2. 以平方米计量,按设计图示洞口尺寸以面积计算	1. 门运输、安装 2. 启动装置、活动小门、五金安装

表 5-45　木窗(编号:010806)

项目编码	项目名称	项目特征	计量单位	工程量计算规则	工作内容
010806001	木质窗	1. 窗代号及洞口尺寸 2. 玻璃品种、厚度	1. 樘 2. m^2	1. 以樘计量,按设计图示数量计算 2. 以平方米计量,按设计图示洞口尺寸以面积计算	1. 窗安装 2. 五金、玻璃安装

表 5-46　金属窗(编号:010807)

项目编码	项目名称	项目特征	计量单位	工程量计算规则	工作内容
010807001	金属(塑钢、断桥)窗	1. 框、扇材质 2. 玻璃品种、厚度	m^2	按设计图示洞口尺寸以平方米计量,飘窗、阳台封闭窗按设计图示框型材外边线及展开面积计算	1. 窗安装 2. 五金、玻璃安装
010807002	金属防火窗				
010807003	金属百叶窗	1. 框、扇材质 2. 玻璃品种、厚度	m^2	按设计图示洞口尺寸以平方米计量	1. 窗安装 2. 五金安装
010807004	金属纱窗	1. 框材质 2. 窗纱材料品种、规格		按框外围尺寸以平方米计量	
010807005	金属格栅窗	1. 框外围尺寸 2. 框、扇材质		按设计图示洞口尺寸以平方米计量	

三、门窗工程的清单工程量计算规则

门窗的工作内容一般包括门窗安装、玻璃安装、五金安装等,但未包括木门框的制作、安装,门框需单独列项。

(一)木门及门框

(1)成品木门框安装按设计图示框外围尺寸长度计算。

(2)成品木门扇安装按设计图示扇面积计算。

(3)成品套装木门安装按设计图示数量计算。

(4)木质防火门安装按设计图示洞口面积计算。

(二)金属门、窗

(1)铝合金门窗(飘窗、阳台封闭除外)、塑钢门窗均按设计图示门、窗洞口面积计算。

(2)门连窗按设计图示洞口面积分别计算门、窗面积,其中窗的宽度算至门框的外边线。

(3)纱门、纱窗扇按设计图示扇外围面积计算。

(4)飘窗、阳台封闭按设计图示框型材外边线尺寸以展开面积计算。

(5)钢质防火门、防盗门按设计图示门洞口面积计算。

(6)防盗窗按设计图示窗框外围面积计算。

(7)彩板钢门窗按设计图示门、窗洞口面积计算。彩板钢门窗附框按框中心线长度计算。

(三)金属卷帘(闸)

金属卷帘(闸)按设计图示卷帘门宽度乘以卷帘门高度(包括卷帘箱高度)以面积计算。电动装置安装以图示套数计算。

(四)厂库房大门、特种门

厂库房大门、特种门按设计图示门洞口面积计算。

四、工程案例

【例5-25】 某办公楼工程中首层局部平面图如图5-66所示,图5-66中C1524、PC1为塑钢窗(飘窗高度2.4 m),M1021为木质夹板门,飘窗PC1详图见图5-67。试计算图中门窗工程量。

解 门窗工程量见表5-47。

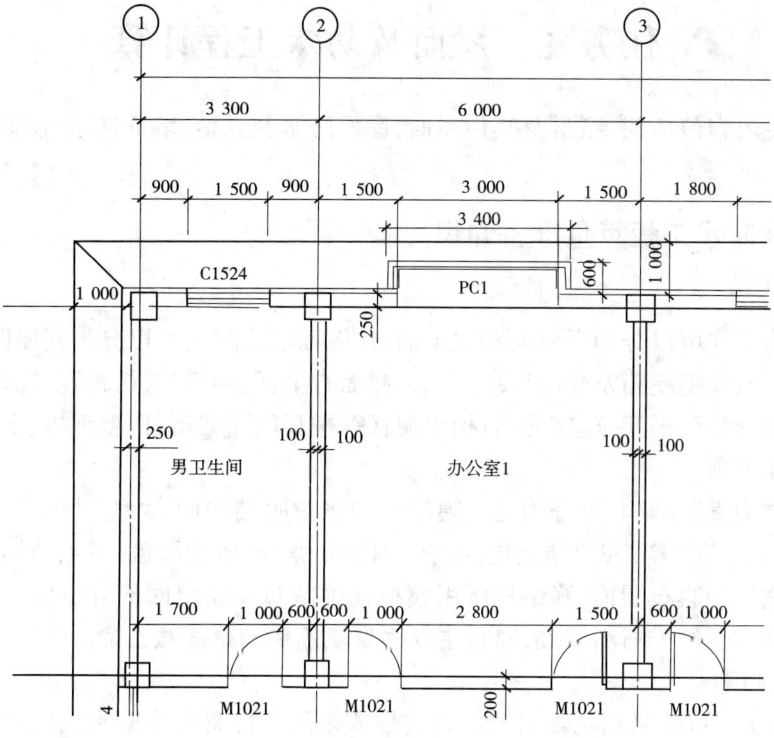

图5-66　首层局部平面图　(单位:mm)

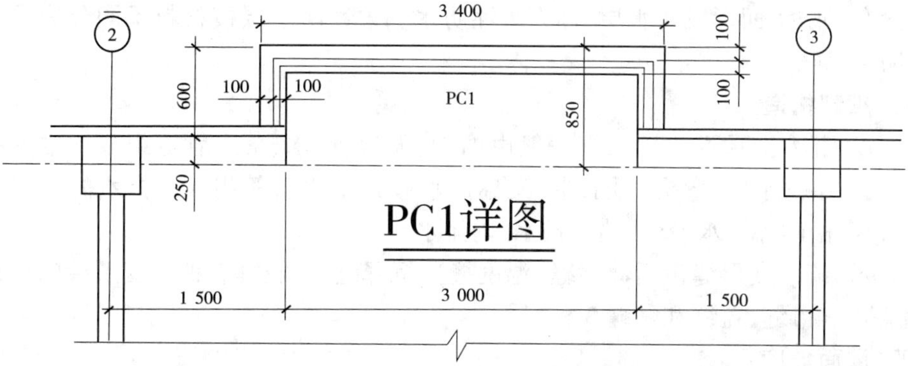

图5-67　飘窗PC1详图　(单位:mm)

表 5-47　门窗工程量

项目编码	项目名称	项目特征	计量单位	工程量
010801001	木质门	木质夹板门	m^2	$1\times2.1\times4=8.4(m^2)$
010807001	金属(塑钢、断桥)窗	金属(塑钢、断桥)窗	m^2	$1.5\times2.4=3.6(m^2)$ $(0.6\times2+3.4-0.1\times4)\times2.4=10.08(m^2)$

任务九　屋面及防水工程计算

本任务主要内容包括瓦、型材及其他屋面,屋面防水及其他,墙面防水、防潮,楼(地)面防水、防潮。

一、屋面及防水工程算量准备知识

(一)屋面分类

屋面按结构形式可以分为平屋面和坡屋面;按屋面使用材料可以分为瓦屋面、型材屋面、阳光板屋面、玻璃钢屋面及膜结构屋面。瓦屋面有平瓦、小青瓦、筒板瓦、鸳鸯瓦、平板瓦、石片瓦等。小青瓦、平瓦、琉璃瓦、石棉水泥瓦等按瓦屋面列项,压型钢板、金属压型夹心板按型材屋面列项。

膜结构也称为索膜结构,可分为充气膜结构和张拉膜结构两大类。膜结构屋面是一种以膜布支撑(柱、网架等)和拉结结构(拉杆、钢丝绳等)组成的屋盖、篷顶结构。定额中的膜结构屋面适用于膜布屋面,膜结构所用膜材料由基布和涂层两部分组成。基布主要采用聚酯纤维和玻璃纤维材料,涂层材料主要为聚氯乙烯和聚四氟乙烯。

(二)防水、防潮

(1)刚性防水。依靠结构构件自身的密实性或采用刚性材料作防水层以达到建筑物的防水目的,称为刚性防水。

(2)柔性防水。以沥青、油毡等柔性材料铺设和黏结或将以高分子合成材料为主体的材料涂布于防水面形成防水层,称为柔性防水。柔性防水层按材料不同分为卷材防水和涂膜防水。

(三)细部构造

(1)屋面排水。屋面排水系统一般由檐沟、天沟、泛水、落水管等组成。常见的是落水管排水,它由雨水口、弯头、雨水斗(又称接水口)、落水管等组成。排水的方式主要包括自由落水、檐沟外排水、女儿墙外排水、内排水。

(2)变形缝。变形缝包括伸缩缝(温度缝)、沉降缝、抗震缝 3 种。变形缝的构造做法主要包括嵌(填)缝、盖缝和贴缝 3 种。

(四)屋面坡度

屋面坡度有以下三种表示方法(见图 5-68):

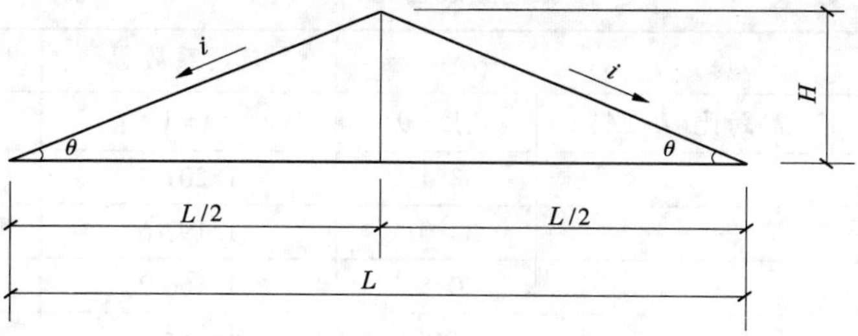

图 5-68　屋面坡度的表示方法

(1)高跨比。用屋顶的高度与屋顶的跨度之比表示，$i=H/L$。

(2)坡度。用屋顶的高度与屋顶的半跨之比表示，$i=H/(L/2)$。

(3)夹角。用屋面的斜面与水平面的夹角(θ)表示。

坡屋面示意见图 5-69。

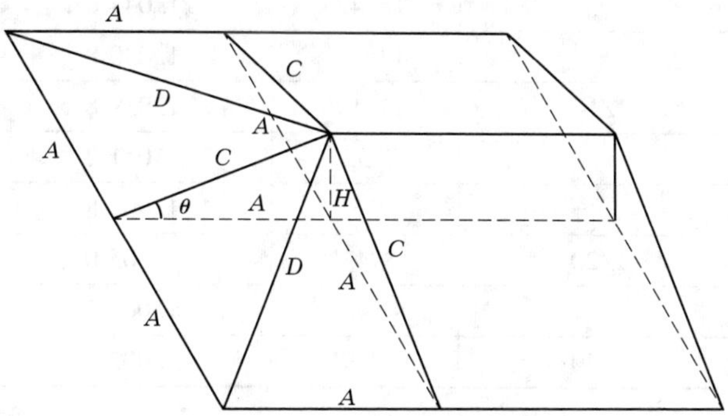

图 5-69　坡屋面示意图

(五)延尺系数 C

延尺系数 C 是指两坡屋面的坡度系数，实际是指斜边比底边的比值，即 C/A。

(六)隅延尺系数 D

隅延尺系数是指四坡屋面斜脊长度系数，实际是指双坡交接的斜边与底边之比(不是对应投影边)的比值，即 D/A。

$$四坡排水屋面斜脊长度 = (A^2 + 斜长^2)^{1/2} = AD \tag{5-55}$$

两坡和四坡排水屋面面积为屋面水平投影面积乘以延尺系数 C；四坡排水屋面斜脊长度 $=AD$(D 为隅延尺系数)，沿山墙泛水长度 $=AC$。

表 5-48　屋面坡度系数表

坡度			延尺系数 C	隅延尺系数 D
$H(A=1)$	高跨比($H/2A$)	角度(θ)	$A=1$	$A=1$
1	1/2	45°	1. 414 2	1. 732 1
0. 75		36°52′	1. 250 0	1. 600 8
0. 70		35°	1. 220 7	1. 577 9

续表 5-48

坡度			延尺系数 C	隅延尺系数 D
$H(A=1)$	高跨比($H/2A$)	角度(θ)	$A=1$	$A=1$
0. 666	1/3	33°40′	1. 201 5	1. 562 0
0. 65		33°01′	1. 192 6	1. 556 4
0. 60		30°58′	1. 166 2	1. 536 2
0. 577		30°	1. 154 7	1. 527 0
0. 55		28°49′	1. 141 3	1. 517 0
0. 50	1/4	26°34′	1. 118 0	1. 500 0
0. 45		24°14′	1. 096 6	1. 483 9
0. 40	1/5	21°48′	1. 077 0	1. 469 7
0. 35		19°17′	1. 059 4	1. 456 9
0. 30		16°42′	1. 044 0	1. 445 7
0. 25		14°02′	1. 030 8	1. 437 2
0. 20	1/10	11°19′	1. 019 8	1. 428 3
0. 15		8°32′	1. 011 2	1. 422 1
0. 125		7°8′	1. 007 8	1. 419 1
0. 10	1/20	5°42′	1. 005 0	1. 417 7
0. 083		4°45′	1. 003 5	1. 416 6
0. 066	1/30	3°49′	1. 002 2	1. 415 7

二、屋面及防水工程清单分项

屋面及防水工程清单项目设置、项目特征描述、计量单位及工程量计算规则应按表 5-49、表 5-50 的规定执行。

表 5-49　瓦、型材及其他屋面(编号:010901)

项目编码	项目名称	项目特征	计量单位	工程量计算规则	工作内容
010901001	瓦屋面	1. 瓦品种、规格 2. 黏结层砂浆的配合比	m^2	按设计图示尺寸以斜面积计算 不扣除房上烟囱、风帽底座、风道、小气窗、斜沟等所占面积。小气窗的出檐部分不增加面积	1. 砂浆制作、运输、摊铺、养护 2. 安瓦、作瓦脊
010901002	型材屋面	1. 型材品种、规格 2. 金属檩条材料品种、规格 3. 接缝、嵌缝材料种类			1. 檩条制作、运输、安装 2. 屋面型材安装 3. 接缝、嵌缝

表 5-50　屋面防水及其他(编号:010902)

项目编码	项目名称	项目特征	计量单位	工程量计算规则	工作内容
010902001	屋面卷材防水	1. 卷材品种、规格、厚度 2. 防水层数 3. 防水层做法	m^2	按设计图示尺寸以面积计算 1. 斜屋顶(不包括平屋顶找坡)按斜面积计算,平屋顶按水平投影面积计算 2. 不扣除房上烟囱、风帽底座、风道、屋面小气窗和斜沟所占面积 3. 屋面的女儿墙、伸缩缝和天窗等处的弯起部分,并入屋面工程量内	1. 基层处理 2. 刷底油 3. 铺油毡卷材、接缝
010902002	屋面涂膜防水	1. 防水膜品种 2. 涂膜厚度、遍数 3. 增强材料种类			1. 基层处理 2. 刷基层处理剂 3. 铺布、喷涂防水
010902003	屋面刚性层	1. 刚性层厚度 2. 混凝土种类 3. 混凝土强度等级 4. 嵌缝材料种类 5. 钢筋规格、型号		按设计图示尺寸以面积计算 不扣除房上烟囱、风帽底座、风道等所占面积	1. 基层处理 2. 混凝土制作、运输、铺筑、养护 3. 钢筋制安
010902004	屋面排水管	1. 排水管品种、规格 2. 雨水斗、山墙出水口品种、规格 3. 接缝、嵌缝材料种类 4. 油漆品种、刷漆遍数	m	按设计图示尺寸以长度计算。 如设计未标注尺寸,以檐口至设计室外散水上表面垂直距离计算	1. 排水管及配件安装、固定 2. 雨水斗、山墙出水口、雨水箅子安装 3. 接缝、嵌缝 4. 刷漆

三、屋面及防水工程工程量计算规则

(一)瓦、型材及其他屋面

(1)各种屋面和型材屋面(包括挑檐部分),均按设计图示尺寸以面积计算(平屋顶按水平投影面积计算,斜屋面按斜面面积计算),不扣除房上烟囱、风帽底座、风道、小气窗、斜沟和脊瓦等所占面积,小气窗的出檐部分也不增加。

(2)西班牙瓦、瓷质波形瓦、英红瓦等屋面的正斜脊瓦、檐口线,按设计图示尺寸以长度计算。

(3)采光板屋面和玻璃采光顶屋面按设计图示尺寸以面积计算;不扣除面积≤0.3

m^2孔洞所占面积。

(4)膜结构屋面按设计图示尺寸以需要覆盖的水平投影面积计算,膜材料可以调整含量。

(二)屋面、楼(地)面防水及其他,墙面防水、防潮

1. 防水

(1)屋面防水,按设计图示尺寸以面积计算(平屋顶按水平投影面积计算,斜屋面按斜面面积计算),扣除0.3 m^2以上房上烟囱、风帽底座、风道、屋面小气窗、排气孔洞等所占面积;屋面的女儿墙、伸缩缝和天窗、烟囱、风帽底座、风道、屋面小气窗、排气孔洞等处的弯起部分,按设计图示尺寸计算;设计无规定时,伸缩缝、女儿墙、天窗、烟囱、风帽底座、风道、屋面小气窗、排气孔洞等处的弯起部分按500 mm计算,计入屋面工程量内。

(2)楼地面防水、防潮层按设计图示尺寸以主墙间净面积计算,扣除凸出地面的构筑物、设备基础等所占面积,不扣除间壁墙及单个面积≤0.3 m^2柱、垛、烟囱和孔洞所占面积,平面与立面交接处,上翻高度≤300 mm时,按展开面积并入楼地面工程量内计算,高度>300 mm时,所有上翻工程量均按墙面防水项目计算。

(3)墙基防水、防潮层,外墙按外墙中心线长度、内墙按墙体净长度乘以宽度,以面积计算。

(4)墙的立面防水、防潮层,不论内墙、外墙,均按设计图示尺寸以面积计算;墙身水平防潮层执行墙身防水相应项目。

(5)基础底板的防水、防潮层按设计图示尺寸以面积计算,不扣除桩头所占面积。桩头处外包防水按桩头投影外扩300 mm以面积计算,地沟处防水按展开面积计算,均计入平面工程量,执行相应规定。

(6)屋面、楼地面及墙面、基础底板等,其防水搭接、拼缝、压边、留槎用量已综合考虑,不另行计算。卷材防水附加层按设计铺贴尺寸以面积计算。

(7)屋面分格缝,按设计图示尺寸,以长度计算。

2. 屋面排水

(1)水落管、镀锌铁皮天沟、檐沟,按设计图示尺寸,以长度计算。如设计未标注水落管尺寸,以檐口至设计室外散水上表面垂直距离计算。

(2)水斗、下水口、雨水口、弯头、短管等,均以设计数量计算。

(3)变形缝与止水带变形缝(嵌填缝与盖板)与止水带按设计图示尺寸,以长度计算。

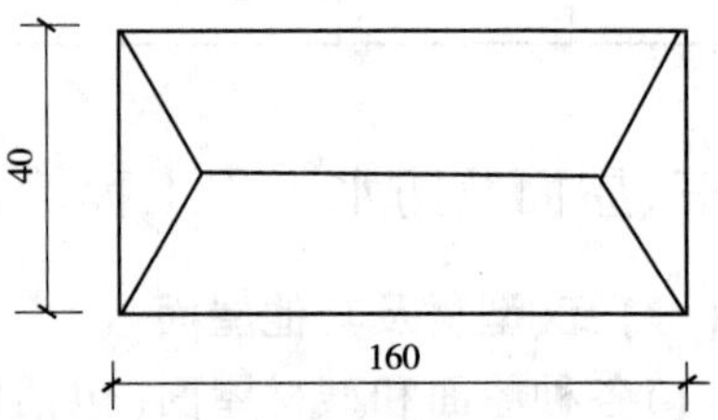

图5-70 坡屋顶平面图 (单位:m)

四、工程案例

【例5-26】 如图5-70所示的坡屋面,屋面坡度$H/2A=1/4$,请计算该屋面斜面积、斜脊及平脊长度。

解 根据屋面坡度$H/2A=1/4$,查表5-48得延尺系数$C=1.118\ 0$,隅延尺系数$D=1.500\ 0$。

屋面斜面面积=屋面图示尺寸的水平投影面积×延尺系数$=160\times40\times1.1180=7\ 155.2$ (m^2)。

斜脊长度:$(40\div2)\times1.5\times4=120$(m)。

平脊长度:$160-20\times2=120$(m)。

【例 5-27】 某房屋屋顶平面图如图 5-71 所示,屋顶标高为 42 m,中间部分为突出屋面的楼梯间,该处标高为 45 m,屋顶和楼梯间屋顶四周均有女儿墙,屋面采用 SBS 防水卷材,计算防水工程量。

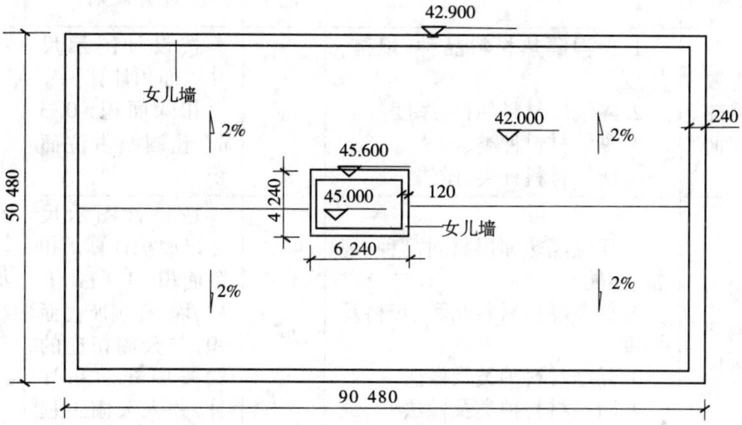

图 5-71　房屋屋顶平面图　(单位:mm)

解　(1)卷材防水按设计图示尺寸以面积计算,女儿墙、天窗、烟囱等处的弯起部分按 500 mm 计算,计入屋面工程量内。

$$S=(90.48-0.48)\times(50.48-0.48)-6.24\times4.24+(6.24-0.24)\times(4.24-0.24)+[(90+50)\times2+(6.24+4.24)\times2+(6+4)\times2]\times0.5=4\ 658.02(m^2)$$

任务十　保温、隔热、防腐工程

一、保温、隔热、防腐工程算量基础知识

保温、隔热工程是指采用各种松散、板状、整体保温材料对需要保温的低温、中温和恒温的工业厂房(库)房及公共民用建筑的屋面、天棚及墙柱面进行保温,对楼地面进行隔热的施工过程。保温、隔热的方式有内保温、外保温、夹心保温三种。保温、隔热常用的材料有聚苯颗粒保温砂浆、泡沫玻璃、聚氨酯硬泡、保温板材、加气混凝土块、软木板、膨胀珍珠岩板、沥青玻璃棉、沥青矿渣棉、微孔硅酸钙、稻壳等。

防腐工程分刷油防腐和耐酸防腐两种。刷油防腐是一种经济有效的防腐措施,常用的防腐材料有沥青漆、酚树脂漆、酚醛树脂漆、氯磺化聚乙烯漆、聚氨酯漆等。耐酸防腐是运用人工或机械方法,将具有耐腐蚀性能的材料浇筑、涂刷、喷涂、粘贴或铺砌在应防腐的工程构件表面,以达到防腐蚀的效果。常用的防腐蚀材料有水玻璃耐酸砂浆、混凝土,耐

酸沥青砂浆、混凝土，环氧砂浆、混凝土及各类玻璃钢等。

二、保温、隔热、防腐工程清单分项

保温、隔热、防腐工程量清单项目设置、项目特征描述、计量单位及工程量计算规则应按表5-51、表5-52的规定执行。

表5-51　保温、隔热(编号:011001)

项目编码	项目名称	项目特征	计量单位	工程量计算规则	工作内容
011001001	保温隔热屋面	1. 保温隔热材料品种、规格、厚度 2. 隔气层材料品种、厚度 3. 黏结材料种类、做法 4. 防护材料种类、做法	m^2	按设计图示尺寸以面积计算。 扣除面积>0.3 m^2 孔洞及占位面积	1. 基层清理 2. 刷黏结材料 3. 铺粘保温层 4. 铺、刷(喷)防护材料
011001002	保温隔热天棚	1. 保温隔热面层材料品种、规格、性能 2. 保温隔热材料品种、规格及厚度 3. 黏结材料种类及做法 4. 防护材料种类及做法	m^2	按设计图示尺寸以面积计算。扣除面积>0.3 m^2 上柱、垛、孔洞所占面积，与天棚相连的梁按展开面积计算，并入天棚工程量内	
011001003	保温隔热墙面	1. 保温隔热部位 2. 保温隔热方式 3. 踢脚线、勒脚线保温做法 4. 龙骨材料品种、规格 5. 保温隔热面层材料品种、规格、性能 6. 保温隔热材料品种、规格及厚度 7. 增强网及抗裂防水砂浆种类 8. 黏结材料种类及做法 9. 防护材料种类及做法	m^2	按设计图示尺寸以面积计算。扣除门窗洞口以及面积>0.3 m^2 梁、孔洞所占面积，门窗洞口侧壁需做保温时，并入保温墙体工程量内	1. 基层清理 2. 刷界面剂 3. 安装龙骨 4. 填贴保温材料 5. 保温板安装 6. 粘贴面层 7. 铺设增强格网、抹抗裂、防水砂浆面层 8. 嵌缝 9. 铺、刷(喷)防护材料
011001004	保温柱、梁			按设计图示尺寸以面积计算。 1. 柱按设计图示柱断面保温层中心线展开长度乘保温层高度以面积计算，扣除面积>0.3 m^2 梁所占面积。 2. 梁按设计图示梁断面保温层中心线展开长度乘保温层长度以面积计算	

续表 5-51

项目编码	项目名称	项目特征	计量单位	工程量计算规则	工作内容
011001005	保温隔热楼地面	1. 保温隔热部位 2. 保温隔热材料品种、规格及厚度 3. 隔气层材料品种、厚度 4. 黏结材料种类及做法 5. 防护材料种类及做法	m^2	按设计图示尺寸以面积计算。扣除面积 > 0.3 m^2 柱、垛、孔洞所占面积，门洞、空圈、暖气包槽、壁龛的开口部分不增加面积	1. 基层清理 2. 刷黏结材料 3. 铺粘保温层 4. 铺、刷(喷)防护材料

表 5-52　防腐(编号:011002)

项目编码	项目名称	项目特征	计量单位	工程量计算规则	工作内容
011002002	防腐砂浆面层	1. 防腐部位 2. 面层厚度 3. 砂浆、胶泥种类、配合比	m^2	按设计图示尺寸以面积计算。 1. 平面防腐：扣除凸出地面的构筑物，设备基础等以及面积>0.3 m^2 孔洞、柱、垛所占面积。 2. 立面防腐：扣除门、窗、洞口以及面积>0.3 m^2 孔洞、梁所占面积。 门、窗、洞口侧壁、垛突出部分按展开面积并入墙面积内	1. 基层清理 2. 基层刷稀胶泥 3. 砂浆制作、运输、摊铺、养护
011002003	防腐胶泥面层	1. 防腐部位 2. 面层厚度 3. 胶泥种类、配合比	m^2		1. 基层清理 2. 胶泥调制、摊铺
011002006	块料防腐面层	1. 防腐部位 2. 块料品种、规格 3. 黏结材料种类 4. 勾缝材料种类	m^2		1. 基层清理 2. 铺贴块料 3. 胶泥调制、勾缝

三、保温、隔热、防腐工程量计算规则

(一)保温、隔热工程

(1)保温隔热屋面工程量按设计图示尺寸以面积计算。扣除>0.3 m^2 柱、垛、孔洞等所占面积。其他项目按设计图示尺寸以定额项目规定的计量单位计算。

(2)保温、隔热天棚工程量按设计图示尺寸以面积计算。扣除面积>0.3 m^2 柱、垛、孔洞等所占面积,与天棚相连的梁按展开面积计算,其工程量并入天棚内。

(3)保温、隔热墙面工程量按设计图示尺寸以面积计算。扣除门窗洞口及面积>0.3 m^2 梁、孔洞所占面积;门窗洞口侧壁(含顶面)以及与墙相连的柱,并入保温墙体工程量内。其中,外墙按隔热层中心线长度计算,内墙按隔热层净长度计算。

(4)柱、梁保温、隔热层工程量按设计图示尺寸以面积计算。

①柱按设计图示柱断面保温层中心线展开长度乘以高度以面积计算,扣除面积>0.3 m^2 梁所占面积。

②梁按设计图示梁断面保温层中心线展开长度乘以保温层长度以面积计算。

(5)保温、隔热楼地面工程量按设计图示尺寸以面积计算。扣除柱、垛及单个>0.3 m^2 孔洞所占面积。

(6)柱帽保温隔热层,并入天棚保温、隔热层工程量内。

(7)保温层排气管按设计图示尺寸以长度计算,不扣除管件所占长度,保温层排气孔以数量计算。

(8)防火隔离带工程量按设计图示尺寸以面积计算。

(二)防腐工程

(1)防腐工程面层、隔离层及防腐油漆工程量均按设计图示尺寸以面积计算。

(2)平面防腐工程量应扣除凸出地面的构筑物、设备基础等以及面积>0.3 m^2 孔洞、柱、垛等所占面积,门洞、空圈、暖气包槽、壁龛的开口部分不增加面积。

(3)立面防腐工程量应扣除门、窗、洞口以及面积>0.3 m^2 孔洞、梁所占面积,门、窗、洞口侧壁(含顶面)、垛凸出部分按展开面积并入墙面内。

(4)池、槽块料防腐面层工程量按设计图示尺寸以展开面积计算。

(5)砌筑沥青浸渍砖工程量按设计图示尺寸以面积计算。

(6)踢脚板防腐工程量按设计图示长度乘以高度以面积计算,扣除门洞所占面积,并相应增加侧壁展开面积。

(7)混凝土面及抹灰面防腐按设计图示尺寸以面积计算。

四、工程案例

【例5-28】 某双坡屋面的平面尺寸和构造做法如图5-72所示,水泥珍珠岩保温层的坡度系数为2%,最薄处为60 mm。试计算屋面保温层的清单工程量。

解 屋面保温层工程量按设计图示尺寸以面积计算。

屋面保温层的面积：$S=(33-0.12\times2)\times(15-0.12\times2)=483.54(m^2)$。

保温层的平均厚度：$h=0.06+2\%\times(15-0.12\times2)\div2\div2=0.1338(m)$。

屋面保温层的工程量：$V=483.54\times0.1338=64.70(m^3)$。

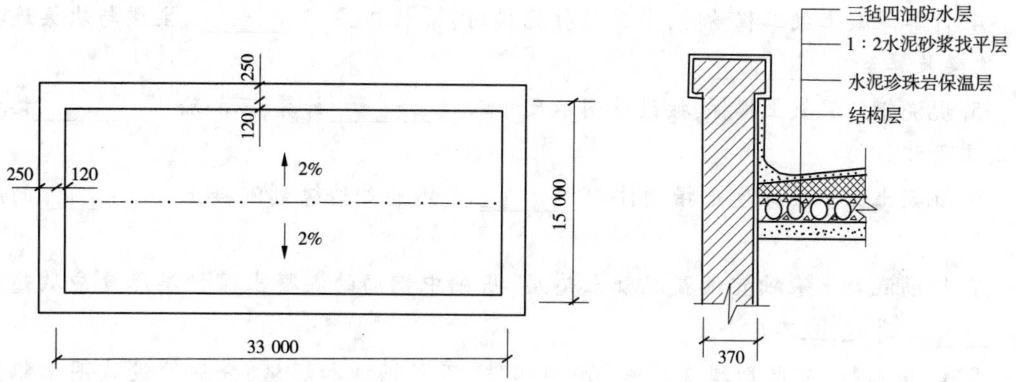

(a)屋顶平面图　　(b)屋面保温层构造

图 5-72　屋顶平面图和保温层构造　(单位：mm)

项目小结

本项目主要介绍了房屋建筑各分项工程的工程量的计算规则和方法，包括土石方工程、基础工程、砌筑工程、混凝土及钢筋混凝土工程、门窗工程、屋面、防水工程、保温隔热工程等。要求学生重点掌握各结构构件中不同钢筋工程量的计算，理解钢筋算量的实质。

课程思政小课堂

一般情况下，高层中钢筋和混凝土的原材用量和占总造价的比例为：钢筋 55～65 kg/m^2，原材买价约占总造价的 18%；混凝土 0.5～0.55 m^3/m^2，原材买价约占总造价的 12%。户型大小不同、结构设计不同、原材市场价不同、混凝土强度等级不同、钢筋级别不同、地下室的有无或层数不同，合同总价下浮不同。

大家可以看出钢筋和混凝土这两种材料费用占总造价的比例较高，同时也是工程算量的重点和难点，故在进行工程量的计算时，应根据具体情况，做到认真细致、精益求精才行。

习　题

一、填空题

1. 砌筑墙长度：外墙按__________计算，内墙按__________计算。

2. 砌筑工程中基础与墙身柱身使用同一材料时，以__________为界（有地下室者，以地下室设计室内地面为界），以下为__________，以上为墙（柱）身。

3. 砌筑工程中基础与墙身（柱身）使用不同材料时，位于设计室内地面±300 mm 以内时，以__________为分界线，超过±300 mm 时，以__________为分界线。

4. 计算混凝土梁工程量时，当梁与柱连接时，梁长算至__________，主梁与次梁连接时，次梁长算至__________。

5. 现浇钢筋混凝土楼梯，按设计图示尺寸以__________计算，不扣除__________楼梯井所占面积。

6. 混凝土保护层厚度是指构件中__________钢筋外边缘到混凝土__________的距离。

7. 钢筋混凝土基础宜设置混凝土垫层，基础中钢筋的混凝土保护层厚度应从垫层__________算起，且不应小于__________。

8. 钢筋工程，应区别现浇构件、预制构件、不同钢种和规格，分别按设计图示钢筋__________乘以单位理论__________，以吨计量。

9. 钢筋的连接方式主要有绑扎搭接、__________和__________三种。

10. 任何情况下受拉钢筋的锚固长度不能小于最小锚固长度，其数值不应小于__________倍基本锚固长度及__________。

11. 纵向__________钢筋伸入混凝土支座内的长度称为锚固长度，抗震锚固长度的计算公式为__________。

12. 钢筋绑扎连接时需算钢筋的__________长度，钢筋焊接和机械连接时需算连接__________。

二、选择题

1. 平整场地是指厚度在（　　）cm 以内的就地挖填找平。

A. 20　　B. 30　　C. 25　　D. 35

2. 土方工程量应按（　　）为准计算。

A. 挖掘土的天然密实体积　　B. 松填体积　　C. 夯实体积　　D. 虚方体积

3. 挖沟槽长度，外墙按图示（　　）长计算。

A. 实际　　B. 外边线　　C. 中心线　　D. 净长线

4. 砖基础和砖墙使用同一种材料时的分界为（　　）。

A. 设计室外地坪　　B. ±0.00　　C. 设计室内地坪　　D. 防潮层

5. 砌筑墙体工程量按墙体长度乘以墙厚再乘以墙的高度，以立方米计量，其墙体长度规定为（　　）。

A. 外墙按净长线总长度计算，内墙按中心线总长度计算

B. 内外墙均按中心线总长度计算

C. 外墙按中心线总长度计算，内墙按净长线总长度计算

D. 内外墙均按净长线总长度计算

6. 圈梁通过门窗洞口时，可按门窗洞口宽度两端共加(　　)并按过梁项目计算。

A. 15 cm　　B. 25 cm　　C. 50 cm　　D. 40 cm

7. 以下关于现浇混凝土柱高的确定，错误的是(　　)。

A. 有梁板柱高，自柱基上表面至上一层楼板上表面之间的高度

B. 构造柱按全高

C. 无梁板柱高，自柱基上表面至柱帽上表面之间的高度

D. 框架柱高，自柱基上表面至柱顶

8. 现浇钢筋混凝土楼梯工程量应按(　　)计算。

A. 混凝土体积　　B. 斜面面积

C. 水平投影面积　　D. 垂直投影面积

9. 现浇钢筋混凝土楼梯计算混凝土工程量时不扣除宽度小于(　　)楼梯井所占面积。

A. 250 mm　　B. 200 mm　　C. 150 mm　　D. 500 mm

10. 梁与柱连接时，混凝土梁长(　　)。

A. 算至柱外侧　　B. 算至柱内侧　　C. 算至柱中线　　D. 算至柱边

11. 板的混凝土工程量按图示面积乘以板厚，以立方米计量，不扣除单个面积(　　)以内的孔洞所占体积。

A. 1.3 m^2　　B. 0.6 m^2　　C. 0.5 m^2　　D. 0.3 m^2

12. 钢筋工程量计算的实质是计算钢筋的(　　)。

A. 体积　　B. 重量　　C. 长度　　D. 质量

13. 纵向受力钢筋伸入混凝土支座内的长度称为(　　)长度。

A. 连接　　B. 锚固　　C. 保护　　D. 弯钩

14. 某独立基础中底板钢筋为Φ6.5@120，则该钢筋的间距是(　　)。

A. 120 mm　　B. 130 mm　　C. 140 mm　　D. 150 mm

15. 框架角柱外侧钢筋在顶层的锚固长度，当柱宽-保护层+梁高-保护层 $\geq 1.5l_{abE}$ 时，锚固长度=梁高-保护层厚度+(　　)。

A. $10d$　　B. $12d$　　C. 150 mm　　D. $15d$

16. 框架柱中的箍筋为Φ8@100/200，则该箍筋加密区的间距为(　　)。

A. 100/200 mm　　B. 200 mm　　C. 150 mm　　D. 100 mm

17. 框架梁中的箍筋为Φ8@100/150(2)表示箍筋为(　　)肢箍。

A. 1　　B. 2　　C. 3　　D. 4

18. 框架梁 KL3(2)350×700，表示该梁的跨数为(　　)。

A. 1　　B. 2　　C. 3　　D. 4

19. 框架梁中上部端支座负筋，第一排截断位置距离柱边缘为(　　)。

A. $l_n/4$　　B. $l_n/3$　　C. $l_n/5$　　D. $l_n/6$

20. 框架梁上部通长筋在端支座需要弯锚时，其伸入支座端然后向下弯折(　　)。

A. 12 *d*　　B. 20 *d*　　C. 15 *d*　　D. 200 mm

三、简答与计算题

1. 工程量计算时的"三线"和"三面"分别指什么?

2. 如何确定土方开挖放坡系数?

3. 如何确定人工挖土工作面?

4. 什么是场地平整?如何计算场地平整工程量?

5. 挖土方、地坑、挖地槽有什么区别?

6. 如何划分砌筑基础与墙身的分界线?

7. 砖石基础和墙体的工程量如何计算?

8. 混凝土及钢筋混凝土基础在定额中分为几种类型?定额中所列的基础的工程量计算规则是什么?

9. 在混凝土工程量计算中,关于柱高取值是如何规定的?

10. 混凝土及钢筋混凝土工程中梁、板工程量的计算规则是什么?

11. 简述常见钢筋的种类、箍筋长度的计算方法。

12. 规范中关于基础插筋的长度、中间层纵筋的长度及顶层节点的锚固长度计算是如何规定的?

13. 规范中关于框梁、板中钢筋工程量的计算是如何规定的?

14. 简述屋面防水和保温工程量计算规则。

15. 某建筑物基础平面图及剖面图如图 5-73 所示,已知土质为二类土,试计算平整场地,挖基础土方、回填土、基础垫层、混凝土带形基础及基础砖砌体工程量,并根据定额计算其直接工程费。

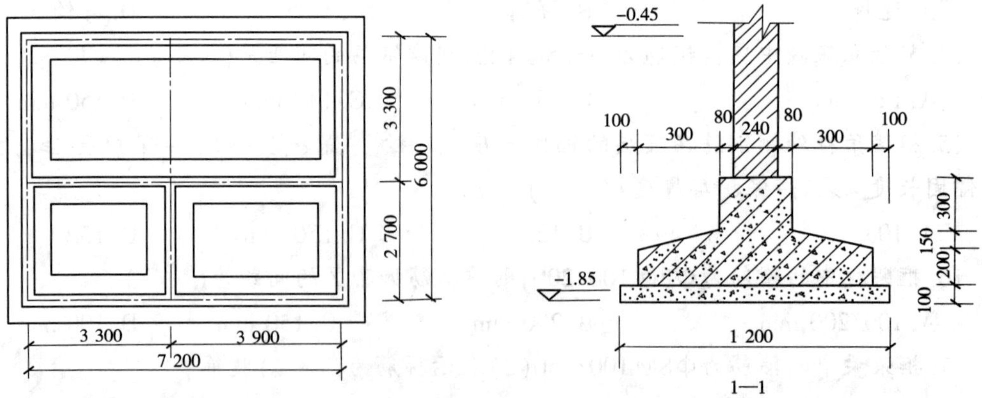

(a)平面图　　(b)剖面图

图 5-73　某建筑基础平面图和剖面图　(单位:mm)

16. 某工程结构平面图如图 5-74 所示,采用 C25 现拌混凝土浇捣,层高为 3.9 m,板厚为 120 mm,柱截面均为 400 mm×400 mm,KL1:300 mm×600 mm,KL2:350 mm×700 mm,试计算梁、柱、板混凝土工程量。

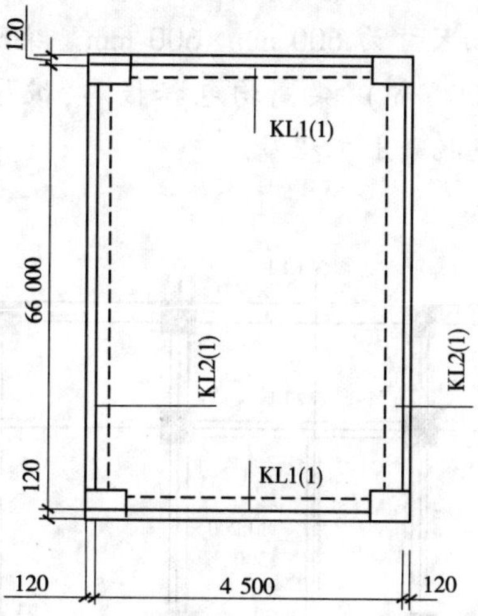

图 5-74　某工程结构平面图　(单位:mm)

17. 某工程现浇框架结构,其二层结构平面图如图 5-75 所示,已知设计室内地坪为±0.000,柱基顶面标高为-0.900 m,楼面结构标高为 3.9 m,柱混凝土强度等级为 C35,截面尺寸为 450 mm×450 mm,梁、板均采用 C25 现浇现拌混凝土,板的厚度为 120 mm,KL1 的截面尺寸为 300 mm×600 mm,KL2 的截面尺寸为 250 mm×500 mm,采用商品混凝土浇筑。试计算柱、梁、板的混凝土工程量及直接工程费。

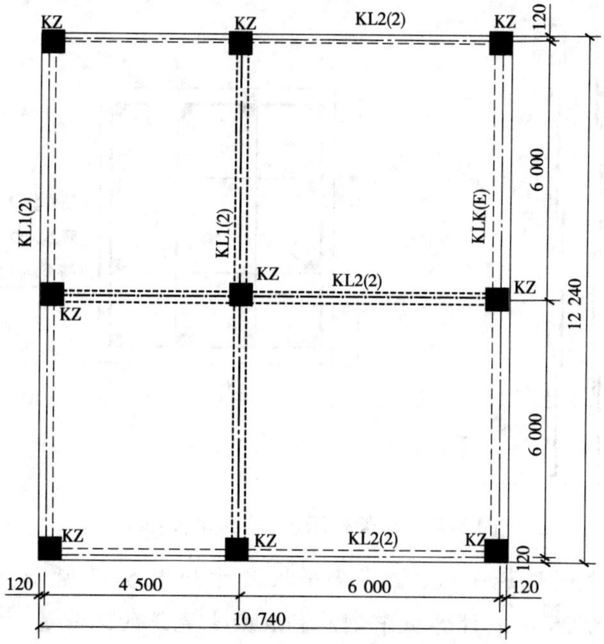

图 5-75　某工程二层结构平面图　(单位:mm)

18. 某楼层现浇有梁板平面图如图 5-76 所示，层高为 3.3 m，基础顶面标高为-0.6 m，现浇 C30 框架柱 KZ 的截面尺寸为 600 mm×600 mm。梁除 LL(200 mm×500 mm)外，其余梁均为 KL1(300 mm×500 mm)，梁高均包括板厚，板厚为 120 mm，有梁板混凝土 C25，试计算图中 KZ 和有梁板混凝土工程量。

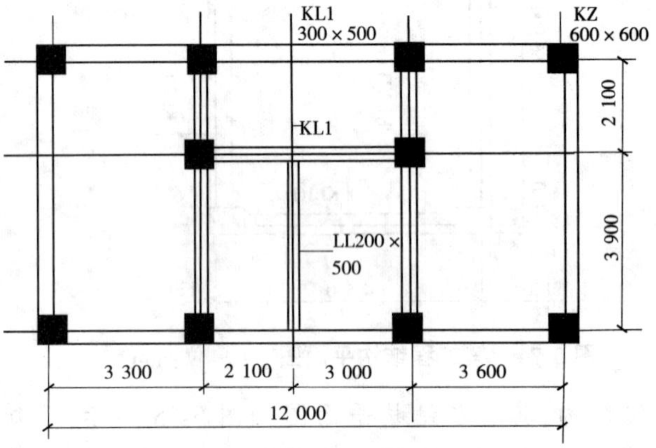

图 5-76　某楼层现浇有梁板平面图　(单位:mm)

19. 如图 5-77 所示，框架柱抗震等级为二级，混凝土强度等级为 C30，基础保护层厚度为 40 mm，柱子保护层厚度为 30 mm，柱子中纵向钢筋的连接方式采用绑扎连接，计算框架柱中钢筋的工程量。

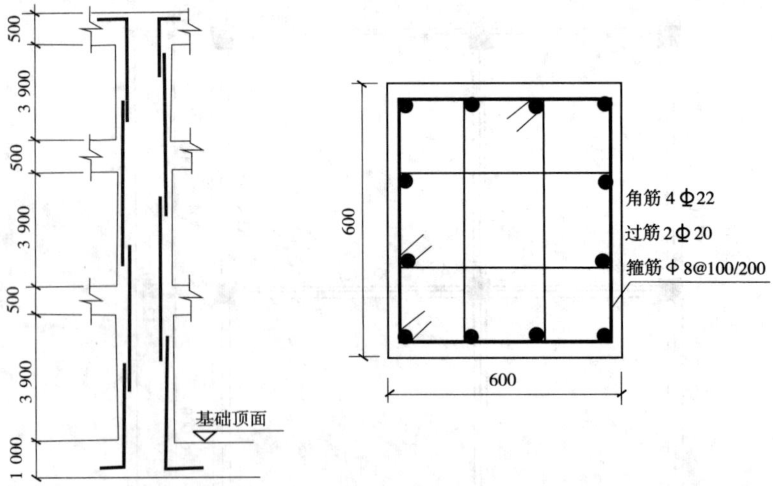

图 5-77　框架柱示意图　(单位:mm)

20. 某厨房、卫生间现浇平板，配筋及平板尺寸如图 5-78 所示，混凝土强度等级为 C25，板保护层厚度为 25 mm，计算板中钢筋和混凝土浇筑的工程量，并计算相应费用。

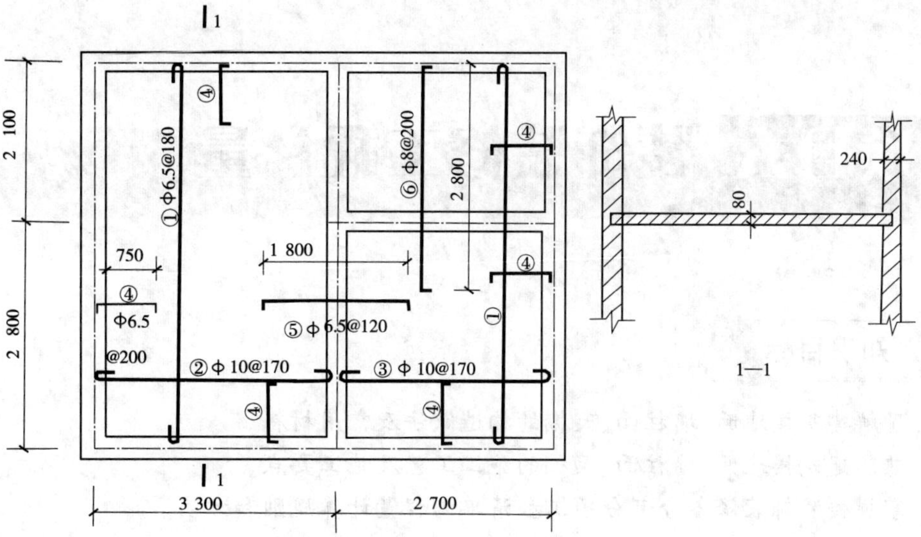

图 5-78　板的示意图　（单位:mm）

项目六 装饰装修工程计量

知识目标

1. 了解建筑楼地面、墙柱面、天棚的构造做法及常用材料。
2. 熟悉建筑楼地面、墙柱面、天棚的施工工艺及施工要点。
3. 掌握楼装饰装修各分部分项工程清单工程量计算规则和方法。

能力目标

1. 能根据要求进行装饰装修工程列项，并能独立计算装饰装修工程的清单工程量。
2. 能够套用装饰装修工程定额，正确地对楼地面、墙柱面、天棚等工程进行清单计价。

素质目标

1. 培养学生具有良好的爱岗敬业、吃苦耐劳的职业道德。
2. 培养学生具有良好的团结合作，与人沟通、协调的能力。
3. 培养学生具有持续学习、终身学习的态度和能力。
4. 培养学生具有自学和解决问题的能力。

项目重点

1. 不同类型楼地面的工程量计算规则及方法。
2. 不同类型墙柱面的工程量计算规则及方法。

项目难点

天棚吊顶工程的工程量计算规则和方法。

案例引入

××学校拟建培训楼，若该工程的造价采用清单计价模式，则其装饰装修工程量清单如何编制。具体思考问题如下：

1. 装饰装修工程中有哪些分部工程？
2. 各分部工程中的分项量是如何计算的？

任务一　楼地面工程量计算

一、楼地面工程概述

楼地面是底层地面（无地下室的建筑指首层地面，有地下室的建筑指地下室的底层）和楼层地面的总称。根据构造方法和施工工艺的不同，楼地面可分为整体类楼地面、块材类楼地面、橡塑面层、其他材料面层，如图 6-1 和图 6-2 所示。楼地面工程量计算包括了楼面和地面以及与其相关的踢脚线、楼梯、栏杆扶手、台阶等子目的计算。

楼地面工程主要包括垫层、找平层、面层等工程项目。

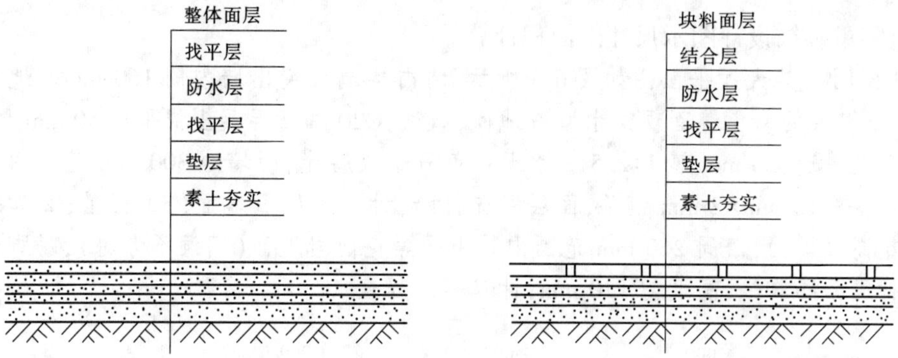

(a)整体面层　　(b)块料面层

图 6-1　地面构造示意图

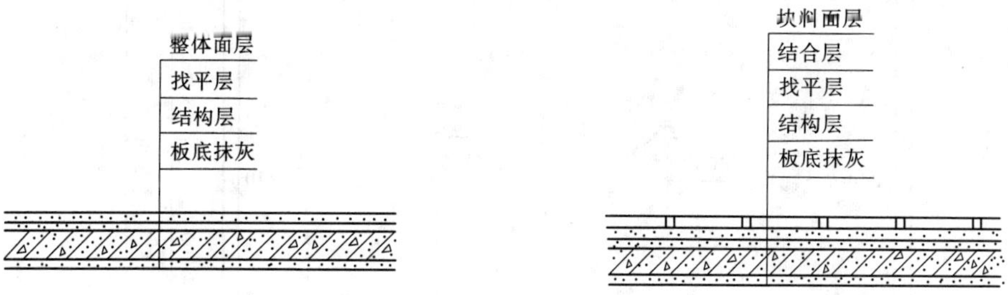

(a)整体面层　　(b)块料面层

图 6-2　楼面构造示意图

二、楼地面工程量的计算规则

（1）楼地面整体面层及找平层按设计图示尺寸以面积计算。扣除凸出地面构筑物、设备基础、室内铁道、地沟等所占面积，不扣除间壁墙和面积在 0.3 m^2 以内的柱、垛、附墙烟囱及孔洞所占面积，门洞、空圈、暖气包槽、壁龛的开口部分已综合考虑在定额内。

（2）块料面层、橡塑面层及其他材料面层按设计图示尺寸以面积计算。门洞、空圈、暖气包槽、壁龛的开口部分并入相应的工程量内。

(3)块料面层中的点缀单独计算,但计算主体铺贴地面面积时,不扣除点缀所占面积。

(4)石材底面刷养护液包括侧面涂刷,工程量按设计图示尺寸以底面面积计算。

(5)踢脚线按设计图示长度乘以高度,以面积计算。楼梯靠墙踢脚线(含锯齿形部分)贴块料按设计图示以面积计算。石材成品踢脚线按设计尺寸以长度计算。

(6)楼梯面层按设计图示尺寸楼梯(包括踏步、休息平台及500 mm以内的楼梯井)以水平投影面积计算。楼梯与地面相连时,算至梯口梁内侧边缘;无梯口梁者,楼梯面层算至最上一层踏步边沿加300 mm。

(7)台阶面层按设计图示尺寸以台阶(包括最上一层踏步边沿加300 mm)水平投影面积计算。

(8)零星装饰设计图示尺寸以面积计算。

【例6-1】 某大厅平面图如图6-3所示,墙内构造柱突出墙内侧160 mm。地面两种做法:①嵌铜条的彩色镜面现浇水磨石地面,做法:C20细石混凝土找平层60 mm厚,素水泥浆结合层一道,20 mm厚1:2.5白水泥彩色石子浆磨光,距墙边300 mm范围内按纵横1 m宽分格嵌15 mm×2 mm铜条,面层酸洗打蜡,计算水磨石地面的工程量;②如果采用樱花红花岗岩地面,四周260 mm范围内是中国黑花岗岩地面(门洞不考虑),踢脚线采用黑色石材成品踢脚线,高度为120 mm,计算其工程量。

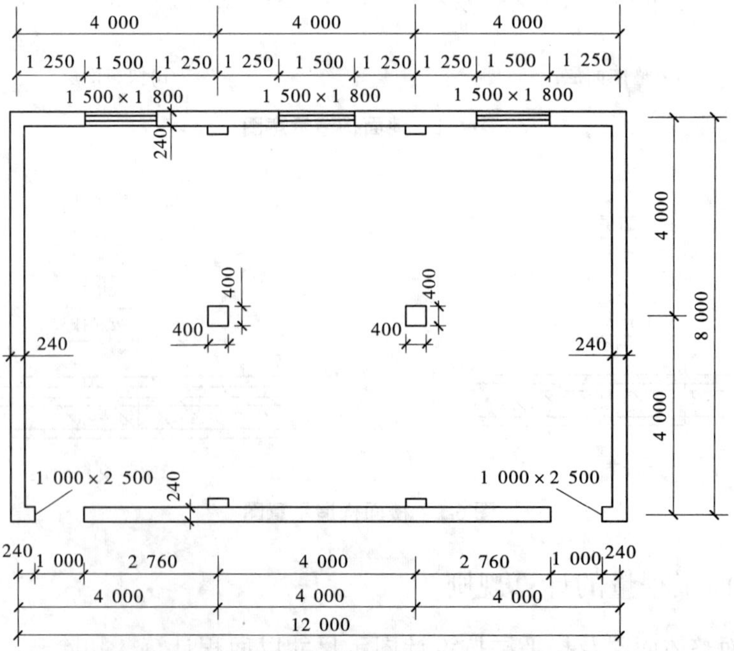

图6-3 某大厅平面图 (单位:mm)

解 (1)C20细石混凝土找平层工程量:$(12-0.24)\times(8-0.24)=91.26(m^2)$

水磨石地面工程量: $(12-0.24)\times(8-0.24)=91.26(m^2)$

(2)樱花红花岗岩地面工程量:$(12-0.24-0.26)\times(8-0.24-0.26)=86.25(m^2)$

中国黑花岗岩地面： $(12-0.24)\times(8-0.24)-86.25=5.01(\text{m}^2)$

黑色石材成品踢脚线：

$(12-0.24+8-0.24)\times2-1.0\times2+0.16\times2\times4+0.4\times4\times4=44.72(\text{m})$

【例 6-2】 计算如图 6-4 所示的花岗岩楼梯装饰面层的工程量。

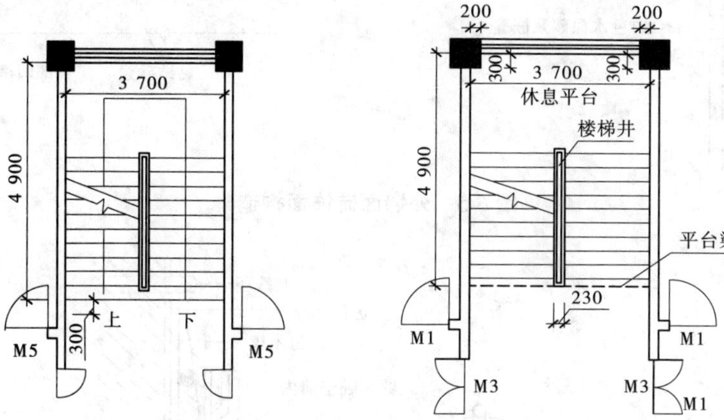

(a)无梯口梁的楼梯　　(b)有梯口梁的楼梯

图 6-4 花岗岩楼梯装饰面层 （单位：mm）

解 无梯口梁的楼梯花岗岩面积 $=3.7\times(4.9+0.3)-0.3\times0.2\times2=19.12(\text{m}^2)$。有梯口梁的楼梯花岗岩面积 $=4.9\times3.7-0.3\times0.2\times2=18.01(\text{m}^2)$。

任务二 墙柱面工程量计算

一、墙柱面工程概述

墙体饰面的构造包括抹灰底层、中间层、面层，但根据位置及功能的要求，还可增加防潮、防腐、保温隔热等中间层。

墙柱面的做法有一般抹灰、装饰抹灰、镶贴块料面层、墙柱面装饰等。其中，镶贴块料面层是指将一些天然的或人造的材料根据材质加工成大小不同的块材后，在现场通过构造连接或镶贴于墙体表面，由此而形成的墙饰面称为贴面类墙体饰面。按工艺形式不同分为直接镶贴饰面、贴挂类饰面。常见做法如图 6-5～图 6-7 所示。

二、墙柱面工程量的计算规则

（一）墙面装饰抹灰

（1）墙面装饰抹灰工程量按设计图示尺寸以面积计算。扣除墙裙、门窗洞口、装饰线垂直投影面积及面积大于 0.3 m^2 的孔洞面积，不扣除踢脚线、挂镜线和墙与构件交接处的面积，门窗洞口和孔洞口的侧壁及顶面不增加面积。附墙柱、梁、垛、烟囱侧壁面积并入相应的墙面面积内计算。

（2）外墙装饰抹灰面积，如外墙外侧有保温隔热层，按保温隔热层外边线的垂直投影

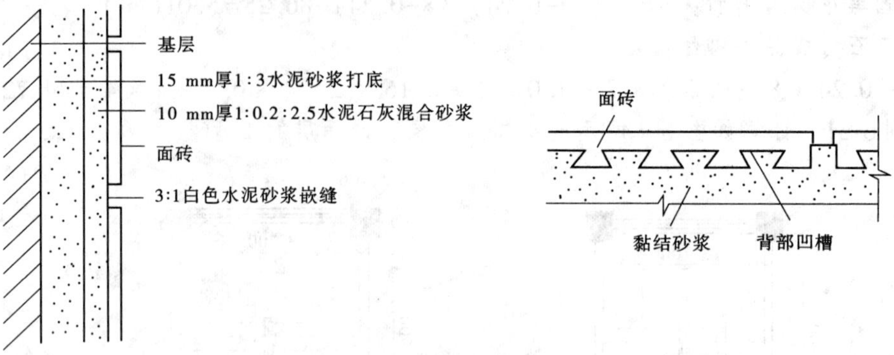

图 6-5　外墙面砖饰面构造

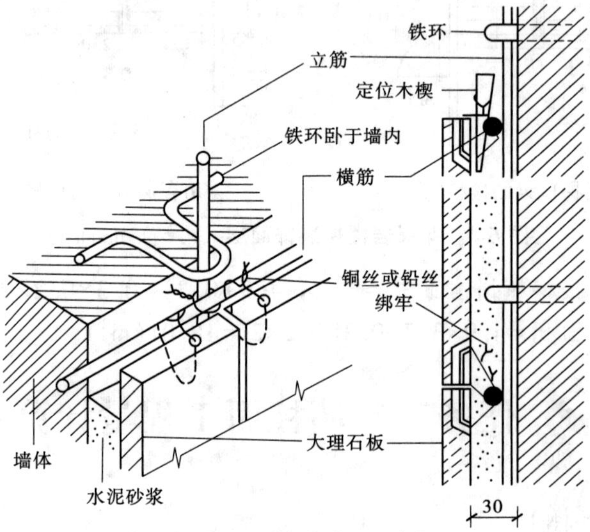

图 6-6　大理石挂贴法　（单位:mm）

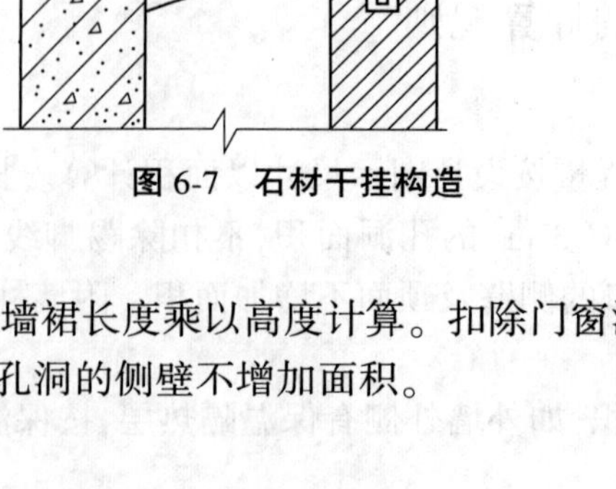

图 6-7　石材干挂构造

面积计算。

(3)外墙裙抹灰面积按墙裙长度乘以高度计算。扣除门窗洞口和面积大于0.3 m^2 孔洞所占的面积,门窗洞口及孔洞的侧壁不增加面积。

(二)墙、柱面镶贴块料

(1)干挂石材钢骨架按设计图示尺寸以质量计算。

(2)大理石、花岗岩柱墩、柱帽按最大外径周长计算。其他项目的柱帽、柱墩工程量按设计图示尺寸以展开面积计算并入相应柱面积内。

(3)墙、柱(梁)饰面工程量按以下规定计算:

①装饰板墙面,按设计图示墙净长乘以净高以面积计算。扣除门窗洞口及单个面积在0.3 m^2 以上的孔洞所占面积。

②装饰板柱(梁),按设计图示外围饰面尺寸以面积计算。柱帽、柱墩并入相应柱饰面工程量内。

(三)幕墙、隔断

(1)带骨架幕墙,按设计图示框外围尺寸以面积计算,不扣除与幕墙同种材质的窗所占面积;全玻璃幕墙按设计图示尺寸以面积计算,带肋全玻璃幕墙是指玻璃墙带玻璃肋,其工程量按展开面积计算,即玻璃肋的工程量合并在玻璃幕墙工程量内。

(2)隔断按设计图示外围尺寸以面积计算,扣除门窗洞口及单个面积大于0.3 m^2 的孔洞所占面积;浴厕门的材质与隔断相同时,门的面积并入隔断面积内。

【例6-3】 某住宅工程如图6-8所示,计算内、外墙及挑檐抹灰工程量。具体做法如下。

内墙:15 mm 厚1:1:6混合砂浆底层,5 mm 厚1:1:4混合砂浆面层,刮仿瓷涂料两遍。

外墙裙:14 mm 厚1:3水泥砂浆底层,6 mm 厚1:2.5水泥砂浆面层。

外墙身:12 mm 厚1:3水泥砂浆底层,10 mm 厚1:1.5水泥白石子浆水刷石。

挑檐:底侧抹20 mm 厚1:2.5水泥砂浆。

解　外墙中心线 $L_{中}=(3\times3+4)\times2=26$(m)

外墙外边线 $L_{外}=L_{中}+4\times0.24=26+4\times0.24=26.96$(m)

内墙净长线 $L_{内}=4-0.12\times2=3.76$(m)

外墙中窗所占面积 $=1.5\times1.8\times5=13.5$($m^2$)

外墙中门所占面积 $=1\times2\times1=2$(m^2)

内墙中门所占面积 $=0.9\times2\times1=1.8$(m^2)

(1)内墙抹灰面积计算:

$[(26-4\times0.24)-0.24\times2+0.25\times4+3.76\times2]\times(3.3+0.1)-13.5-2-1.8\times2=93.37$($m^2$)

(2)内墙面刮仿瓷涂料工程量,与内墙面抹灰工程量相同,即93.37m^2。

(3)外墙裙抹灰工程量:

$$26.96\times1.2-1.0\times(1.2-0.15\times2)-1.5\times0.15-(1.5+0.3\times2)\times0.15=30.91(m^2)$$

(4)外墙身水刷石工程量:

$$26.96\times(3.6-1.2)-13.5-1\times(2-1.2)=50.40(m^2)$$

(5)挑檐底侧抹水泥砂浆工程量:

$$(26.96+8\times0.3)\times0.6=17.62(m^2)$$

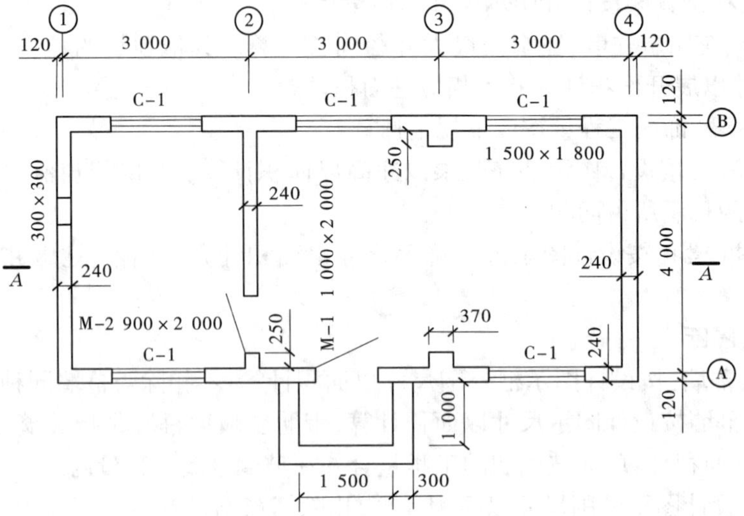

(a)平面图

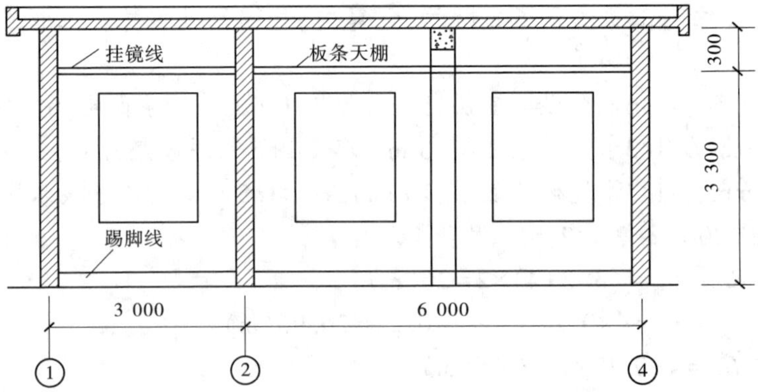

(b)A—A剖面图

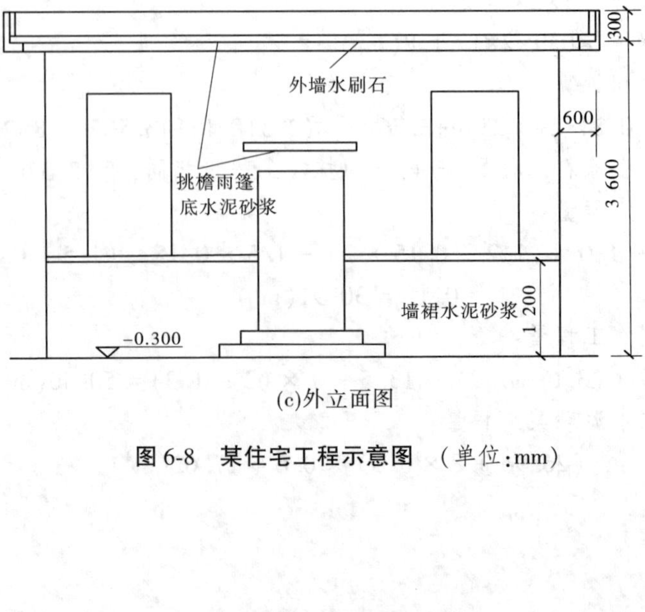

(c)外立面图

图 6-8　某住宅工程示意图　（单位:mm）

任务三　天棚工程量计算

一、天棚工程概述

天棚是指建筑物屋顶和楼层下表面的装饰构件，俗称“天花板”。当悬挂在承重结构下表面时，又称吊顶。顶棚按造型不同分为锯齿形、阶梯形、吊挂形、藻井式顶棚，如图 6-9 所示。天棚在同一标高者为平面天棚，天棚不在同一标高者为跌级天棚，且高差在 200 mm 以上为跌级。

(a)锯齿形

(b)阶梯形

(c)吊挂形

(d)藻井式

图 6-9　天棚按造型分类

二、天棚工程量的计算规则

(一)天棚抹灰

天棚抹灰按设计结构尺寸以展开面积计算。不扣除间壁墙、垛、柱、附墙烟囱、检查口和管道所占面积，带梁天棚的梁两侧抹灰面积并入天棚面积内，板式楼梯底面抹灰面积(包括踏步、休息平台以及 500 mm 以内的楼梯井)按水平投影面积乘以系数 1. 15 计算，锯齿形楼梯底面抹灰面积(包括踏步、休息平台以及 500 mm 以内的楼梯井)按水平投影面积乘以系数 1. 37 计算。

(二)天棚吊顶

(1)天棚龙骨按主墙间水平投影面积计算。不扣除间壁墙、检查口、附墙烟囱、柱、垛和管道所占面积，扣除单个面积在 0. 3 m^2 以上的孔洞、独立柱及与天棚相连的窗帘盒所占的面积。

(2)吊顶天棚的基层和面层,均按设计图示尺寸以展开面积计算。天棚面中的灯带槽及跌级、阶梯形、锯齿形、吊挂形、藻井式天棚面积按展开计算,不扣除间壁墙、检查口、附墙烟囱、柱、垛和管道所占面积,扣除单个面积在 0.3 m^2 以上的孔洞、独立柱及与天棚相连的窗帘盒所占的面积。

(3)其他吊顶均按设计图示尺寸以水平投影面积计算。其他吊顶包括格栅、吊筒、网架(装饰)、织物软塑及藤条造型悬挂吊顶。

(4)保温吸音层按实铺面积计算。

(5)灯带(槽)按设计图示尺寸以框外围面积计算。

(6)灯光孔、风口按设计图示数量以个计量。

【例 6-4】 某钢筋混凝土井字梁楼盖如图 6-10 所示,已知主梁尺寸为 500 mm×300 mm,次梁尺寸为 300 mm×150 mm,板厚 100 mm。请分别计算"井"字梁天棚抹灰的清单工程量。

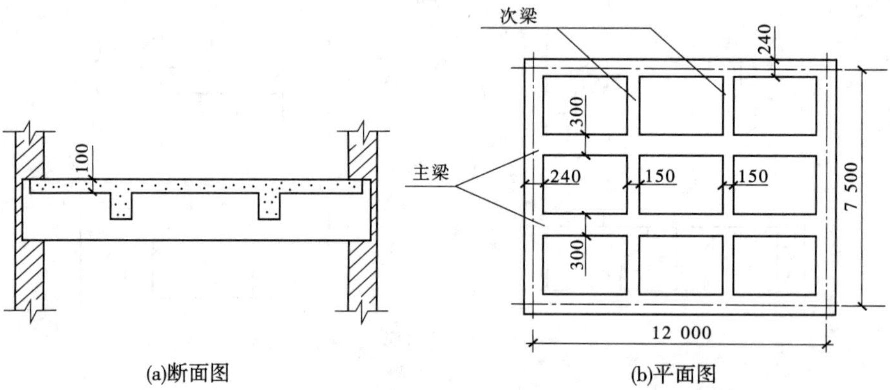

图 6-10 某钢筋混凝土"井"字梁楼盖 (单位:mm)

解 天棚抹灰按设计结构尺寸以展开面积计算,带梁天棚的梁两侧抹灰面积并入天棚面积内。

天棚水平投影面积: $(12-0.24)\times(7.5-0.24)=85.38(m^2)$

主梁两侧面抹灰面积:

$[(12-0.24)\times(0.5-0.1)-(0.3-0.1)\times0.15\times2]\times2\times2=18.58(m^2)$

次梁两侧面抹灰面积: $(7.5-0.24-0.3\times2)\times(0.3-0.1)\times2\times2=5.33(m^2)$

天棚抹灰工程量合计: $85.38+18.58+5.33=109.29(m^2)$

【例 6-5】 某客厅天棚设计为带艺术造型的跌级天棚,尺寸如图 6-11 所示,为不上人 U 形轻钢龙骨石膏板刷乳胶漆 3 遍,面层规格为 600 mm×600 mm,四周粘贴 100 mm×10 mm 石膏装饰条,试计算顶棚龙骨、基层和面层的工程量。

解 由图 6-11 可知,客厅顶棚属于跌级形式。

轻钢龙骨的工程量 $=(12-0.24)\times(8-0.24)=91.26(m^2)$

天棚石膏板工程量:

$(12-0.24)\times(8-0.24)-0.4\times0.4+[(12-0.24-2)+(8-0.24-1.2)]\times2\times0.25$
$=99.26(m^2)$

天棚纸面石膏板刷乳胶漆工程量 $=99.26(m^2)$

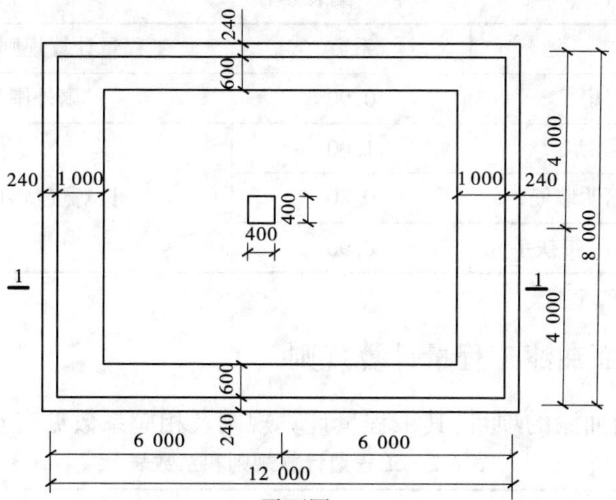

(a)平面图

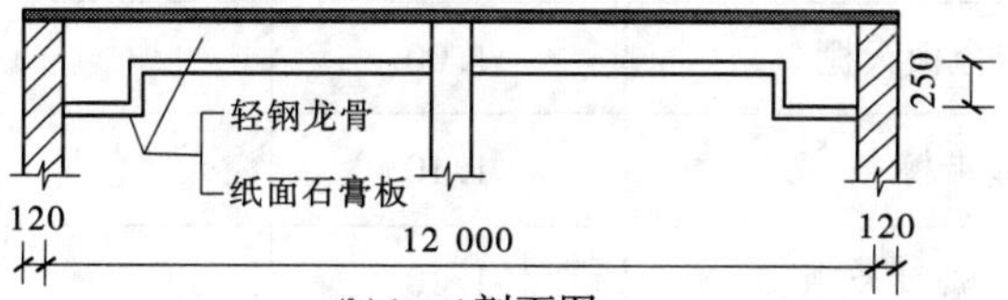

(b)1—1剖面图

图 6-11　某工程吊顶图　(单位:mm)

100 mm×10 mm 石膏装饰条工程量＝(12－0.24＋8－0.24)×2＝39.04(m)

任务四　油漆、涂料、裱糊工程量计算

本任务包括木门油漆、木扶手及其他板条线条油漆、其他木材面油漆、金属面油漆、抹灰面油漆、喷刷涂料、裱糊等 7 部分。

一、木门油漆工程量计算规则

木门油漆工程的工程量计算规则及相应系数见表 6-1。

表 6-1　工程量计算规则和系数表

项目		系数	工程量计算规则(设计图示尺寸)
1	单层木门	1.00	门洞口面积
2	单层半玻门	0.85	
3	单层全玻门	0.75	
4	半截百叶门	1.50	
5	全百叶门	1.70	
6	厂库房大门	1.10	
7	纱门扇	0.80	
8	特种门(包括冷藏门)	1.00	

续表 6-1

项目		系数	工程量计算规则(设计图示尺寸)
9	装饰门扇	0.90	扇外围尺寸面积
10	间壁、隔断	1.00	长×宽(满外量、不展开)
11	玻璃间壁露明墙筋	0.80	
12	木栅栏、木栏杆(带扶手)	0.90	

注:多面涂刷按单面计算工程量。

二、其他木材面油漆工程量计算规则

(1)其他木材面油漆的项目,其工程量计算规则及相应系数见表 6-2。

表 6-2　工程量计算规则和系数表

项目		系数	工程量计算规则(设计图示尺寸)
1	木板、胶合板天棚	1.00	长×宽
2	屋面板带檩条	1.10	斜长×宽
3	清水板条檐口天棚	1.10	长×宽
4	吸音板(墙面或天棚)	0.87	
5	鱼鳞板墙	2.40	
6	木护墙、木墙裙、木踢脚	0.83	
7	窗台板、窗帘盒	0.83	
8	出入口盖板、检查口	0.87	
9	壁橱	0.83	展开面积
10	木屋架	1.77	跨度(长)×中高×1/2
11	以上未包括的其余木材面油漆	0.83	展开面积

(2)木地板油漆按设计图示尺寸以面积计算,空洞、空圈、暖气包槽、壁龛的开口部分并入相应的工程量内。

(3)木龙骨刷防火、防腐涂料按设计图示尺寸以投影面积计算。

(4)基层板刷防火、防腐涂料按实际涂刷面积计算。

(5)油漆面抛光打蜡按相应刷油部位油漆工程量计算规则计算。

三、金属面油漆工程量计算规则

(1)金属面油漆、涂料项目其工程量按重量或设计图示尺寸以展开面积计算。质量在 500 kg 以内的单个金属构件,可参考表 6-3 中相应的系数,将质量(t)折算为面积。

表 6-3　质量折算面积参考系数表

项目		系数
1	钢栅栏门、栏杆、窗栅	64.98
2	钢爬梯	44.84
3	踏步式钢扶梯	39.90
4	轻型屋架	53.20
5	零星铁件	58.00

(2)金属平板屋面、镀锌铁皮面(涂刷磷化、锌黄底漆)油漆的项目,其工程量计算规则及相应的系数见表 6-4。

表 6-4　工程量计算规则和系数表

项目		系数	工程量计算规则(设计图示尺寸)
1	平板屋面	1.00	斜长×宽
2	瓦垄板屋面	1.20	
3	排水、伸缩缝盖板	1.05	展开面积
4	吸气罩	2.20	水平投影面积
5	包镀锌薄钢板门	2.20	门窗洞口面积

注:多面涂刷按单面计算工程量。

项目小结

本项目主要对装饰装修工程量计算规则进行了讲解,包括楼地面、墙柱面、天棚以及油漆、涂料和裱糊各分项工程。主要目的是使学生熟悉装饰各分项工程量计算的要点及注意事项。

课程思政小课堂

未经审核批准,任何单位、个人不得擅自改变原有消防设施位置,不得影响消防设施的使用。当确需改变原有消防设施位置结构时,应做出专项设计,采取切实可行的措施,经批准后实施。

装饰时擅自改变原有消防设施位置或影响其功能。如内部装饰、装修中遮挡消防疏散标志、自动报警装置、自动灭火系统、消火栓、防排烟系统等;随意加装天花板、格栅吊顶等妨碍烟感报警系统、喷淋灭火系统等；在改扩建中改变楼层布局，影响消火栓灭火范围等。这些都属于违反《中华人民共和国建筑法》《中华人民共和国消防法》的行为。同学们应树立正确的法律意识，遵守相关法律法规的规定，做一名遵纪守法的良好公民。

习　题

一、思考题

1. 简述楼地面的常见做法。
2. 楼梯、台阶装饰工程量如何计算？
3. 内外墙一般抹灰的工程量如何计算？
4. 简述墙柱面的常见装饰装修做法。
5. 墙、柱面镶贴饰面的工程量如何计算？
6. 天棚吊顶的常见做法有哪些？
7. 天棚吊顶的工程量如何计算？

二、计算题

1. 某房间平面图如图 6-12 所示，地面为花岗岩块料地面，室内抹水泥砂浆，内墙抹灰高度为 3.6 m。门窗的规格为 M-1 为 1 000 mm×2 000 mm；M-2 为 1 200 mm×2 000 mm；M-3 为 900 mm×2 400 mm；C-1 为 1 500 mm×1 500 mm；C-2 为 1 800 mm×1 500 mm；C-3 为 3 000 mm×1 500 mm。试计算地面及内墙抹水泥砂浆工程量。

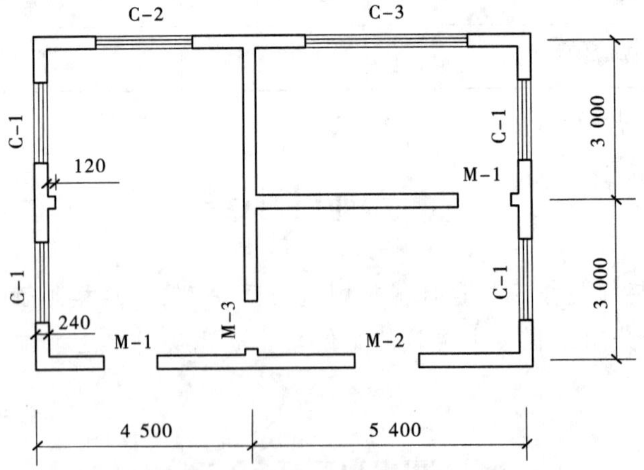

图 6-12　某房间平面图　(单位:mm)

2. 如图 6-13 所示，某工程天棚为不上人型轻钢龙骨，纸面石膏板天棚面层，面层上的龙骨方格为 600 mm×600 mm，计算天棚工程量。

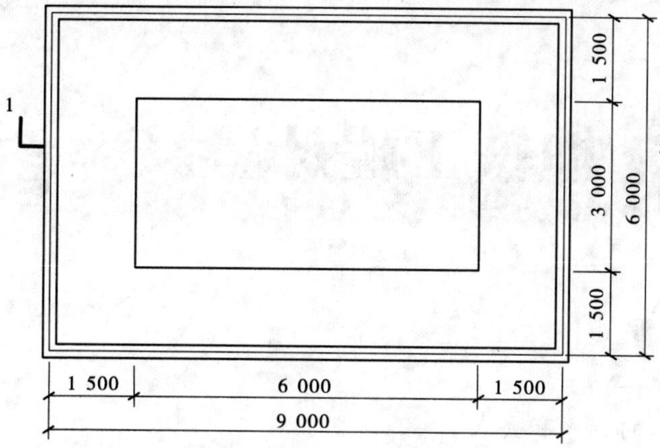

(a)平面图

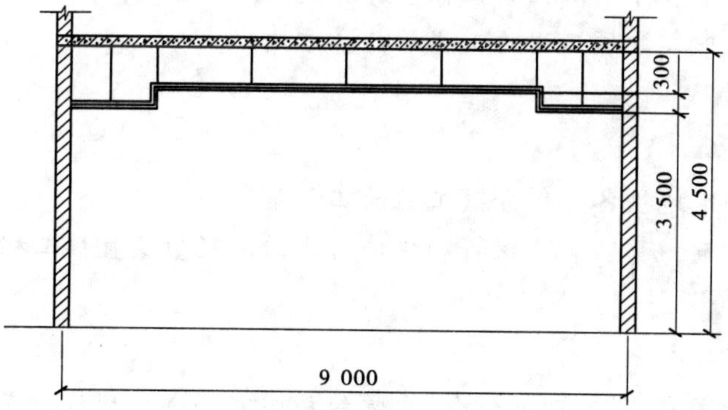

(b)1—1剖面图

图 6-13　某工程天棚示意图　(单位:mm)

项目七 地铁工程计量

知识目标

1. 了解地铁施工的程序和要点。
2. 熟悉地铁定额，掌握相关定额中包括的分部分项工程及其工作内容。
3. 理解地铁项目中各分项工程的工程量计算规则。
4. 掌握地铁项目中各分项工程的工程量计算方法。

能力目标

1. 能根据定额确定地铁各分部分项工程的工程量。
2. 能正确套用定额，确定人工、材料和机械台班的消耗量及直接工程费。

素质目标

1. 培养学生热爱国家、坚定理想信念、自觉维护国家和公众利益的意识。
2. 培养学生具有良好的爱岗敬业、吃苦耐劳的职业道德。
3. 培养学生具备良好的团结合作，与人沟通、协调的能力。
4. 培养学生具备精益求精、认真细致的工匠精神。
5. 培养学生具备持续学习、终身学习的能力。

项目重点

地铁的结构工程中混凝土工程、模板工程、砌体工程、钢筋工程、防水工程、降水工程等工程量的计算。

项目难点

地铁工程和房屋建筑工程中定额的计算规则的不同之处。

案例引入

上海地铁是世界范围内线路总长度最长的城市轨道交通系统，是国际地铁联盟的成员之一。上海地铁的第一条线路1号线于1993年5月28日正式运营，使上海成为中国（不含港澳台地区）第三个开通运营地铁的城市，其中11号线延伸到江苏省昆山市，上海地铁又成为了中国首个跨省运营的城市轨道交通系统。大家现在设想上海拟建造地铁20号线工程,需确定地铁各分部分项工程的工程量。具体思考问题如下:

1. 地铁施工的程序是什么?
2. 定额中地铁工程包括哪些分项,每个分项包括哪些内容?
3. 如何应用定额确定地铁工程量?地铁工程量的计算方法是怎样的?

随着社会和经济的发展,城市建设突飞猛进,城镇人口不断增加,城市规模不断扩大,地铁以其安全、迅捷、容量大、能耗低、污染少等优点受到青睐,是现代化城市中的绿色交通。地铁在我国多个城市交通中发挥着巨大的作用,并且很多城市正在兴建和拟建地铁工程。地铁的施工和造价管理工作正受到越来越多的重视。

为适应城市轨道交通工程建设的需要,合理确定和控制城市轨道交通工程造价,中华人民共和国住房和城乡建设部制定了《城市轨道交通工程预算定额》(简称《预算定额》)。

《预算定额》属于消耗量定额,定额中只有完成规定计量单位分部分项工程所需的人工、材料、施工机械台班的消耗量标准,没有相应的人工、材料、机械台班的单价,因此可以根据《预算定额》确定完成一定计量单位的分部分项工程所需的人工、材料和机械台班的消耗量。如需确定完成某分部分项工程所需的人工费、材料费、机械使用费及直接工程费,则需要参照相应地区的人工、材料、机械台班的单价进行计算。下面给出《预算定额》中几个代表性的分项定额(见表7-1和表7-2),以加深对定额的理解和供后面例题所用。

表7-1　人工挖沟槽

工作内容:挖土、装土或槽边堆放,修整底边、边坡。　　计量单位:m³

定额编号			1-005	1-006	1-007
项目			深度2 m以内		
			一、二类土	三类土	四类土
名称		单位	数量		
人工	综合工日	工日	0.360	0.576	0.858

表7-2　浇筑混凝土连续墙

工作内容:(1)清底置换:地下连续墙接缝清刷,空压机吹气、搅拌、吸泥、清底置换。
(2)浇筑混凝土:浇捣架就位,导管安装、拆除,混凝土浇筑,吸泥浆入池。

定额编号			1-170	1-171
项目			清底置换(段)	浇筑混凝土/m³
名称		单位	数量	
人工	综合工日	工日	13.370	0.612

续表 7-2

名称		单位	数量	
材料	预拌混凝土 C25	m^3	—	1. 200
	护壁泥浆	m^3	2. 500	—
	水	m^3	—	0. 600
	其他材料费	%	4. 000	2. 000
机械	履带式起重机 15 t	台班	1. 330	0. 017
	泥浆泵 ϕ 100	台班	2. 660	0. 025
	电动空气压缩机 1. 0 m^3/min	台班	2. 660	—
	地下连续墙混凝土浇捣架	台班	—	0. 025

任务一　地铁站点的开挖及围护

地铁站点的常用开挖方法有明挖法和暗挖法，其中明挖法的土石方工程，防护、支护和围护工程及地基处理工程主要参考《城市轨道交通工程预算定额　第一册　路基、围护结构及地基处理工程》；暗挖法和盖挖法的土石方、防护、支护和围护工程主要参考《城市轨道交通工程预算定额　第三册　隧道工程》和《城市轨道交通工程预算定额　第四册　地下结构工程》。

一、明挖法

明挖法是地铁施工的首选方法，明挖法是指挖开地面，由上向下开挖土石方至设计标高后，自基底由下向上顺作施工，完成地铁主体结构，最后回填基坑或恢复地面的施工方法。在地面交通和环境允许的地方通常采用明挖法施工。明挖法具有施工作业面多、速度快、工期短、易保证工程质量和工程造价低等优点，但因对城市生活干扰大，应用受到各种因素的限制，尤其是当地面交通和环境不允许时，只能采用盖挖法或新奥法。明挖法适用于浅埋车站，有宽阔的施工场地，可修建的空间比较大，如带有换乘站、地下商场、休息和娱乐场所及停车库等的地下综合体车站，如上海地铁徐家汇站。

明挖法的关键工序是：降低地下水位、边坡支护、土方开挖、结构施工及防水工程等。其中，边坡支护是确保安全施工的关键技术。

（一）土石方工程量计算

《城市轨道交通工程预算定额　第一册　路基、围护结构及地基处理工程》中的"第 1 章　土石方工程"适用于城市轨道交通工程采用明挖法施工的土石方工程。

1. 土石方工程量计算前应确定的资料

(1) 土石方类别。定额按开挖的难易程度，将土方分为Ⅰ、Ⅱ、Ⅲ、Ⅳ类，石方分为松石（Ⅴ类）、次坚石（Ⅵ、Ⅶ、Ⅷ类）、普坚石（Ⅸ、Ⅹ类）、特坚石（Ⅺ～Ⅻ类）。

(2) 干湿土划分。首先以地质勘察资料为准，含水率大于或等于 25%的为湿土；或以地下常水位为准，常水位以上为干土，常水位以下为湿土。挖湿土时，人工和机械乘以系数1.18，干、湿土工程量分别计算。采取降水措施的土方应按干土计算。

(3)土石方工程的施工方法。按施工方法分为人工土方和机械土方两类。

2. 沟槽、基坑及一般土石方的划分

(1)底宽在7 m以内，且底长大于底宽3倍以上的为沟槽。

(2)底长小于底宽3倍以内，底面面积在150 m^2 以内的为基坑。

(3)厚度在300 mm以内的就地挖、填土为平整场地。

(4)超过上述范围的土、石方按挖土方和石方计算。

3. 其他相关要求

(1)场地竖向布置挖填土方时，不再计算平整场地工程量；人工夯实土堤、机械夯实土堤执行《城市轨道交通工程预算定额　第一册　路基、围护结构及地基处理工程》"第1章　土石方工程"中有关人工填土夯实平地、机械填土夯实平地子目。

(2)带支撑基坑开挖定额适用于有横向支撑的深基坑开挖。子目中已包括土壤渗水及天然降水的排除，若需采用井点降水，费用另行计算。

(3)带支撑基坑土石方项目以盖挖顶板下表面划分，顶板下表面以上的土石方执行明挖土石方相应子目，顶板下表面以下的土石方执行带支撑基坑土石方相应子目。

(4)素土的消耗量均用"( )"表示，当确需外购土时按此消耗量计算，否则不计算其费用。

4. 工程量计算规则

(1)土、石方的开挖及运输工程量均按设计图示尺寸天然密实体积(自然方)以 m^3 为单位计算。

(2)修建机械上下坡的便道土方量并入土方工程量内。

(3)带支撑基坑土石方工程量按围护结构内围尺寸乘以设计结构顶板底至底板(或垫层)底的高度，以 m^3 为单位计算。

(4)回填夯实定额中的填土夯实与碾压及回填夯实，均按设计图示回填体积以 m^3 为单位计算；原土夯实与碾压则按设计图示尺寸以 m^2 为单位计算。

(二)防护、支护、围护工程量计算

《城市轨道交通工程预算定额　第一册　路基、围护结构及地基处理工程》中的"第2章　防护、支护、围护工程"适用于城市轨道交通工程路基、地铁明挖的加固防护、支护、围护、拆除工程。盖挖、暗挖工程的相关项目执行《预算定额》第三、四册相应子目。

1. 定额相关说明

(1)该章包括护坡、挡土墙、锚杆、土钉、地下连续墙、水泥劲性搅拌围护桩、钻孔咬合桩、围护结构圈梁、地沟、明沟、拆除工程等。

(2)挡土墙工程不分基础、墙身均按相应材质挡土墙子目执行，挡土墙泄水孔、栏杆执行第二册相应子目，挡土墙如需搭设脚手架执行第四册相应子目。

2. 工程量计算规则

(1)挡土墙(包括基础和墙身)、压顶区分不同材质按设计图示尺寸以 m^3 为单位计算。挡土墙、护坡按垂直高度3.6 m编制，超过3.6 m时应另行计算其垂直运输费。

(2)伸缩缝、止水带区分不同材料按设计图示长度以延长米为单位计算。二毡三油、沥青木板变形缝按设计图示面积以 m^2 为单位计算。

(3)勾缝区分不同砌筑面按设计图示面积以 m^2 为单位计算。

(4)锚杆和锚索的工程量计算包括钻孔、压浆和制作、安装两个工序。其中,钻孔、压浆按设计图示长度以 m 为单位计算;制作、安装按设计图示主材(钢筋、钢绞线)质量以 t 为单位计算,不包括附件重量。

(5)喷射混凝土按设计图示尺寸以 m^2 为单位计算。

(6)地下连续墙成槽土方量及浇筑混凝土工程量按连续墙设计断面面积(设计长度乘以宽度)乘以槽深(设计槽深加超深 0.5 m),以 m^3 为单位计算。

(7)水泥搅拌围护桩按围护桩设计截面面积乘以设计长度,以 m^3 为单位计算。

(8)围护结构圈梁按设计图示结构断面面积乘以设计长度,以 m^3 为单位计算。

(三)地基处理工程的工程量计算

《城市轨道交通工程预算定额　第一册　路基、围护结构及地基处理工程》中的“第 3 章　地基处理工程”适用于城市轨道交通工程地基加固、处理等工程。

1. 定额相关说明

(1)分层浇筑、压密注浆、高压旋喷桩的浆体材料用量可按设计含量调整。

(2)深层水泥搅拌桩不分桩径大小均执行相应子目,设计水泥用量不同可换算,其他不得调整。

2. 工程量计算规则

(1)换填砂、石屑、块石、灰土按设计图示尺寸以 m^3 为单位计算。

(2)砂桩、石灰砂桩区分不同桩长、直径,按设计图示尺寸以 m^3 为单位计算;袋装砂井、水泥粉煤灰碎石桩按设计图示深度以 m 为单位计算。

(3)分层注浆、压密注浆钻孔按设计深度以 m 为单位计算。注浆工程量按以下方式计算:

①设计图纸已注明加固土体体积的,则按注明的加固体积计算。

②设计图纸按布点形式图示土体加固范围的,则按两孔间距的一半作为扩散半径,以布点边线各加扩散半径,形成计算平面计算注浆体积。

③设计图纸上注浆点在钻孔灌注桩之间,按两注浆孔距的一半作为每孔的扩散半径,以此圆柱体体积计算。

(4)高压旋喷水泥桩分为钻孔和喷浆两道工序,钻孔按原地面至设计桩底底面的距离以 m 为单位计算,喷浆按设计加固桩的截面面积乘以设计桩长,以 m^3 为单位计算。

(5)深层水泥搅拌桩区分喷浆、喷粉、空桩按设计加固深度以 m 为单位计算。

(6)塑料排水板按设计图示尺寸以 m 为单位计算,铺土工布、木工格栅按设计图示面积以 m^2 为单位计算。

(四)工程实例

【例 7-1】 某地铁工程的土方开挖,采用人工开挖,土质为三类土。开挖断面如图 7-1 所示,长度为 300 m,求土方开挖工程量并套定额。

解 槽底宽为 6 m,在 7 m 以内,槽长 300 m 大于槽宽的 3 倍,故属于挖沟槽土方。

挖沟槽土方量　　$V=[(6+2\times 2)+6]\times 2/2\times 300=4\ 800(m^3)$

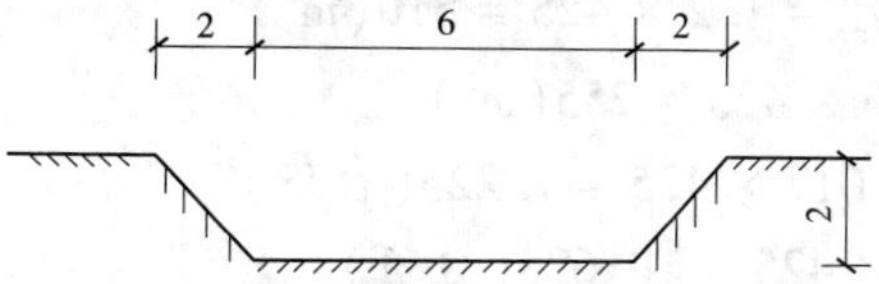

图 7-1　开挖断面　(单位:m)

查表 7-1,得定额编号为 1-006。

得到完成该分项工程所需的人工消耗量=0.576×4 800=2 764.8(工日)。

如按辽宁省普工 53 元/工日的价格可得到完成该分项工程所需的直接工程费=53×2 764.8=146 534.4(元)。

【例 7-2】　某地铁工程的开挖支护采用钢筋混凝土地下连续墙结构,连续墙的厚度为 0.5 m,深度为 12 m,平面图如图 7-2 所示,土壤类别为四类土机械开挖,连续墙混凝土强度等级为 C25,骨料粒径为 15 mm。试计算:①基坑挖土工程量;②地下连续墙的挖土成槽和浇筑混凝土工程量,并套定额求完成浇筑混凝土工程所需的各种材料和机械的消耗量。

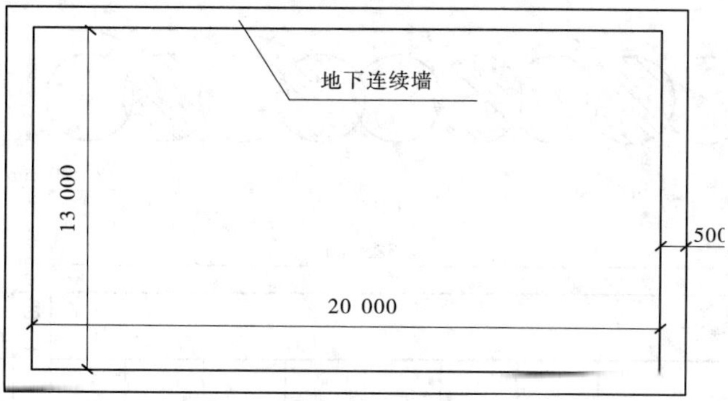

图 7-2　地下连续墙平面示意图　(单位:mm)

解　(1)基坑开挖土方工程量:按围护结构内围尺寸乘以开挖高度。

$$V=20\times 13\times 12=3\ 120(m^3)$$

查《城市轨道交通工程预算定额　第一册　路基、围护结构及地基处理工程》,机械挖土方、四类土,得定额编号为 1-013。

(2)地下连续墙挖土成槽工程量:按连续墙设计断面面积乘以设计槽深加超深 0.5 m。

$$V_1=[(20+0.5\times 2)\times(13+0.5\times 2)-20\times 13]\times(12+0.5)$$
$$=(21\times 14-260)\times 12.5$$
$$=425(m^3)$$

查《城市轨道交通工程预算定额　第一册　路基、围护结构及地基处理工程》,地下连续墙挖土成槽、槽深 15 m 以内,得定额编号为 1-145。

地下连续墙浇筑混凝土工程量同挖土成槽工程量,即 $V_2=V_1=425\ m^3$。

查表 7-2,得定额编号为 1-171。完成该地下连续墙所需各种材料和机械的消耗量计算如下。

混凝土的消耗量：$V_{混凝土} = 1.2 \times 425 = 510(m^3)$。

水的消耗量：$V_{水} = 0.6 \times 425 = 255(m^3)$。

履带式起重机 15 t：0. 017 × 425 = 7. 225(台班)。

泥浆泵 ϕ100：0. 025 × 425 = 10. 625(台班)。

地下连续墙混凝土浇捣架：0. 025 × 425 = 10. 625(台班)。

【例 7-3】 某地铁工程的围护结构采用高压旋喷水泥桩围护，如图 7-3 所示。桩孔直径为 2 m，桩深为 5. 5 m，采用三重管旋喷法注浆，并在桩顶现浇混凝土圈梁，圈梁宽为 2 m，C35 混凝土，骨料粒径为 15 mm。试计算高压旋喷水泥桩工程量和桩顶圈梁混凝土工程量。

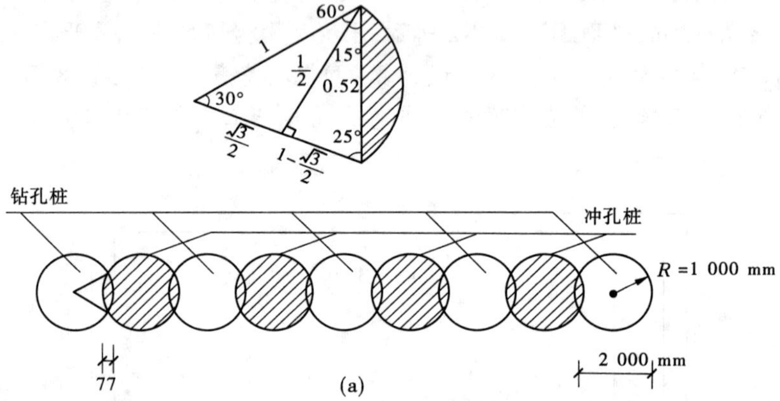

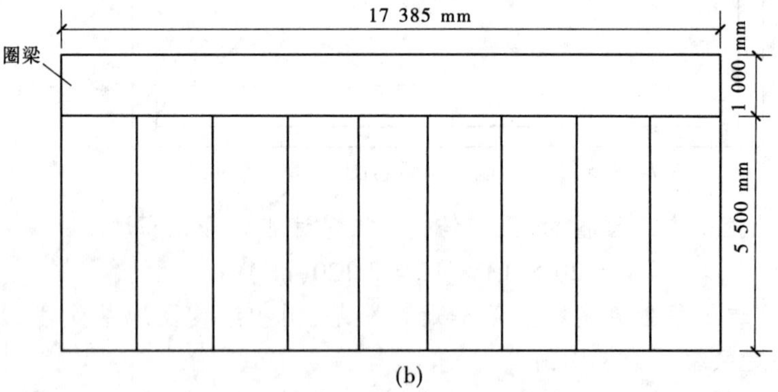

图 7-3　高压旋喷水泥桩

解　(1)高压旋喷水泥桩工程量，包括钻孔和喷浆两部分。

高压旋喷水泥桩钻孔工程量　　$L = (1 + 5.5) \times 9 = 58.5(m)$

高压旋喷水泥桩喷浆工程量 V_1 计算如下：

桩孔交叉处之间的面积　　$S = \frac{30°}{360°}\pi \times 1^2 - \frac{1}{2} \times \frac{1}{2} \times 1 = 0.0117(m^2)$

$V_1 = 5.5 \times (9 \times \pi \times 1^2 - 8 \times 2 \times 0.0117) = 5.5 \times 28.07 = 154.39(m^3)$

(2)桩顶混凝土圈梁工程量　　$V_2 = 1 \times 2 \times 17.385 = 34.77(m^3)$

二、盖挖法和暗挖法

(一)工法简介

1. 盖挖法

盖挖法是先盖后挖,在较繁忙的交通路段上利用结构顶板或临时结构设施维持路面交通,在其下进行车站施工的工法。根据工程的实际情况具体可分为以下两种方法:

(1)盖挖顺作法。该法是在地表作业完成挡土结构后,以定型的预制标准覆盖结构(包括纵梁、横梁和路面板)置于挡土结构上维持交通,往下反复进行开挖和加设横撑,直至设计标高。按顺序由下而上施工主体结构和防水措施,回填土并恢复管线路或埋设新的管线路。最后,视需要拆除挡土结构外露部分并恢复道路。在道路交通不能长期中断的情况下修建车站主体时,可考虑采用此法。

(2)盖挖逆作法。该法是先在地表面向下做基坑的维护结构和中间桩柱,和盖挖顺作法一样,基坑维护结构多采用地下连续墙或帷幕桩,中间支撑多利用主体结构本身的中间立柱以降低工程造价。随后即可开挖表层土体至主体结构顶板的地面标高处,利用未开挖的土体作为土模浇筑顶板。顶板可以作为一道强有力的横撑,以防止维护结构向基坑内变形,待回填土后将道路复原,恢复交通。以后的工作都是在顶板覆盖下进行的,即自上而下逐层开挖并建造主体结构直至底板。如果开挖面积较大、覆土较浅、周围沿线建筑物过于靠近,为尽量防止因开挖基坑而引起邻近建筑物的沉陷,或需及早恢复路面交通,但又缺乏定型覆盖结构时,常采用此法施工。

2. 暗挖法

(1)新奥法。也就是通常所说的矿山法,新奥法是当代隧道施工设计中应用最广泛的方法。其施工思路是在监控量测的基础上,及时更改喷射混凝土的厚度,锚杆、钢支撑和钢丝网的参数以及二次衬砌等支护措施,来保持开挖洞室的稳定,从而保证施工的安全。当地面交通和环境不允许时,世界各国常采用这种施工方法,如日本采用新奥法修建的东叶高速线北习志野站,为三拱两柱单层式结构。新奥法的优点是对地面影响小、造价低,适用于坚硬岩土介质、地下水位低的情况,但是进度慢、劳动强度大、风险大。

新奥法施工对大断面的开挖有侧壁导坑、台阶和交叉中隔壁法(CRD 法)等方法,其施工流程为:放线→钻孔、装药和放炮→通风除尘后出渣→打锚杆、钢拱架支撑和挂钢筋网→喷射混凝土初期支护→模筑混凝土二次衬砌。用到的辅助工法有降水、大小导管、注浆和采取必要的监控量测措施。

(2)浅埋暗挖法。是在修建浅埋地段隧道时,因周围环境等要求必须采用暗挖法施工。该法是参考新奥法的基本原理,开挖中采取多种辅助施工措施加固围岩,充分调动围岩的自承能力,开挖后即时支护、封闭成环,使其与围岩共同作用形成联合支护体系,有效地抑制围岩过大变形的一种综合施工技术。

与明挖法相比,浅埋暗挖法的最大优点是避免了大量拆迁、改建工作,减少了对周围环境的粉尘污染和噪声影响,对城市交通的干扰小。盾构法虽然也具有上述优点,但盾构法不能适应隧道断面的变化,而且当盾构开挖的隧道不是足够长时,盾构法的经济性不明显。选用浅埋暗挖法时应考虑的基本适用条件有:不允许带水作业和要求开挖面具有一定的自立性和稳定性，而且是浅埋地铁车站。浅埋暗挖法的缺点是地下作业风险大、机械化程度低。

浅埋暗挖法对土体的加固和对水的处理方法有冻结法、注浆、深层搅拌和管棚等。对于断面较大的隧道，考虑分部开挖、分部支护和封闭成环的需要，选择中隔壁法（CD 法）、CRD 法和侧壁导坑法（眼镜法）等。浅埋暗挖法常用的初期支护形式有钢筋格栅、钢筋网和喷混凝土。地表位移、拱顶下沉、隧道周边收敛等量测项目常被选为监控量测的必测项目，而土压力、土体位移、支护应力等可作为选测项目。

（3）暗挖与盖挖相结合的施工方法。暗挖与盖挖相结合的施工方法是一种新技术，是我国在使用暗挖法和盖挖法施工的基础上，经过研究总结而提出的具有盖挖法和暗挖法各自优点的一种新的施工方法。其关键是将地铁车站视为由桩、梁和拱组成的地下结构，如北京天安门西站。天安门西站的具体施工流程为：导洞开挖、支护→桩孔、柱孔开挖及护壁→条形基础施工→桩、柱吊装及灌注混凝土→桩、柱顶梁施工→三跨顶拱初期支护施工→花边墙施工→三跨顶拱二次衬砌施工→站厅层施工→站台层施工→站台板施工→建筑装修及设备安装。

（二）定额相关说明

（1）《城市轨道交通工程预算定额　第四册　地下结构工程》中“第 1 章　盖挖、暗挖车站土石方及桩柱工程”适用于城市轨道交通工程中的盖挖、暗挖车站土石方，盖挖车站钻孔灌注桩（中桩）及钢管桩、暗挖车站钻孔灌注桩及钢管桩等。

（2）盖挖、暗挖车站土石方的洞内水平运输及垂直运输已综合在子目中；盖挖、暗挖车站土石方的洞外运输、泥浆处理、运输及明挖车站土石方均执行《预算定额》第一册的相应子目；明挖、暗挖车站围护桩执行《预算定额》第二册的相应子目。

（3）钻机等大型机械进出场费另行计算。

（三）工程量计算规则

1. 盖挖车站土石方

盖挖车站土石方按设计结构外围断面面积乘以设计长度，以 m^3 为单位计算，其设计结构外围断面面积为结构衬墙外侧之间的宽度乘以设计顶板底至底板（或垫层）底的高度。

2. 暗挖车站土石方

暗挖车站土石方按设计初支结构面积乘以设计长度，以 m^3 为单位计算，其初支结构面积除底板外，按设计图示初支外围尺寸外放 100 mm 计算。

3. 钻孔灌注桩

钻孔灌注桩的钻机钻孔分土质和孔径按设计入土深度以 m 为单位计算。

4. 洞内人工挖孔桩

（1）洞内人工挖孔桩分一类、二类、三类、四类土质划分子目，其土方工程量按护壁外缘断面面积乘以设计深度，以 m^3 为单位计算。另设置遇流沙、淤泥增加费和入岩增加费 2 个子目，入岩增加费按护壁外缘断面面积乘以入岩深度，以 m^3 为单位计算。

（2）混凝土护壁按设计桩内外径的截面面积之差乘以设计入土深度，以 m^3 为单位计算。

（3）人工挖孔桩灌注桩芯混凝土按设计桩内径截面面积乘以设计入土深度，以 m^3 为单位计算。

(4)泥浆制作按成孔深度乘以设计孔桩截面面积，以 m^3 为单位计算。

5. 钢管柱

(1)钢管柱制作、安装按设计图示质量以 t 为单位计算。

(2)钢管柱定位器安装以套为单位计算。

(3)钢管柱外填砂和桩顶混凝土凿除按设计图示体积以 m^3 为单位计算。

(4)孔桩抽泥浆按孔桩截面面积乘以设计入土深度与设计桩长之差，以 m^3 为单位计算。

任务二　结构工程

地铁的结构工程主要包括混凝土工程、模板工程、砌体工程、钢筋工程、防水工程、降水工程等，均执行《城市轨道交通工程预算定额　第四册　地下结构工程》中的相关规定。

一、混凝土工程

《城市轨道交通工程预算定额　第四册　地下结构工程》中本部分包括明挖车站混凝土、暗挖及盖挖车站混凝土结构工程等，共 3 节 54 个子目。

(一)定额相关说明

1. 明挖车站垫层

明挖车站垫层按用料的不同分干铺碎石垫层、干铺片石垫层、石屑垫层、级配砂石垫层、混凝土垫层、防水混凝土垫层、砖模等，共 7 个子目。

2. 明挖车站混凝土

明挖车站混凝土柱按位置及截面形状划分为矩形柱、圆形柱、异形柱、站台板下混凝土柱；混凝土梁按防水要求、位置、截面形状划分为防水混凝土基础梁、站台板下梁、矩形梁、异形梁、拱形梁，圈梁、过梁、反梁、压顶梁；混凝土板按位置划分为底板、弧形板、拱板、中层板、顶板；混凝土墙按截面形状划分为直形墙、弧形墙、异形墙、直形内衬墙、弧形内衬墙、异形内衬墙；混凝土楼梯按形状划分为普通楼梯、异形楼梯；台阶按用料不同划分为混凝土台阶、砖砌台阶；混凝土(其他)工程分为风井、设备井、消防水池，回填混凝土，混凝土结构风管、电缆槽，电缆沟、水沟，小型构件等子目。其中，砖砌台阶按水平投影面积以 m^2 为单位计算，小型构件是指单件体积不大于 0.05 m^3 的混凝土项目。

3. 盖挖、暗挖车站混凝土

盖挖、暗挖车站混凝土包括边墙、中隔墙、矩形柱、圆形柱、底板、中层板、平顶顶板、拱顶板、盖挖顶板、底梁、中顶梁、边顶梁、现浇站台板、支撑墙、垫层、底板填充混凝土、洞顶填充混凝土等，共 17 个子目。

(二)工程量计算规则

现浇混凝土工程量除另有规定者外，均按设计图示体积以 m^3 为单位计算，不扣除构件内钢筋、预埋铁件及墙、板中面积不大于 0.3 m^2 的孔洞所占体积。

1. 现浇混凝土柱的工程量计算规则

(1)柱按设计图示断面面积乘以高度，以 m^3 为单位计算。

(2)柱高自柱基上表面(或楼板上表面)至上一层板或梁的下表面之间的高度计算。

(3)构造柱高按设计高度计算,嵌接墙体部分并入柱身体积。

(4)依附柱上的牛腿和柱帽,并入柱身体积以 m^3 为单位计算。

2. 现浇混凝土梁的工程量计算规则

(1)梁按设计图示体积以 m^3 为单位计算。

(2)梁与柱连接时,梁长算至柱的内侧面;伸入墙内部分的梁头并入梁的体积计算。

(3)主梁与次梁连接时,次梁长度算至主梁的内侧面。

(4)梁高自梁底算至板底,反梁自板顶算至梁顶。

3. 现浇混凝土板的工程量计算规则

(1)板按设计图示体积以 m^3 为单位计算。

(2)靠墙的梗斜混凝土体积并入墙的混凝土体积计算,不靠墙的梗斜混凝土体积并入相邻顶板或底板混凝土体积计算。

4. 现浇混凝土墙的工程量计算规则

(1)混凝土墙按设计图示体积以 m^3 为单位计算。

(2)墙的体积按墙的设计中心线长度乘以墙高与厚度计算,其体积应扣除面积大于 0.3 m^2 孔洞所占的体积。

(3)墙垛(附墙柱)、暗柱、暗梁及墙突出部分并入墙体积计算。

(4)墙的体积中,板与墙的叠加部位按墙计算;柱(或梁)与墙叠加的部位,分别按柱(或梁)计算。

5. 现浇混凝土楼梯的工程量计算规则

整体楼梯的工程量应包括休息平台、平台梁、斜梁,以及楼梯与楼板连接的梁、踏步板及踏步,按设计图示尺寸以 m^3 为单位计算。

(三)工程实例

【例 7-4】 某盖挖地铁车站工程为整体无梁板式结构,顶板、底板和边墙均采用 C30 防水混凝土,中隔墙采用 C40 混凝土,其断面如图 7-4 所示,四周边墙的断面相同,该车站总长为 80 m。试求钢筋混凝土构件的工程量并套定额。

解 (1)顶板混凝土工程量。由定额可知,板按设计图示体积以 m^3 为单位计算,墙与板的叠加部位按墙计算,靠墙的梗斜混凝土并入墙混凝土中,故该顶板混凝土的工程量 $V_1 = 0.4 \times 6 \times (80 - 0.4 \times 2) \times 2 = 380.16(m^3)$。

查《城市轨道交通工程预算定额　第四册　地下结构工程》,盖挖车站混凝土顶板,得定额编号为 4-167。

(2)底板混凝土工程量。由图 7-4 可知,底板混凝土工程量同顶板混凝土工程量,即 $V_2 = V_1 = 380.16(m^3)$。

查《城市轨道交通工程预算定额　第四册　地下结构工程》,盖挖车站混凝土底板,得定额编号为 4-165。

(3)边墙混凝土工程量:

$$\begin{aligned} V_{3-1} &= 0.4 \times 9 \times [(80 - 0.4) \times 2 + (6 \times 2 + 0.25 + 0.4) \times 2] \\ &= 0.4 \times 9 \times (159.2 + 25.3) \\ &= 664.2(m^3) \end{aligned}$$

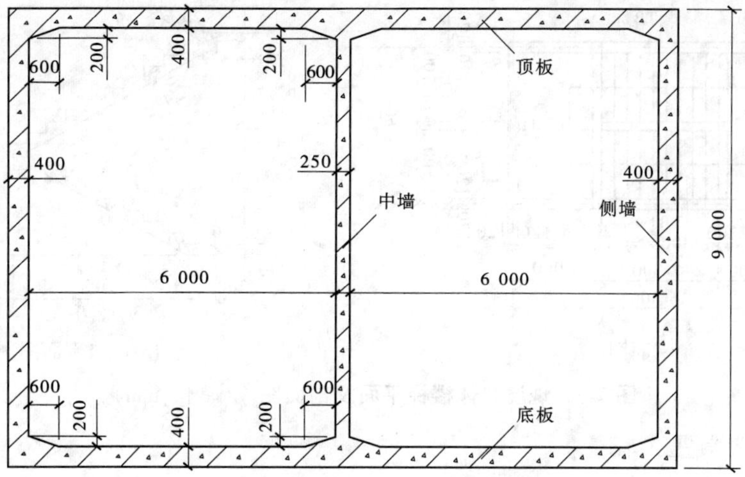

图 7-4　车站横断面　(单位:mm)

靠两侧边墙梗斜的混凝土工程量为

$$V_{3-2} = \frac{1}{2} \times 0.6 \times 0.2 \times (80 - 0.4 \times 2) \times 4 = 19.01(\text{m}^3)$$

$$V_3 = V_{3-1} + V_{3-2} = 664.2 + 19.01 = 683.21(\text{m}^3)$$

查《城市轨道交通工程预算定额　第四册　地下结构工程》,盖挖车站边墙混凝土,得定额编号为 4-161。

(4) 中隔墙混凝土工程量:

$$V_{4-1} = 0.25 \times 9 \times (80 - 0.4 \times 2) = 0.25 \times 9 \times 79.2 = 178.2(\text{m}^3)$$

$$V_{4-2} = V_{3-2} = 19.01(\text{m}^3)$$

$$V_4 = V_{4-1} + V_{4-2} = 178.2 + 19.01 = 197.21(\text{m}^3)$$

查《城市轨道交通工程预算定额　第四册　地下结构工程》,盖挖车站中隔墙混凝土,得定额编号为 4-162。

【例 7-5】　某地铁车站中现浇整体楼梯平面图和剖面图如图 7-5 所示,休息平台板的厚度为 100 mm,平台梁伸入墙内 120 mm,求现浇钢筋混凝土整体楼梯的工程量(已知为二层楼梯)。

解　楼梯工程量应包括休息平台、平台梁、楼梯斜板及踏步,按设计图示尺寸以 m^3 为单位计算。

(1) 休息平台混凝土工程量:

$$V_1 = (2 - 0.2 - 0.12) \times (3.6 - 0.12 \times 2) \times 0.1 \times 2 = 1.13(\text{m}^3)$$

(2) 平台梁混凝土工程量:

$$V_2 = 0.2 \times 0.4 \times 3.6 \times 2 \times 2 = 1.15(\text{m}^3)$$

(3) 楼梯斜板混凝土工程量:

$$\text{楼梯斜板长 } l = \sqrt{2.7^2 + (0.17 \times 9)^2} = 3.1(\text{m})$$

$$V_3 = 0.12 \times 3.1 \times 1.7 \times 2 \times 2 = 2.53(\text{m}^3)$$

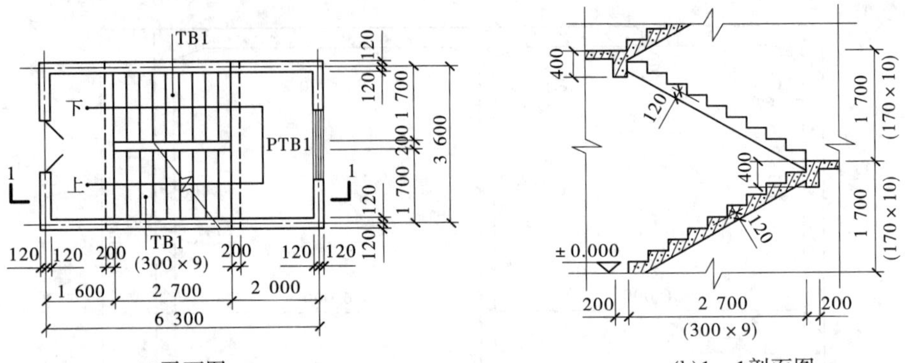

(a)平面图

(b)1—1剖面图

图 7-5　现浇整体楼梯平面及剖面图　(单位:mm)

(4)踏步混凝土工程量:

$$V_4 = \frac{1}{2} \times 0.3 \times 0.17 \times 1.7 \times 9 \times 2 \times 2 = 1.56(\mathrm{m}^3)$$

整体楼梯的混凝土工程量 $V = 1.13 + 1.15 + 2.53 + 1.56 = 6.37(\mathrm{m}^3)$。

查《城市轨道交通工程预算定额　第四册　地下结构工程》,明挖车站混凝土普通楼梯,得定额编号为4-152。

【例 7-6】　某明挖地铁车站工程,为梁板式结构,顶板、底板、侧墙和壁柱采用 C30 防水(S10)混凝土,顶纵梁采用 C30 混凝土,中柱采用 C50 混凝土。平面图及断面图如图 7-6、图 7-7 所示。求钢筋混凝土构件的混凝土工程量并套定额。

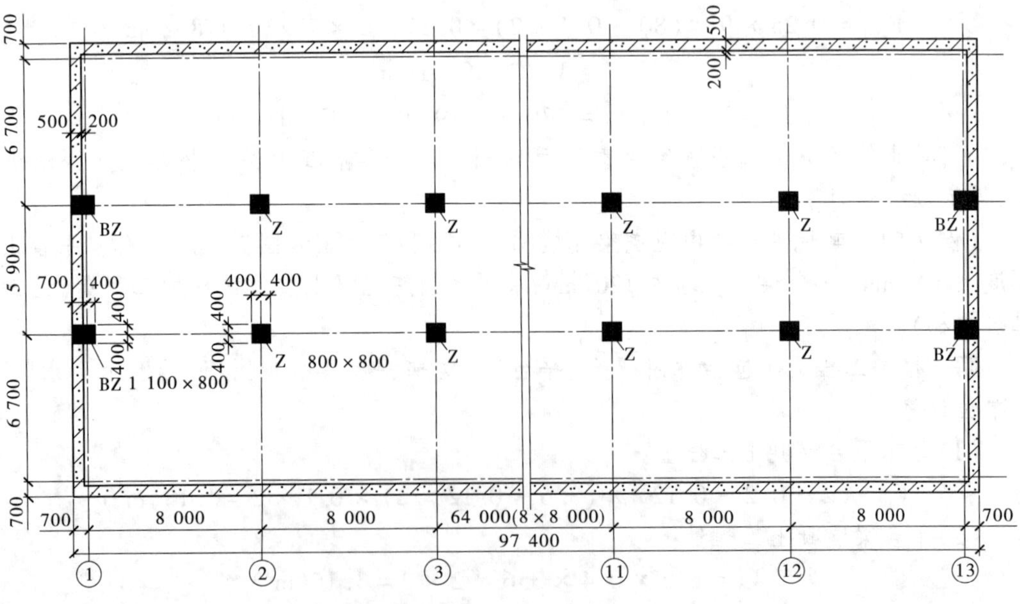

图 7-6　车站平面图　(单位:mm)

解　(1)顶板混凝土工程量:

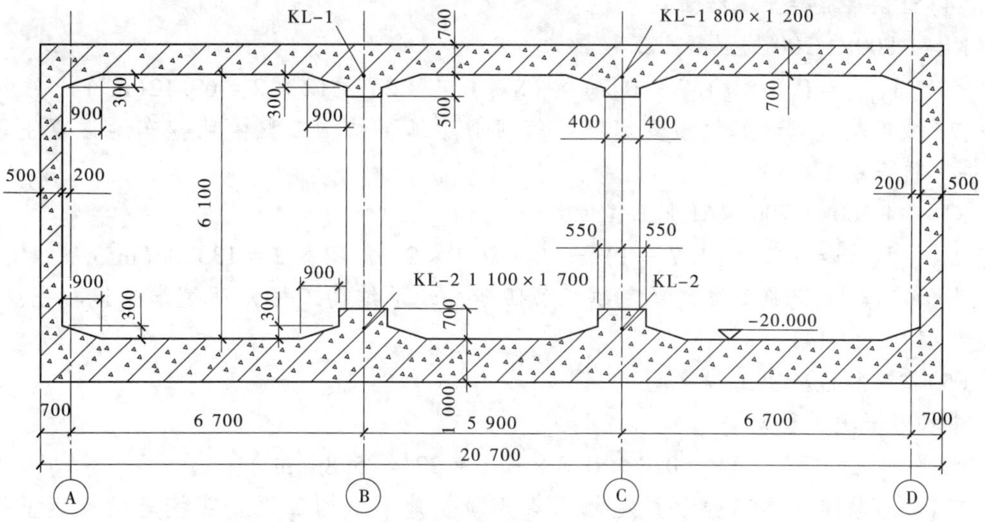

图 7-7　车站横断面图　(单位:mm)

$$V_{1-1} = 0.7 \times (20.7 - 0.5 \times 2) \times (97.4 - 0.5 \times 2) = 1\ 329.36(\mathrm{m}^3)$$

$$V_{1-2} = \frac{1}{2} \times 0.9 \times 0.3 \times (97.4 - 0.5 \times 2) \times 4 = 52.06(\mathrm{m}^3)$$

$$V_1 = 1\ 329.36 + 52.06 = 1\ 381.42(\mathrm{m}^3)$$

查《城市轨道交通工程预算定额　第四册　地下结构工程》,明挖车站混凝土顶板,得定额编号为4-151。

(2)底板混凝土工程量:

$$V_{2-1} = 1 \times (20.7 - 0.5 \times 2) \times (97.4 - 0.5 \times 2) = 1\ 899.08(\mathrm{m}^3)$$

$$V_{2-2} = \frac{1}{2} \times 0.9 \times 0.3 \times (97.4 - 0.5 \times 2) \times 4 = 52.06(\mathrm{m}^3)$$

$$V_2 = 1\ 899.08 + 52.06 = 1\ 951.14(\mathrm{m}^3)$$

查《城市轨道交通工程预算定额　第四册　地下结构工程》,明挖车站混凝土底板,得定额编号为4-148。

(3)侧墙混凝土工程量:

$$V_{3-1} = 0.5 \times (6.1 + 1 + 0.7) \times [(20.7 - 0.5) \times 2 + (97.4 - 0.5) \times 2] = 913.38(\mathrm{m}^3)$$

$$V_{3-2} = \frac{1}{2} \times 0.9 \times 0.3 \times (97.4 - 0.5 \times 2) \times 4 = 52.06(\mathrm{m}^3)$$

侧墙中突出部分壁柱的体积为

$$V_{3-3} = (1.1 - 0.5) \times 0.8 \times 6.1 \times 4 = 11.71(\mathrm{m}^3)$$

$$V_3 = V_{3-1} + V_{3-2} + V_{3-3} = 913.38 + 52.06 + 11.71 = 977.15(\mathrm{m}^3)$$

查《城市轨道交通工程预算定额　第四册　地下结构工程》,明挖车站直形墙混凝土,得定额编号为4-142。

(4)框架梁混凝土工程量:

KL-1 800×1 200 的混凝土工程量为

$$V_{KL-1}=0.8\times(1.2-0.7)\times(8-0.4\times2)\times12\times2=69.12(m^3)$$

查《城市轨道交通工程预算定额　第四册　地下结构工程》,明挖车站混凝土矩形梁,得定额编号为 4-139。

KL-2 1 100×1 700 混凝土工程量为

$$V_{KL-2}=1.1\times(1.7-1)\times(8-0.4\times2)\times12\times2=133.06(m^3)$$

查《城市轨道交通工程预算定额　第四册　地下结构工程》,明挖车站混凝土反梁,得定额编号为 4-141。

(5)框架柱混凝土工程量:

中柱混凝土工程量

$$V_Z=0.8\times0.8\times6.1\times22=85.89(m^3)$$

查《城市轨道交通工程预算定额　第四册　地下结构工程》,明挖车站混凝土矩形柱,得定额编号为 4-131。

二、模板工程

《城市轨道交通工程预算定额　第四册　地下结构工程》中本部分包括明挖、盖挖及暗挖车站的模板工程等,共 3 节 66 个子目。

(一)定额相关说明

1. 明挖车站模板

明挖车站模板按木模板木支撑、组合钢模板木支撑、木模板钢支撑三种模板支撑形式分不同结构部位设置子目;另设置梁、柱支模高度超过 6 m 每增 1 m 子目,混凝土墙、板厚度大于或小于 600 mm 增(减)子目,模板工程垂直运输子目。其中,混凝土墙、板厚度大于或小于 600 mm 增(减)按墙厚及板厚每增加或减少 100 mm 划分为 4 个子目,模板工程垂直运输按龙门式起重机、塔式起重机划分为 2 个子目。

2. 盖挖、暗挖车站模板

盖挖、暗挖车站模板是以钢模板为主、木模板为辅综合编制的,分不同结构部位设置子目,使用时不可调整。另设置混凝土墙、板厚度大于或小于 600 mm 增(减)项,子目划分同明挖车站模板;混凝土墙、板模板是按厚度 600 mm 综合测算的,实际厚度变化时,执行此项。盖挖及暗挖车站模板子目中已经综合考虑地面运输,洞内水平运输、垂直运输和模板的地面装卸费等。

3. 盖挖、暗挖车站模板超高增加费

盖挖、暗挖车站模板支模高度均按 6 m 综合测算,实际高度超过 6 m 时,设置了支模高度超过 6 m 每增 1 m 子目,按墙、柱、板、梁划分为 4 个子目。

(二)工程量计算规则

(1)模板工程量按模板接触混凝土的面积以 m^2 为单位计算。梗斜的模板靠墙的并入墙的模板计算,靠梁的并入梁的模板计算。

(2)盖挖顶板按地模面积以 m^2 为单位计算。

(3)计算模板工程量时,现浇混凝土墙、板上单孔面积在0.3 m^2 以内的孔洞面积不予扣除,孔洞侧壁的模板面积也不另行增加;单孔面积在0.3 m^2 以上的孔洞面积应予扣除,孔洞侧壁模板面积并入墙、板工程量内计算。

(三)工程实例

【例7-7】 某地铁车站的已知条件见例7-6,混凝土构件采用组合钢模板钢支撑,试求KL-1、Z的模板工程量并套定额。

解 (1)框架梁模板工程量。由定额可知梁模板工程量按模板接触混凝土的面积计算,梗斜的模板靠梁的并入梁的模板计算。

KL-1模板工程量:

$$S_1 = [0.8 + (0.5 - 0.3) \times 2] \times (8 - 0.4 \times 4) \times 12 \times 2 = 184.32(m^2)$$

梗斜的斜边长: $l = \sqrt{0.9^2 + 0.3^2} = 0.949(m)$

梗斜部分的模板工程量:

$$S_2 = 0.949 \times 2 \times (97.4 - 0.5 \times 2) \times 2 = 365.93(m^2)$$

$$S = S_1 + S_2 = 184.32 + 365.93 = 550.25(m^2)$$

查《城市轨道交通工程预算定额　第四册　地下结构工程》,明挖车站矩形梁模板,得定额编号为4-195,由于该框架梁的支撑高度为6.1-0.5=5.6(m)<6 m,故模板不必套超高定额。

(2)框架柱模板工程量。

中柱模板工程量 $S_z = [0.8 \times 2 \times (6.1 - 0.5 - 0.7) + 0.8 \times 2 \times (6.1 - 0.3 \times 2)] \times 22 = 366.08(m^2)$

查《城市轨道交通工程预算定额　第四册　地下结构工程》,明挖车站矩形柱模板,得定额编号为4-189。由于该框架柱的最高支撑高度为6.1-0.3=5.8(m)<6 m,故模板定额不必套超高部分。

三、砌筑工程

《城市轨道交通工程预算定额　第四册　地下结构工程》中本部分包括明挖、盖挖和暗挖车站砌筑工程等,共1节23个子目。

(一)定额相关说明

定额中的砖按标准砖的规格编制,砌块则按常用规格编制。当设计规格不同时,允许换算。

本部分内容只适用于地下结构工程中的相关砌体。地面以上的有关砌(墙)体可套用各地区相应的建筑工程定额。

砌筑工程子目设置按常用的灰砂砖、陶粒砖、轻质混凝土空心砌块、GRC板等材料按标准砖的规格以及各种砌体的形状设置子目,包括直形灰砂砖墙,弧形灰砂砖墙,直形陶粒砖墙,弧形陶粒砖墙,直形轻质混凝土空心砌块墙,弧形轻质混凝土空心砌块墙,明挖铸铁盖板制作、安装,片石挡墙,GRC板墙,站台板砖墙,砌砖地沟,零星砌体等子目。

(二)工程量计算规则

(1)砌筑墙体均按不同厚度划分子目,按设计图示砌体的面积以 m^2 为单位计算,不扣除单个面积不大于 0.3 m^2 的孔洞所占面积。

(2)片石挡墙、砌块地沟及零星砌体按设计图示砌体的体积以 m^3 为单位计算。

(3)明挖铸铁盖板制作、安装分 320 mm、宽 490 mm 宽按设计图示以延长米为单位计算。

四、钢筋及金属构件制作、安装工程

《城市轨道交通工程预算定额　第四册　地下结构工程》中本部分包括明挖、盖挖及暗挖车站的钢筋及金属构件制作安装工程等,共 4 节 17 个子目。其中,钢筋混凝土构件中钢筋工程量的计算规则与土建工程中的计算规则相同,可参照本书项目五中的有关内容。

(一)定额相关说明

(1)现浇混凝土构件的钢筋定额按手工绑扎、成型点焊和接头焊接综合编制,当实际施工与定额规定不同时,不得换算。当设计对钢筋接驳有特殊要求时,可套用其他相关子目。

(2)固定钢筋位置的支撑筋、马凳筋以及构件的锚固筋与吊钩钢筋等并入钢筋工程量内一并计算。

(3)金属构件制作安装子目均未包括焊缝无损探伤,也未包括探伤时的固定支架制作和被检工件的退磁等。发生时另行计算。

(4)金属构件制作适用于现场加工制作和企业附属加工厂制作的构件,其分段制作和整体预装配的人工、材料、机械台班用量及整体预装配用的螺栓及锚固杆件用的螺栓均综合在定额子目中,不得另行计算。

(5)金属构件制作均包括现场(工厂内)的材料运输、号料、加工、组装及成品堆放、装车出厂等全部工序。

(6)金属构件制作中,均已包括刷一遍防锈漆的工作内容。

(二)工程量计算规则

(1)钢筋工程按设计图示质量以 t 为单位计算。

(2)金属结构制作、安装按设计图示质量以 t 为单位计算。不扣除孔眼面积不大于 0.04 m^2 的质量,其质量不包括安装时所用的铆钉、螺栓等的质量。

(3)金属结构制作时的不规则或多边形钢板以其外接矩形面积乘以厚度乘以单位理论质量计算。

五、防水工程

《城市轨道交通工程预算定额　第四册　地下结构工程》中本部分包括明挖、盖挖及暗挖车站防水工程等,共 2 节 43 个子目。

(一)定额相关说明

因轨道交通工程对防水要求较高,柔性防水在考虑定额子目设置时重点考虑高分子材料,材料的消耗量包括了所有的搭接、阴阳角加强层。

1.明挖车站防水工程

明挖车站防水工程的防水层包括 SBS 改性沥青防水卷材、EVA 聚氯乙烯卷材、PVC 防水板、聚苯乙烯泡沫保护层、土工布、非焦油聚氨酯防水涂料、水泥砂浆保护层、防水水泥砂浆保护层、细石混凝土保护层等子目。柔性防水按设计图示主体结构的外表面积以 m^2 为单位计算，刚性防水按设计图示尺寸面积以 m^2 为单位计算。

明挖车站防水工程变形缝按照不同材料分为紫铜板、钢板、不锈钢、橡胶止水带 4 个子目。施工缝考虑了钢板腻子止水带，如为其他材料，可进行代换，材料消耗量不变。接水槽考虑了不锈钢板，如为其他材料，可进行代换，材料消耗量不变。堵漏处理按照施工不同部位和形状分点堵漏、裂缝堵漏、变形缝堵漏、墙面堵漏 4 个子目。

2. 盖挖、暗挖车站防水工程

盖挖、暗挖车站防水工程防水层主要包括 SBS 改性沥青防水卷材、ECB 防水板、EVA 防水板、膨润土防水毯、PVC 防水板、聚苯乙烯泡沫保护层、土工布、水泥砂浆找平层、细石混凝土保护层、聚氨酯防水涂料等子目。变形缝及施工缝重点考虑了中埋式钢边橡胶止水带、背贴式止水带、遇水膨胀止水条和注浆止水带，如为其他材料，可进行代换，材料消耗量不变。

（二）工程量计算规则

（1）柔性防水、刚性防水分不同材料，柔性防水按设计图示主体结构的外表面积以 m^2 为单位计算，刚性防水按设计图示尺寸面积以 m^2 为单位计算。

（2）接水槽（盒）、施工缝、变形缝分不同材料，按设计图示尺寸以 m 为单位计算。

六、其他工程

定额中本部分包括明挖、盖挖及暗挖车站的钢支撑、预埋件、钢筋接头、植筋，拆除、脚手架工程等，共 5 节 74 个子目。

（一）定额相关说明

1. 预埋件、钢筋接头、植筋

预埋件设置铁件和钢管两个子目，按设计图示质量以 t 为单位计算；钢筋接头分锥螺纹套筒接头、直螺纹套筒接头、冷挤压接头三种类型，并按设计图示质量以个为单位计算；钢筋植筋设置孔深 15*d* 及孔深每增减 10 mm 项目，并按设计图示数量以根为单位计算。

2. 车站混凝土凿孔

车站混凝土凿孔设置人工凿孔（洞）砖结构、人工凿孔（洞）钢筋混凝土结构、机械钻孔（洞）混凝土、机械钻孔（洞）砖墙 4 个项目。人工凿孔（洞）按洞口截面划分子目，并按凿孔（洞）的体积以 m^3 为单位计算；机械钻孔（洞）按孔径划分子目，并按钻孔数量以个为单位计算。使用时注意按不同结构类型、孔洞的大小套用定额。

钻孔深度按 200 mm 编制，当深度超过 200 mm 时，按实际长度除以 200 mm 作为调整系数。

3. 钢支撑制作

钢支撑制作设置制作、运输 2 个项目，按钢管、型钢两种支撑形式划分子目，按设计图示质量以 t 为单位计算。钢支撑制作的材料消耗量按一次性投入编制，具体摊销次数由各省市造价管理部门按实际使用情况规定。

4. 明挖车站其他辅助工程

明挖车站其他辅助工程设置了钢支撑安装及拆除、脚手架项目。钢支撑安装及拆除按钢支撑设计图示质量以 t 为单位计算。

脚手架设置单排脚手架,双排脚手架,风井、电梯井脚手架 3 个项目;单排脚手架、双排脚手架计算时按墙面垂直投影水平边线长度乘以墙面高度,以 m^2 为单位计算;风井、电梯井脚手架以座为单位计算。

5. 盖挖、暗挖车站其他辅助工程

盖挖、暗挖车站其他辅助工程设置了钢支撑安装及拆除、洞内拆除混凝土、洞内临时工程、洞内脚手架项目。钢支撑安装及拆除子目设置及计算方法同明挖车站;洞内拆除分为拆除素混凝土、拆除钢筋混凝土 2 个子目,计算时按拆除混凝土的体积以 m^3 为单位计算。

洞内临时工程设置洞内通风、洞内动力、洞内水管、洞内照明、洞内轨道运输项目,洞内通风、照明、动力、水管及轨道运输等按单层设计结构断面面积划分以延长米为单位计算。定额是按单层设计结构断面面积在 35 m^2 以内编制的。

洞内脚手架设置单排脚手架、双排脚手架 2 个项目,计算规则同明挖车站相应子目。

(二)工程量计算规则

(1)钢支撑按设计图示质量以 t 为单位计算。

(2)拆除混凝土按拆除混凝土的体积以 m^3 为单位计算。

(3)洞内通风、照明、动力及轨道运输等按单层设计结构断面面积划分以延长米为单位计算。当单层设计结构断面面积在 60 m^2 以内时,工程量乘以 2;当单层设计结构断面面积在 90 m^2 以内时,工程量乘以 3;当单层设计结构断面面积在 120 m^2 以内时,工程量乘以 4;当单层设计结构断面面积大于 120 m^2 时,工程量乘以 5;当车站结构为多层时,按单层的工程量乘以层数计算。

(4)预埋铁件、螺栓、钢管按设计图示质量以 t 为单位计算。

(5)钢筋接头中锥螺纹套管钢筋接头、直螺纹套管钢筋接头、冷挤压接头均按设计图示数量以个为单位计算,法兰盘接头按设计图示数量以 t 为单位计算。

(6)钢筋植筋分直径按设计图示数量以根为单位计算。

(7)墙脚手架按墙面垂直投影水平边线长度乘以墙面高度以 m^2 为单位计算。

(三)工程实例

【例 7-8】 某明挖地铁车站的已知条件见例 7-6,当内墙面抹灰时需搭设脚手架,如采用单排钢管脚手架。试求脚手架的工程量并套定额。

解 墙脚手架工程量:

$$S = [(97.4 - 0.5 \times 2) + (20.7 - 0.5 \times 2)] \times 2 \times 6.1 = 1\,416.42(m^2)$$

查《城市轨道交通工程预算定额 第四册 地下结构工程》,明挖车站单排脚手架工程,高度 10 m 以内,得定额编号为 4-381。

七、降水工程

《城市轨道交通工程预算定额 第四册 地下结构工程》中本部分包括轻型井点降水、喷射井点降水、大口径井点降水、管井降水等,共 4 节 55 个子目。

(一)定额相关说明

轻型井点降水、喷射井点降水、大口径井点降水适用于地下水位较高的粉砂土、砂质粉土、黏质粉土或淤泥质夹薄层砂性土的地层。一般情况下,降水深度在 6 m 以内时采用轻型井点,在 6 m 以上 30 m 以内时采用相应的喷射井点,特殊情况下可选用大口径井点降水,深井采用管井降水。

井点降水应保证连续供电,在电源无保证的情况下,使用备用电源的费用另计;井点使用时间按施工组织设计确定;井点成孔定额中未包括泥浆制作及运输的费用,发生时执行其他册相应子目;设计井深与定额井深不同时应按内差法计算。

降水工程的井径按常用井径编制,设计井径不同时另行补充。降水工程中沟槽及沟槽内排水管线、管道铺设及障碍物处理,占地、路面拆除及路面绿化恢复等费用发生时另行计算。

(1)轻型井点降水、喷射井点降水、大口径井点降水。轻型井点降水、喷射井点降水、大口径井点降水分安装、拆除和使用三项内容,分别套用定额。喷射井点降水按井管的不同深度分别设置安装、拆除子目;大口径井点降水井管的安装、拆除设置了 15 m 深、25 m 深两个项目。

(2)管井降水。管井降水设置了抽水井、引渗井、辐射井竖井、辐射井水平井安装,抽水及降水井拆除项目。抽水井安装分 φ 600 孔径水泥管井、φ 400 孔径钢管井按井深 20 m、25 m、30 m、40 m、45 m 划分子目。引渗井安装按 φ 400 孔径分井深 20 m、25 m、30 m、40 m、45 m 划分子目。

辐射井竖井安装有钻孔机成孔、沉井法成孔、人工挖井成孔三种成孔方法,其中钻孔机成孔和沉井法成孔的钢护筒应另行计算,人工挖井成孔执行《城市轨道交通工程预算定额　第二册　桥涵工程》,土方外运执行《城市轨道交通工程预算定额　第一册　路基、围护结构及地基处理工程》。辐射井竖井钻机法成孔按 φ 2 600 混凝土管分井深 20 m、25 m、30 m、35 m 划分子目,定额中不含井口井字梁费用,井字梁混凝土及钢筋执行《城市轨道交通工程预算定额　第四册　地下结构工程》明挖车站混凝土及钢筋相应子目。沉井法成孔按 φ 3 000 混凝土管分井深 20 m、25 m、30 m、35 m 划分子目。辐射井水平井安装分细颗粒地层、砂砾地层 2 个子目,按设计图示长度以 m 为单位计算。

(二)工程量计算规则

(1)井点的安装、拆除均按设计图示数量以根为单位计算。

(2)轻型井点、喷射井点、大口径井点的使用定额以套 · d 为单位计算。其中,轻型井点 50 根为一套,喷射井点 30 根为一套,大口径井点 10 根为一套,当累计根数不足一套时以一套计算,一天按 24 h 计算。

(3)管井、辐射井、竖井的抽水以根 · d 为单位计算,按设计图示抽水管井的数量进行计算,其井点使用时间按施工组织设计确定。

(三)工程实例

【例 7-9】　某地铁工程轻型井点降水布置如图 7-8 所示,井点降水天数为 60 d,试计算该降水工程相关工程量并套定额。

解　轻型井点降水分安装、拆除和使用三项内容,分别计算工程量并套用定额。

井点安装工程量 = 9+14+9+14 = 46(根),井点拆除工程量 = 9+14+9+14 = 46(根) <50 根,故井点使用工程量为 1 套 · d。

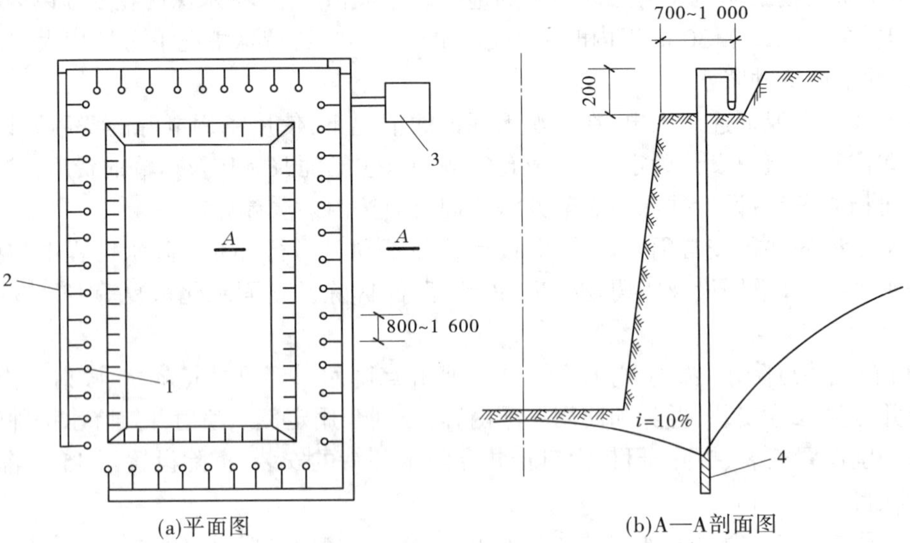

1—井点管;2—总管;3—水泵房;4—滤管。

图 7-8　轻型井点布置　(单位:mm)

查《城市轨道交通工程预算定额　第四册　地下结构工程》,轻型井点降水,其中井点安装套定额编号 4-409,井点拆除套定额编号 4-410,井点使用套定额编号 4-411。

任务三　监测量控工程

《预算定额》中本部分包括监测点布设、地质雷达探测、监控测试等,共 3 节 70 个子目。

一、定额相关说明

监测是指对地铁工程周边范围地表、建筑物、构筑物、地下水及地铁构筑物本身的沉降、位移、压力、应力的测试和信息反馈。监测量控工程适用于建设单位确认需要监测的工程项目;同时监测单位应及时向建设单位提供可靠的测试数据,并将数据整理成册,为设计及建设单位提供监测依据;定额中包含编制测试数据报告的费用。

(一)测点布设

测点布设包括水准基准点,地表沉降测点,建筑物变形测点,土体分层沉降测点,孔隙水压力测孔,地下管线沉降、位移测点,混凝土构筑物钢筋应力、混凝土应变测点,钢结构应力、应变测点,界面土压力测点,桩体水平位移测点,隧道沉降及收敛监测点,既有线变形测点布设等,共 12 个项目。

水准基准点的布设按基准点的材质划分为双金属、深埋钢管、混凝土基准点 3 个子目;地表沉降测点布设分钢管水准点、混凝土水准点,按混凝土路面、沥青混凝土路面、其他地面三种布设位置设置子目;建筑物变形测点布设按沉降观测、倾斜观测、裂缝观测三种变形观测内容设置子目;土体分层沉降测点布设按不同测孔深度划分为 10 m 以内、20 m 以内、30 m 以内 3 个子目;孔隙水压力测孔布设分孔隙水压力、水位观察孔,均按不同测孔深度以 10 m 以内、20 m 以内、30 m 以内划分子目；地下管线沉降、位移测点布设分连续监测点和间断监测点 2 个子目；混凝土构筑物钢筋应力、混凝土应变及钢结构应力、应变测点布设均分为地上和地下测点 2 个子目；界面土压力测点布设按测点的埋设方式分直埋式和钻孔式 2 个子目；桩体水平位移测点布设按测点的不同深度划分为 10 m 以内、20 m 以内、30 m 以内 3 个子目；隧道沉降及收敛监测点布设划分为隧道纵向沉降点(人工监测)、隧道纵向沉降点(自动监测)、隧道直径变形(收敛点)3 个子目；既有线变形监测为自动监测，设置了结构沉降以及走行轨纵向变形测点、既有线结构缝变形测点、走行轨水平变形测点、走行轨水平距离变形测点 4 个子目。

(二)雷达监测

雷达监测设置了地下空洞、拱顶、侧墙土体密实度扫描、钢筋拱架间距、位置间隔、结构层厚度扫描等共 6 个项目。地下空洞、拱顶、侧墙土体密实度扫描均按探测深度 1.5 m 以内、3 m 以内、3~8 m 以内划分子目。雷达监测根据测量的线路以测线/km 计算。

(三)监控测试

监控测试是对布设的测点进行测试，采集数据，对数据进行统计和处理。

二、工程量计算规则

(1)监测点布置分地表和地下两部分，其中地表测孔深度与定额不同时可按内插法计算。

(2)监测点的布设按设计图纸数量以点或孔为单位计算。

(3)地质雷达探测根据测量的线路以测线/km 为单位计算。

(4)监控测试中人工监测根据测点以点次为单位计算，连续监测根据监测项目以组日为单位计算，测试时间应根据施工组织设计或施工方案确定。

任务四　盾构工程

盾构掘进机(简称“盾构”)是地面下暗挖施工隧道的专用工程机械，具有一个可以移动的钢结构外壳(盾壳)，内装有开挖、排土、拼装和推进等机械装置，可以进行开挖、支护、衬砌等多种作业一体化施工，广泛应用于地铁、铁路、公路、市政、水电隧道工程建设。目前，在欧美等工业发达国家使用盾构机进行施工的城市隧道占 90%以上。盾构机主要掘进技术有泥水加压平衡式掘进、土压平衡式盾构掘进和复合式盾构机掘进三种。

泥水加压平衡式盾构适用范围较大，多用于含水率高的软弱土质中，是一种低沉降、较安全的施工机械，对稳定的地层优点尤为明显，其工作效率要高于土压平衡式盾构机，但随着土沙百分比的增加，会出现泥水分离难度增大的问题。

土压平衡式盾构是在泥水加压平衡式盾构基础上开发的一种新型盾构。它主要由盾壳、开挖机构、推进机构、排土机构、拼装机构及附属装置组成。土压平衡式盾构通过对土压的管理，保持土压或土渣量的相对平衡与稳定来进行工作。土压平衡式盾构广泛适用于对冲积黏土、洪积黏土、砂质土、砂、砂砾、卵石等地质的施工，不需分离装置，占地面积少，施工时的覆土层可相对较浅。

复合式盾构机适用于含水的软、硬岩及混合式地层的隧道掘进,掘进施工具有土压平衡、开敞、半开敞(气压平衡)三种模式。盾构机的刀盘结构具有刀具的可换性和可更换性,能适应的地层更广泛,能满足在不同的地层内掘进速度的要求。盾构机配备了同步注浆系统,可以很好地控制地表沉降;同时还配备了泡沫及膨润土注入系统,可以很好地保持渣土的力学传递性能及其流动性,使土压平衡模式得以实现。

盾构机的主要施工工序包括安装、掘进及到达,如图 7-9 所示。

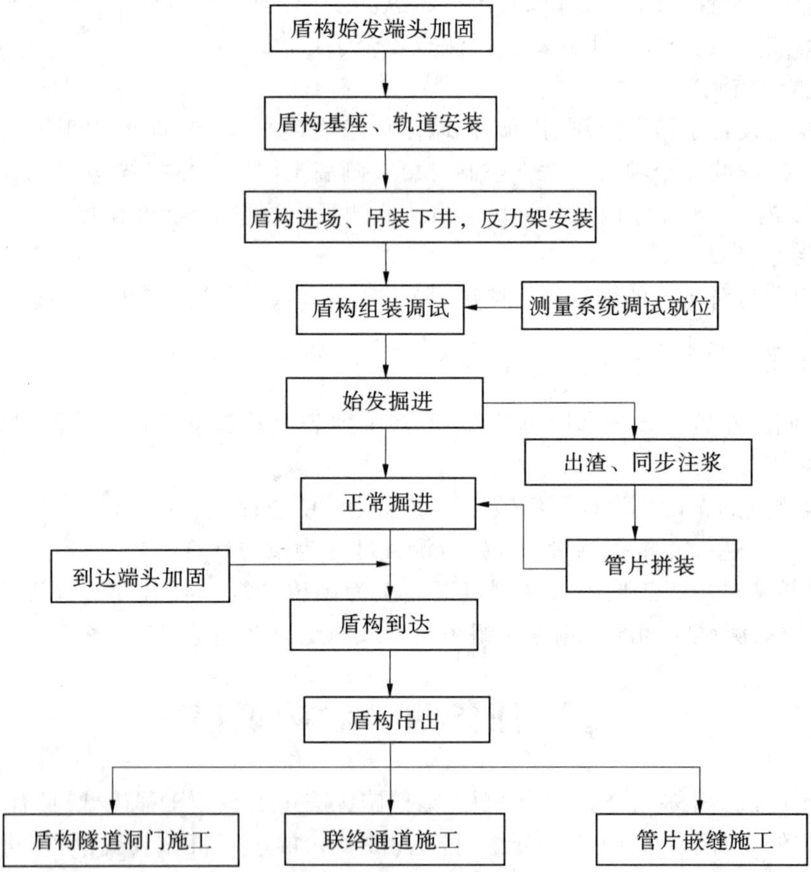

图 7-9　盾构机的施工工序

一、盾构机安装、拆除及掘进

《预算定额》中本部分包括盾构机安装、拆除,车架安装、拆除,土压平衡、泥水平衡、复合式平衡三种盾构掘进等,共 6 节 24 个子目。

(一)定额相关说明

(1)盾构及车架场外运输费用另行计算。

(2)盾构机在穿越密集建筑群、古文物建筑及堤防江河、重要管线的基础、桩群,且对地表沉降有特殊要求者,其措施费用另行计算。

(3)盾构机通过复杂地层时,推进耗电量及盾构机台班消耗量可调整。

(4)采用土压平衡掘进,其土方以吊出井口装车止,采用泥水加压平衡式盾构机掘进,其排放的泥浆水以送至沉淀井止,水力出土所需的地面部分取水,排水的土建及土方外运输费用另行计算。

(5)采用水泥平衡盾构,地面泥水分离费用另行计算。

(6)管片连接螺栓数量根据设计不同,可调整。

(7)各类盾构掘进台班中,均未包含盾构机有关需摊销因素,该费用应另计,可在措施项目中计列。

(二)工程量计算规则

(1)负环段掘进按拼装临时管片起至刀盘进入加固体,以 m 为单位计算。

(2)始发段掘进按盾尾离开工作井内壁起至设计图示盾构始发掘进长度,以 m 为单位计算。

(3)正常段掘进按始发段掘进结束至到达段掘进开始的长度,以 m 为单位计算。

(4)达到段掘进按设计图示的盾构到达掘进长度,以 m 为单位计算。

(5)盾构机吊装、吊拆及过站以台·次为单位计算。

(6)车架安装、拆除以节为单位计算。

二、管片

《预算定额》中本部分包括盾构管片的制作、试拼装、场内运输,钢管片、管片设置密封条、嵌缝等,共 4 节 8 个子目。

(一)定额相关说明

(1)定额综合考虑了管片的宽度和成环块数等因素,除定额另有规定的外,均不得另行调整。

(2)预制混凝土管片采用高精度钢模和高强度等级混凝土,定额中包括钢模摊销费,管片的预制场地费及场外运输费另行计算。

(二)工程量计算规则

(1)预制混凝土管片按 1%损耗计算,管片试拼装按每 100 环管片拼装 3 环计算。

(2)管片成环水平拼装以环为单位计算。

(3)管片设置密封条以环为单位计算。

(4)管片嵌缝以环为单位计算。

(5)钢管片以 t 为单位计算。

三、盾构其他工程

《预算定额》中本部分包括衬砌壁后压浆、柔性接缝环、负环管片拆除、手孔封堵、隧道内管线路拆除、盾构基座、盾构过站等,共 7 节 17 个子目。

(一)定额相关说明

(1)定额仅含衬砌壁后压浆子目,二次压浆执行《预算定额》第四册中其他章的压浆子目。

(2)盾构基座按一次摊销考虑,摊销次数不同时可调整。

(二)工程量计算规则

(1)衬砌压浆量根据盾尾间隙所压的浆液量,由施工组织设计确定,以 m^3 为单位计算。

(2)柔性接缝环适用于盾构工作井洞门与隧道接缝处理,长度按管片中心圆周长计算。

(3)负环管片拆除按长度以 m 为单位计算。

(4)隧道内管线路拆除以 m 为单位计算。

(5)盾构基座制作按设计图纸以 t 为单位计算。

(6)手孔封堵按设计图纸以个为单位计算。

(7)盾构过站按设计要求以台・次为单位计算。

四、工程实例

【例 7-10】 某隧道工程在 K21+100~K21+600 施工段采用盾构法施工,如图 7-10 所示,盾构外径为 5 m,断面形状为圆形,普通盾构。求盾构吊装、吊拆及掘进工程量。

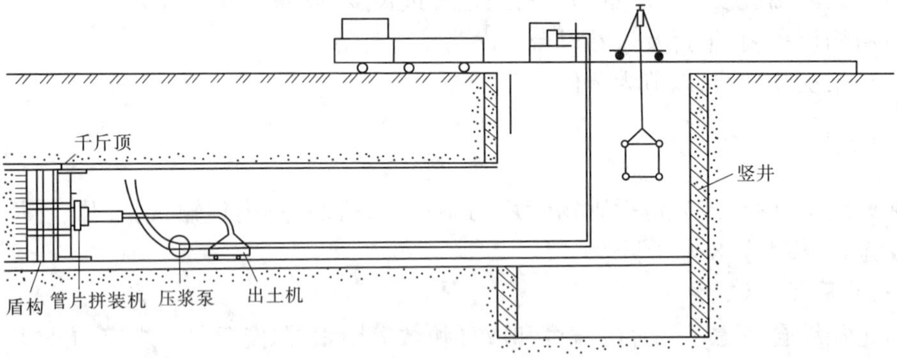

图 7-10 盾构法施工

解 盾构吊装和吊拆工程量均为 1 台・次。掘进工程量 $L=600-100=500$(m)。

【例 7-11】 某地铁盾构区段为 300 m,施工采用预制钢筋混凝土管片,如图 7-11 所示,C40 混凝土,骨料最大粒径为 15 mm,管片外直径为 16 m,内直径为 13 m,外弧长为 12 m,内弧长为 10 m,宽为 6 m。求预制钢筋混凝土管片工程量。

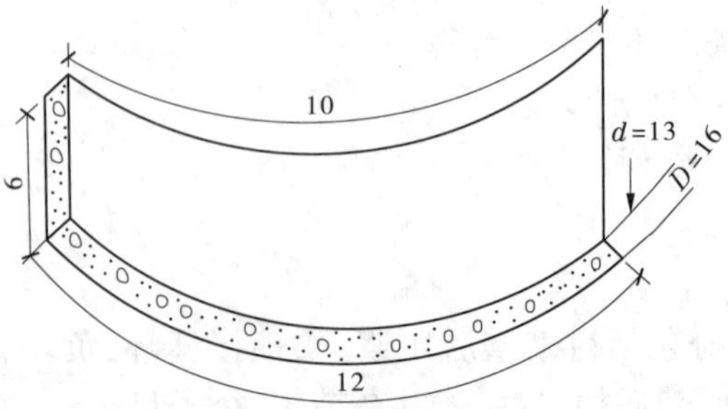

图 7-11 预制钢筋混凝土管片 (单位:m)

解 (1)预制钢筋混凝土管片制作工程量。根据《城市轨道交通工程预算定额 第三册 隧道工程》中第 7 章管片工程量计算规则规定,预制混凝土管片工程量按实体积加 1%损耗计算。

一个管片的体积：

$$V_1 = \frac{1}{2} \times (12 \times \frac{16}{2} - 10 \times \frac{13}{2}) \times 6 \times (1 + 1\%) = 93.93(m^3)$$

该段盾构预制钢筋混凝土管片制作工程量：

$$V = 93.93 \times 300/6 = 4\ 696.5(m^3)$$

(2)管片试拼装工程量。

管片试拼装以每100环管片拼装3环计算，即300/6/100×3＝1.5(环)。

【例7-12】　某地铁盾构区段为600 m，施工采用钢管片，尺寸如图7-12所示，采用高精度钢制作，求其工程量。

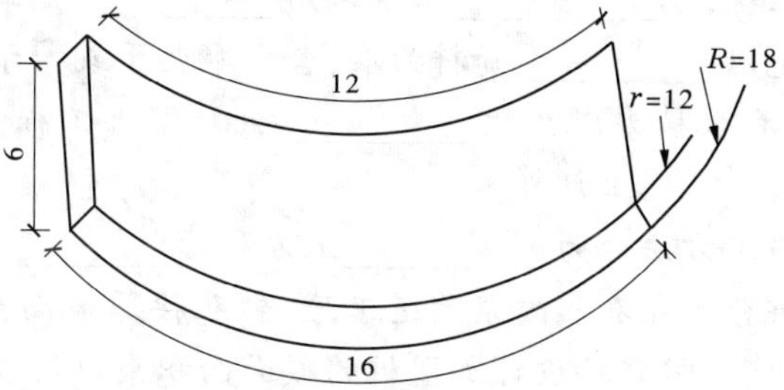

图7-12　钢管片　(单位：m)

解　钢管片制作工程量。钢的密度$\rho = 7.78 \times 10^3\ kg/m^3$。

$$m = \rho V = 7.78 \times 10^3 \times 6 \times \frac{1}{2} \times (16 \times 18 - 12 \times 12) = 3\ 360.96(t)$$

项目小结

本项目内容主要包括地铁站点工程的开挖与维护、结构工程、监控量测和盾构工程四个部分的工程量计算规则和方法。其中，重点内容是地铁结构工程中的混凝土工程、模板工程、砌体工程、钢筋工程、防水工程、降水工程等工程量的计算。

课程思政小课堂

上海地铁4号线于2003年7月开始施工，在施工过程中由于旁通道与下行线隧道腰线以下交会部冻土薄弱，冻结效果不足以抵御相应部位的水土压力。下行线小型制冷机出现故障。停止供冷7.5 h后，无法形成抵抗水土压力的人工冻土帷幕结构体。通过下行线隧道内安装的水文观测孔发现一直有压力水漏出，水阀处测出的水压接近外部第七层承压水水压。在这样的情况下，冻土前掘进面部分封板被拆除，施工人员用风镐掘出直径0.2 m的用于安装混凝土输送管孔洞，正是这个孔洞出水，水沙从掘进面的右下角和侧墙不断涌出，施工监理单位又未能及时发现处理，造成大量的水和流沙涌入隧道，引起隧道部分结构损坏，导致周边地区地面沉降，造成3栋建筑物严重倾斜，黄浦江防汛墙局部塌陷并引发管涌。

这是一起造成重大经济损失的工程责任事故，直接经济损失1.5亿元左右。同学们在今后的工作中一定要具有自觉维护国家和公众利益的意识，具备精益求精、认真细致的工匠精神以及持续学习、终身学习的能力，防止工程事故的发生，以免造成生命财产损失和人员伤亡。

习　题

一、填空题

1.《城市轨道交通工程预算定额　第一册　路基、围护结构及地基处理工程》中的“第1章 土石方工程”适用于＿＿＿＿＿工程采用＿＿＿＿＿施工的土石方工程。

2. 干湿土划分首先以＿＿＿＿＿资料为准，含水率大于或等于＿＿＿＿＿的为湿土。

3. 挖湿土时，人工和机械乘以系数＿＿＿＿＿，干、湿土工程量分别计算。如采取降水措施的土方应按＿＿＿＿＿土计算。

4. 土石方工程按施工方法分为＿＿＿＿＿土方和＿＿＿＿＿土方两类。

5. 高压旋喷水泥桩分为钻孔和喷浆两道工序，钻孔按原地面至设计桩底底面的距离以＿＿＿＿＿为单位计算，喷浆按设计加固桩的截面面积乘以设计桩长，以＿＿＿＿＿为单位计算。

6. 钢管柱制作、安装按设计图示＿＿＿＿＿以t为单位计算。钢管柱定位器安装以＿＿＿＿＿为单位计算。

7. 靠墙的梗斜混凝土体积并入＿＿＿＿＿的混凝土体积计算，不靠墙的梗斜混凝土体积并入相邻＿＿＿＿＿混凝土体积计算。

8. 墙的混凝土体积中，板与墙的叠加部位按＿＿＿＿＿计算；柱(或梁)与墙叠加的部位，分别按＿＿＿＿＿计算。

9. 地铁工程中砌筑墙体均按不同厚度划分子目，按设计图示砌体的面积以＿＿＿＿＿为单位计算，不扣除单个面积不大于＿＿＿＿＿的孔洞所占面积。

二、选择题

1. 土方施工时，底宽在7 m以内，且底长大于底宽3倍以上的为(　　)。

A. 沟槽　　B. 挖土方　　C. 平整场地　　D. 基坑

2. 地下连续墙成槽土方量及浇筑混凝土工程量按连续墙设计断面面积(设计长度乘以宽度)乘以槽深，槽深按设计槽深加超深(　　)，以m^3为单位计算。

A. 0.5 m　　B. 0.3 m　　C. 0.35 m　　D. 1 m

3. 干湿土划分首先以地质勘察资料为准，含水率(　　)为湿土。

A. ≥25%　　B. ≥15%　　C. ≥20%　　D. ≥30%

4. 地铁工程中砌筑墙体按设计图示砌体的(　　)计算。

A. 质量　　B. 面积　　C. 体积　　D. 长度

5. 地铁混凝土算量时，柱高自柱基上表面(或楼板上表面)至上一层板或梁的(　　)表面之间的高度计算。

A. 上　　B. 下　　C. 中间　　D. 不定

6. 地铁混凝土算量时，整体楼梯的工程量应包括休息平台、平台梁、斜梁，以及楼梯与楼板连接的梁、踏步板及踏步，按设计图示尺寸以(　　)为单位计算。

A. m^3　　B. m　　C. m^2　　D. t

7. 明挖车站模板另设置梁、柱支模高度超过(　　)每增 1 m 子目，

A. 3.6 m　　B. 5 m　　C. 4.2 m　　D. 6 m

8. 钢筋工程按设计图示重量以(　　)为单位计算。

A. t　　B. m　　C. m^2　　D. m^3

9. 地铁工程中预制混凝土管片试拼装按每 100 环管片拼装(　　)计算。

A. 2 环　　B. 3 环　　C. 4 环　　D. 5 环

10. 地铁防水工程中接水槽(盒)、施工缝、变形缝分不同材料，按设计图示尺寸以(　　)为单位计算。

A. m^3　　B. m　　C. m^2　　D. t

三、思考题

1. 简述土石方工程中干湿土的划分标准。

2. 地铁站点的不同开挖方法分别执行什么定额？

3.《城市轨道交通工程预算定额》与《建筑工程预算定额》中土方开挖工程计算规则有何区别？

4. 简述锚杆和喷射混凝土工程量的计算规则。

5. 简述地下连续墙的施工工序及其工程量计算规则。

6. 列举几种常见的地基处理措施，并简述其相应的工程量计算规则。

7. 简述地铁站点中现浇混凝土梁、板、柱的混凝土工程量计算规则。

8. 简述地铁站点中现浇混凝土墙的混凝土工程量计算规则。

9. 地铁站点中的整体楼梯混凝土工程量计算规则与建筑工程中有何区别？

10. 简述地铁车站中砌筑墙体的工程量计算规则及其与建筑工程中规则的区别。

11. 简述井点降水的工程量计算规则。

12. 盾构施工所包含的各分项工程有哪些？其定额工程量计算规则是什么？

13. 简述明挖地铁车站脚手架工程的工程量计算规则。

四、计算题

1. 如图 7-13 所示，某地铁工程的围护结构为钢筋混凝土地下连续墙，该连续墙的宽度为 1.2 m，深度为 13 m，混凝土强度等级为 C25，土质为四类土，基坑挖土深度为 3 m，求地下连续墙的工程量和基坑挖土的工程量。

2. 某明挖地铁车站工程，为整体无梁式结构，顶板、底板和侧墙采用 C30 防水(S10)混凝土，中柱采用 C40 混凝土，断面如图 7-14 所示。求钢筋混凝土构件的混凝土和模板工程量并套定额。

3. 某地铁车站中现浇整体楼梯平面图和剖面图如图 7-15 所示，休息平台板的厚度为 100 mm，平台梁伸入墙内 120 mm，求现浇钢筋混凝土整体楼梯工程量(已知为二层楼梯)。

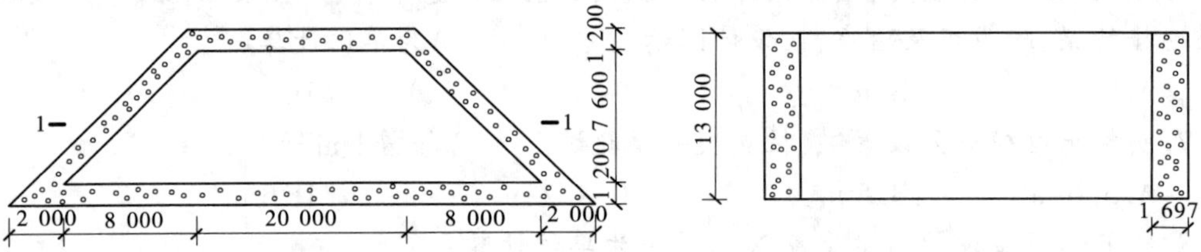

(a)平面图

(b)1—1剖面图

图 7-13　现浇地下连续墙及基坑　(单位:mm)

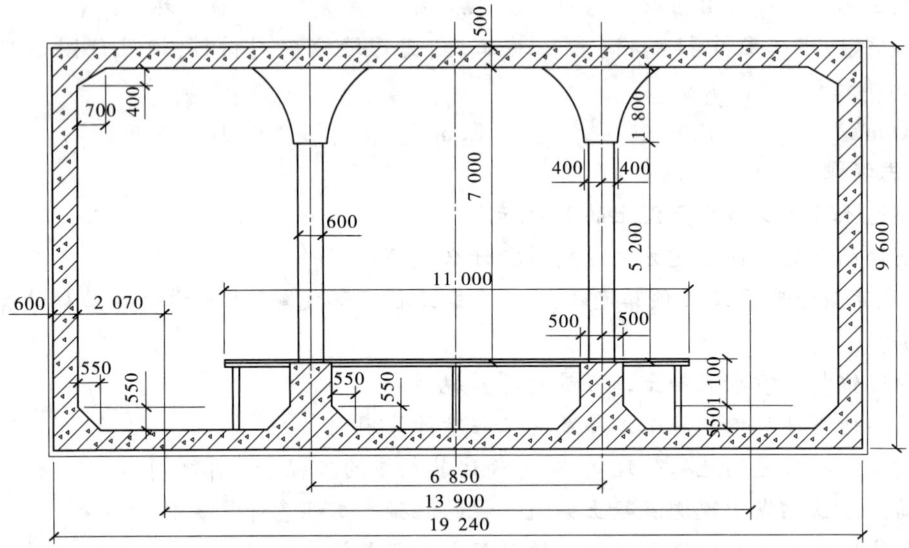

图 7-14　整体无梁式车站断面图　(单位:mm)

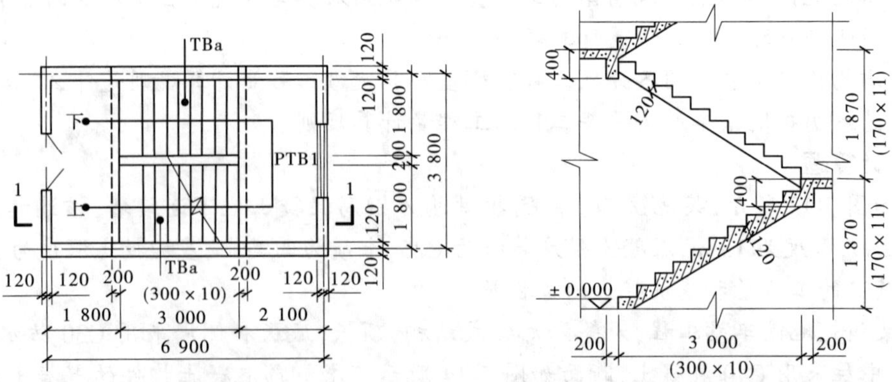

(a)平面图

(b)1—1剖面图

图 7-15　楼梯平面及剖面图　(单位:mm)

项目八 隧道工程计量

知识目标

1. 了解隧道施工的程序和要点。

2. 熟悉公路隧道定额及工程量清单计价规范，掌握相关定额中包括的分部分项工程及其工作内容。

3. 理解定额和清单规范中的隧道工程量计算规则。

4. 掌握隧道工程计量与计价的计算方法。

能力目标

1. 能正确地应用定额计算隧道工程量，确定完成一定分项工程所需的人工、材料和机械台班的消耗量及其直接工程费。

2. 能根据工程量清单计量规则计算隧道工程量。

素质目标

1. 培养学生热爱国家、坚定理想信念、自觉维护国家和公众利益的意识。

2. 培养学生具有良好的爱岗敬业、吃苦耐劳的职业道德。

3. 培养学生具备良好的团结合作，与人沟通、协调的能力。

4. 培养学生具备精益求精、认真细致的工匠精神。

5. 培养学生具备持续学习、终身学习的能力。

项目重点

1. 根据工程量清单计量规则计算隧道洞身开挖、出渣的工程量。

2. 根据工程量清单计量规则计算隧道洞身支护、衬砌、防排水的工程量。

项目难点

地质条件多变时，隧道洞身各分项工程量的计算。

案例引入

秦岭终南山公路隧道，为中国第一长双洞公路隧道，也是亚洲第二长公路隧道、世界第三长公路隧道。在陕西境内的西康高速公路北段,隧道穿越秦岭山脉的终南山,长18.020 km,双孔,四线道。秦岭终南山特长公路隧道按高速公路设计,设计行车速度为80 km/h,总投资为25.8亿元人民币,工程于2002年3月开工,2004年12月13日贯通,2007年1月20日正式通车。大家思考一下,秦岭终南山公路隧道项目预算时需确定隧道各分部分项工程的工程量及完成该工程所需的直接工程费。具体思考问题如下:

(1)隧道工程包括哪些分项?每个分项包括哪些工作内容?

(2)确定隧道工程量的方法有哪些?

(3)如何根据定额对隧道工程进行工程量和直接工程费的计算?

(4)如何根据工程量清单计量规则计算隧道工程量?

任务一　概　述

一、隧道工程施工概述

隧道是修建在岩石或土体内供交通、水利、军事等使用的地下建筑物。隧道工程具有克服高程障碍、缩短线路长度、改善线路条件、提高运输效率、保证行车安全、避开特殊地质和地面建筑物等方面的作用。

隧道的结构由主体建筑物和附属设备两部分组成。主体建筑物是为了保持岩体的稳定和行车安全而修建的人工永久建筑物,通常由洞身和洞门组成;附属设备是主体建筑物以外的避车洞、消防设施、应急通信和防排水设施,长大隧道还有专门的通风和照明设备。

隧道主体建筑物的主要施工流程:超前支护→土(石)方开挖→出渣→初期支护→防排水→二次衬砌。

(一)超前支护

隧道施工中常用的超前支护包括管棚、超前小导管和超前锚杆。

1.管棚

管棚是利用导向架,沿着开挖外轮廓线,以较小的外插角向开挖前方打入钢管,形成对开挖前方围岩的预支护。管棚施工的工序有开挖管棚钻机工作室、导向墙施工、搭设平台、安装钻机、安装管棚钢管和注浆。

2.超前小导管

超前小导管注浆是在开挖掘进前,先喷射混凝土将开挖面和隧道一定范围内的地段封闭,然后在隧道拱部轮廓线打入带孔的钢管,并向钢管内注浆,浆液即由导管渗透到地层中,在隧道拱部形成固结体并加固围岩。超前小导管适用于自稳时间短的软弱破碎带、浅埋段、洞口偏压段、砂层段、砂卵石段、断层破碎带等地段的预支护。

3.超前锚杆

超前锚杆是沿开挖轮廓线,以一定的外角打入开挖工作面,形成对前方围岩的预支护。它主要适用于围岩应力较小、地下水较少、岩体软弱较破碎、开挖面有可能坍塌的隧道中,并和钢架配合使用。

(二)初期支护

初期支护是由喷射混凝土、锚杆、钢筋网、钢架组成的联合支护体系,是复合衬砌隧道的主要承载结构。

1.喷射混凝土

喷射混凝土是按一定比例,将水泥、砂、石、水及外加剂,经特定工艺方法混合搅拌再喷射到岩面上,在0.5 h甚至更短时间内凝结、硬化后达到一定强度的快速支护方法。根据施工工艺不同,分为干喷、潮喷和湿喷等。

喷射混凝土能及时、有效地防止开挖面岩层的松散、离层和掉落,是有效保护围岩、防止塌方的重要手段。喷射混凝土必须快速、及时施作,要求与岩面密贴,不可有空洞,以保证良好的共同受力状态。

2.锚杆

锚杆作为初期支护的另一主要构件,在设计施工中是必不可少的,特别是在软弱围岩中,其对围岩的加固作用十分明显。锚杆一般沿洞室周边径向均匀布置,必要时底部也要加锚杆;为保证加固带有一定的厚度,锚杆的长度与间距之比一般为2:1;为防止锚杆间围岩塌落,还应配合网喷混凝土,喷层主要承担锚杆间的局部坍塌荷载。

3.钢筋网

钢筋网的作用在于通过钢筋网和喷射混凝土一起受力,提高混凝土抗弯、抗折性能,保证喷射混凝土能承受一定的局部应力而不致于开裂、折断,从而提高喷射混凝土的支护效果。

4.钢架

钢架分型钢钢架与格栅钢架两种,一般应与锚杆、喷射混凝土共同使用。其主要作用是在喷射混凝土发挥作用前支撑围岩;对喷射混凝土进行补强;作为超前支护的支点;与锚杆、喷射混凝土共同发挥初期支护的作用。

钢架一般采用工字钢或“八字结”形联系钢筋的格栅钢架,钢架间距一般为0.6~1.0 m。为增加钢架的整体性,每榀钢架间应设纵向连接构件;钢架拱脚及墙脚应有控制钢架位移和下沉的措施。

(三)二次衬砌

二次衬砌是隧道工程施工在初期支护内侧施作的模筑混凝土或钢筋混凝土衬砌,与初期支护共同组成复合式衬砌。二次衬砌与初期支护共同承担较大的后期围岩变形压力,应适时施作。

二次衬砌的施工程序:基面处理→防水卷材铺设→钢筋绑扎→模板台车就位→浇筑混凝土→细部构造防水。软弱围岩二次衬砌应带仰拱,与边墙应圆顺连接,减少应力集中。为达到设计目的,软弱围岩的二次衬砌施工要求做到先施工仰拱,再分段整体浇筑,并且二次衬砌背后的空洞应回填密实。

二、隧道定额相关说明

《公路工程预算定额》(JTG/T 3832—2018)中“第三章　隧道工程”中规定本章定额包括隧道的开挖、支护、防排水、衬砌、装饰、照明、通风及消防设施、洞门及辅助坑道等项目。这些定额是按照一般凿岩机钻爆法施工的开挖方法进行编制的,适用于新建隧道工程,改(扩)建及公路大中修工程可参照使用。

(1)本章定额按现行隧道设计、施工技术规范将围岩分为六级,即Ⅰ~Ⅵ级。

(2)本章定额中混凝土工程均未考虑拌和的费用,应按桥涵工程相关定额另行计算。

(3)本章开挖定额中已综合考虑超挖及预留变形因素。

(4)洞内出渣运输定额已综合洞门外500 m运距,当洞门外运距超过此运距时,可按照路基工程自卸汽车运输土石方的增运定额加计增运部分的费用。

(5)本章定额均未包括混凝土及预制块的运输,需要时应按有关定额另行计算。

(6)本章定额未考虑地震、坍塌、溶洞及大量地下水处理,以及其他特殊情况所需的费用,需要时可根据设计另行计算。

(7)隧道工程项目采用其他章节定额的规定。

①洞门挖基、仰坡及天沟开挖、明洞明挖土石方等,应使用其他章节有关定额计算。

②洞内工程项目如需采用其他章节的有关项目,所采用定额的人工工日、机械台班数量及小型机具使用费,应乘以系数1.26。

三、隧道工程量清单相关说明

《公路工程工程量清单计量规则》中“第五章　隧道工程”包括洞口与明洞工程、洞身开挖、洞身衬砌、防水与排水、洞内防火涂料和装饰工程、监控量测、地质预报等。

《公路工程工程量清单计量规则》中各节内容与技术规范基本一致,但技术规范中各节内容的设置较简单,而《公路工程工程量清单计量规则》在节下增加了较多的细目,如洞口坡面防护增加了浆砌混凝土预制块、现浇混凝土、锚杆、钢筋网、植草、土工格室植草、洞顶防落网等细目。

在《公路工程工程量清单计量规则》中对有关问题的说明及提示如下:

(1)场地布置,核对图纸、补充调查、编制施工组织设计,试验检测、施工测量、环境保护、安全措施、施工防排水、围岩类别划分及监控、通信、照明、通风、消防等设备、设施预埋构件设置与保护,所有准备工作和施工中应采取的措施均为各节、各细目工程的附属工作,不另行计量。

(2)风水电作业及通风、照明、防尘为不可缺少的附属设施和作业,均应包括在隧道工程有关工程细目中,不另行计量。

(3)隧道铭牌、模板装拆、钢筋除锈、拱盔、支架、脚手架搭拆、养护清场等工作均为各细目的附属工作,不另行计量。

(4)连接钢板、螺栓、螺帽、拉杆、垫圈等作为钢支护的附属构件,不另行计量。

(5)混凝土拌和场站及贮料场的建设、拆除、恢复均包括在相应工程项目中,不另行计量。

(6)洞身开挖包括主洞、竖井、斜井。洞外路面、洞外消防系统土石开挖、洞外弃渣防护等计量规则见《公路工程工程量清单计量规则》的有关章节。

(7)材料的计量尺寸为设计净尺寸。

以上为隧道工程的主要施工要点以及定额和工程量清单计量规范的相关说明,本任务将按照公路隧道的结构组成(洞身工程、洞门工程、辅助坑道和通风及消防设施安装),根据《公路工程预算定额》(JTG/T 3832—2018)和《公路工程工程量清单计量规则》的内容对隧道工程进行计量与计价。

任务二 洞身工程

洞身是隧道的主要组成部分,隧道洞身工程主要包括开挖、运输、支护、衬砌、防排水、通风、照明等项目。

一、洞身工程定额相关说明

(1)定额人工开挖、机械开挖轻轨斗车运输项目是按上导洞、扩大、马口开挖编制的,也综合了下导洞扇形扩大开挖方法,并综合了木支撑和出渣、通风及临时管线的工料机消耗。

(2)正洞机械开挖自卸汽车运输定额不分工程部位(拱部、边墙、仰拱、底板、沟槽、洞室)均使用本定额。定额中综合了出渣、施工通风及高压风水管和照明电线路的工料机消耗。

(3)定额连拱隧道中导洞、侧导洞开挖和中隔墙衬砌是按连拱隧道施工方法编制的,此外的其他部位的开挖、衬砌、支护可套用《公路工程预算定额》(JTG/T 3832—2018)中"洞身工程"的其他定额。

(4)格栅钢架和型钢钢架均按永久性支护编制,如作为临时支护使用,应按规定计取回收。定额中已综合连接钢筋的数量。

(5)喷射混凝土定额中已综合考虑混凝土的回弹量,钢纤维混凝土中钢纤维掺入量按喷射混凝土质量的3%掺入。当设计采用的钢纤维掺入量与本定额不同或采用其他材料时,可进行抽换。

(6)洞身衬砌项目按现浇混凝土衬砌,石料、混凝土预制块衬砌分别编制,不分工程部位(拱部、边墙、仰拱、底板、沟槽、洞室)均使用本定额。定额中已综合考虑超挖回填因素,当设计采用的混凝土强度等级与定额采用的不符或采用特殊混凝土时,可根据具体情况对混凝土配合比进行抽换。

(7)本定额中凡是按不同隧道长度编制的项目,均只编制到隧道长度在5 000 m以

内,超过时应按以下规定计算:

①洞身开挖。以隧道长度 5 000 m 以内的定额为基础,与隧道长度 5 000 m 以上每增加 1 000 m 定额叠加使用。

②正洞出渣运输。通过隧道进出口开挖正洞,以换算隧道长度套用相应的出渣定额计算。换算隧道长度计算公式为

$$换算隧道长度 = 全隧道长度 - 通过辅助坑道开挖正洞的长度 \tag{8-1}$$

当换算隧道长度超过 5 000 m 时,应以隧道长度 5 000 m 以内定额为基础,与隧道长度 5 000 m 以上每增加 1 000 m 定额叠加使用。

③通过斜井开挖正洞,出渣运输按正洞和斜井两段分别计算,两者叠加使用。正洞内运输,当开挖长度在 1 000 m 以内时,套用隧道长度 1 000 m 以内的出渣定额;当开挖长度超过 1 000 m 时,以换算隧道长度套用相应的出渣定额。换算隧道长度的计算公式为

$$换算隧道长度 = 2 \times 通过辅助坑道开挖正洞的长度 \tag{8-2}$$

④通风、管线路定额,按正洞隧道长度综合编制,当隧道长度超过 5 000 m 时,以隧道长度 5 000 m 以内定额为基础,与隧道长度 5 000 m 以上每增加 1 000 m 定额叠加使用。

(8)混凝土运输定额仅适用于洞内混凝土运输,洞外运输应按桥涵工程的有关定额计算。

(9)洞内排水定额仅适用于反坡排水的情况,排水量按 10 m^3/h 以内编制,超过此排水量时,抽水机台班按表 8-1 中的系数调整。

表 8-1　定额调整系数

涌水量/(m^3/h)	10 以内	15 以内	20 以内
调整系数	1.00	1.20	1.35

正洞内排水系统按全隧道长度综合编制,当隧道长度超过 5 000 m 时,以隧道长度 5 000 m 以内定额为基础,与隧道长度 5 000 m 以上每增加 1 000 m 定额叠加使用。

(10)照明设施为隧道营运所需的洞内永久性设施。定额中的洞口段包括引入段、适应段、过渡段和出口段,其他段均为基本段。本定额中不包括洞外线路,需要时应另行计算。属于设备的变压器、发电设备等,其购置费用应列入预算第二部分“设备及工具、器具购置费”中。

二、洞身工程定额工程量计算规则

(一)洞身开挖、出渣

(1)隧道长度均指隧道进出口(不含与隧道相连的明洞)洞门端墙墙面之间的距离,即两端端墙面与路面的交线同路线中线交点间的距离。双线隧道按上、下行隧道长度的平均值计算。

(2)洞身开挖、出渣工程量按设计断面数量(成洞断面加衬砌断面)计算,包含洞身及所有附属洞室的数量,定额中已考虑超挖因素,不得将超挖数量计入工程量。

(二)洞身支护

隧道洞身支护分超前支护和初期支护,包括管棚、小导管、锚杆及金属网、钢支撑和喷射混凝土等项目。

(1)管棚、小导管的工程量按设计钢管长度计算,当管径与定额不同时,可调整定额中钢管的消耗量。

(2)喷射混凝土的工程量按设计厚度乘以喷射面积计算,喷射面积按设计外轮廓线计算。

(3)钢筋、钢筋网、型钢按设计图所示,以质量计算。

(4)砂浆锚杆工程量为锚杆、垫板及螺母等材料质量之和,中空注浆锚杆、自进式锚杆的工程量按锚杆设计长度计算。

(三)洞身衬砌

隧道洞身衬砌包括现浇混凝土衬砌和石料、混凝土预制块衬砌。

(1)洞身衬砌工程量计算。洞身衬砌工程量按设计图尺寸,以不同级别水泥混凝土以体积计算,包含洞身及所有附属洞室的衬砌数量。

(2)定额中已综合因超挖及预留变形需回填的混凝土数量,不得将上述因素的工程量计入计价工程量中。

(3)拱顶压浆的工程数量按设计数量计算,设计时可按每延长米 0.25 m^3 综合考虑。

(四)洞身防排水

(1)防水板、明洞防水层的工程数量按设计敷设面积计算。

(2)止水带(条)、盲沟、透水管的工程数量,均按设计数量计算。

(3)横向塑料排水管每处为单洞两侧的工程数量,纵向弹簧管按隧道纵向每侧铺设长度之和计算,环向盲沟按隧道横断面敷设长度计算。

(五)洞内通风、风水管及照明、管线路

洞内通风、风水管及照明、管线路的工程量按隧道设计长度计算。

三、洞身工程工程量清单计量规范

(一)洞口与明洞

洞口与明洞工程的工作内容包括洞口土石方开挖、排水系统、明洞、坡面防护、挡墙以及洞口的辅助工程等的施工及其他有关作业。工程量清单计量规则见表 8-2。

(二)洞身开挖

洞身开挖的工作内容包括洞身及行车、行人横洞以及辅助坑道的开挖、钻孔爆破、施工支护、装渣运输等有关工作。洞身开挖工程量清单计量规则见表 8-3。

表 8-2　洞口与明洞工程量清单计量规则

项	目	节	细目	项目名称	项目特征	计量单位	工程量计算规则	工程内容
五				隧道				第 500 章
	2			洞口与明洞工程				第 502 节、507 节
		1		洞口、明洞开挖				
			a	挖土方	1. 土壤类别 2. 施工方法 3. 断面尺寸	m^3	按设计图所示,按横断面尺寸乘以长度,以天然密实方计算	1. 施工排水 2. 零填及挖方路基挖松压实 3. 挖运、装卸 4. 整修路基和边坡
			b	挖石方	1. 岩石类别 2. 施工方法 3. 爆破要求 4. 断面尺寸			1. 施工排水 2. 零填及挖方路基挖松压实 3. 爆破防护 4. 挖运、装卸 5. 整修路基和边坡
			c	弃方超运	1. 土壤类别 2. 超运里程	$m^3 \cdot km$	按设计图所示,弃土场地不足须增加弃土场或监理工程师批准变更弃土场导致弃方超过图纸规定运距,按超运弃方数量乘以超运里程计算	1. 弃方超运 2. 整修弃土场
		2		防水与排水				
			a	浆砌片石边沟、截水沟、排水沟	1. 材料规格 2. 垫层厚度 3. 断面尺寸 4. 强度等级	m^3	按设计图所示,按横断面面积乘以长度,以体积计算	1. 挖运土石方 2. 铺设垫层 3. 砌筑、勾缝 4. 伸缩缝填塞 5. 抹灰压顶、养生

续表 8-2

项	目	节	细目	项目名称	项目特征	计量单位	工程量计算规则	工程内容
			b	浆砌混凝土预制块水沟	1. 垫层厚度 2. 断面尺寸 3. 强度等级	m^3	按设计图所示，按横断面面积乘以长度，以体积计算	1. 挖运土石方 2. 铺设垫层 3. 预制安装混凝土预制块 4. 伸缩缝填塞 5. 抹灰压顶、养生
			c	现浇混凝土水沟				1. 挖运土石方 2. 铺设垫层 3. 现浇混凝土 4. 伸缩缝填塞 5. 养生
			d	渗沟	1. 材料规格 2. 断面尺寸	m^3	按设计图所示，按横断面尺寸乘以长度，以体积计算	1. 挖基整形 2. 混凝土垫层 3. 埋 PVC 管 4. 渗水土工布包碎砾石填充 5. 出水口砌筑 6. 试通水 7. 回填
			e	暗沟	1. 材料规格 2. 断面尺寸 3. 强度等级	m^3		1. 挖基整形 2. 铺设垫层 3. 砌筑 4. 预制安装(钢筋)混凝土盖板 5. 铺砂砾反滤层 6. 回填
			f	排水管	材料规格	m	按设计图所示，按不同孔径以长度计算	1. 挖运土石方 2. 铺垫层 3. 安装排水管 4. 接头处理 5. 回填
			g	混凝土拦水块	1. 材料规格 2. 断面尺寸 3. 强度等级	m^3	按设计图所示，按横断面尺寸乘以长度，以体积计算	1. 基础处理 2. 模板安装 3. 浇筑混凝土 4. 拆模养生

续表 8-2

项	目	节	细目	项目名称	项目特征	计量单位	工程量计算规则	工程内容
			h	防水混凝土	1. 材料规格 2. 配合比 3. 厚度 4. 强度等级	m^3	按设计图所示，以体积计算	1. 基础处理 2. 加防水剂拌和运输 3. 浇筑、养生
			i	黏土隔水层	1. 厚度 2. 压实度	m^3	按设计图所示，按压实后隔水层面积乘以隔水层厚度，以体积计算	1. 黏土挖运 2. 填筑、压实
			j	复合防水板	材料规格	m^2	按设计图所示，以面积计算	1. 复合防水板铺设 2. 焊接、固定
			k	复合土工膜			按设计图所示，以净面积计算（不计入按规范要求的搭接卷边部分）	1. 平整场地 2. 铺设、搭接、固定
		3		洞口坡面防护				
			a	浆砌片石	1. 材料规格 2. 断面尺寸 3. 强度等级	m^3	按设计图所示，按体积计算	1. 整修边坡 2. 挖槽 3. 铺垫层、铺筑滤水层、制作安装泄水孔 4. 砌筑、勾缝
			b	浆砌混凝土预制块	1. 断面尺寸 2. 强度等级			1. 整修边坡 2. 挖槽 3. 铺垫层、铺筑滤水层，制作安装泄水孔 4. 预制安装预制块
			c	现浇混凝土	1. 厚度 2. 强度等级			1. 整修边坡 2. 浇筑混凝土 3. 养生
			d	喷射混凝土				1. 整修边坡 2. 喷射混凝土 3. 养生
			e	锚杆	1. 材料规格 2. 抗拉强度	m	按设计图所示，按不同规格以长度计算	1. 钻孔、清孔 2. 锚杆制作安装 3. 注浆 4. 张拉 5. 抗拔力试验

续表 8-2

项	目	节	细目	项目名称	项目特征	计量单位	工程量计算规则	工程内容
			f	钢筋网	材料规格	kg	按设计图所示，以重量计算（不计入规定的搭接长度）	制作、挂网、搭接、锚固
			g	植草	1. 草籽种类 2. 养护期	m^2	按设计图所示，按合同规定的成活率以面积计算	1. 修整边坡、铺设表土 2. 播草籽 3. 洒水覆盖 4. 养护
			h	土工格室草皮	1. 格室尺寸 2. 植草种类 3. 养护期	m^2		1. 挖槽、清底、找平、混凝土浇筑 2. 格室安装、铺种植土、播草籽、拍实 3. 清理、养护
			i	洞顶防落网	材料规格	m^2	按设计图所示，以面积计算	设置、安装、固定
		5		明洞衬砌				
			a	浆砌料（块）石	1. 材料规格 2. 断面尺寸 3. 强度等级	m^3	按设计图所示，以体积计算	1. 挖基、基底处理 2. 砌筑、勾缝 3. 沉降缝、伸缩缝处理
			b	现浇混凝土				1. 浇筑混凝土 2. 养生 3. 伸缩缝处理
			c	光圆钢筋	1. 材料规格 2. 抗拉强度	kg	按设计图所示，各规格钢筋按有效长度（不计入规定的搭接长度），以重量计算	1. 制作、安装 2. 搭接
			d	带肋钢筋				
		6		遮光棚（板）				
			a	现浇混凝土	1. 材料规格 2. 断面尺寸 3. 强度等级	m^3	按设计图所示，以体积计算	1. 浇筑混凝土 2. 养生 3. 伸缩缝处理

续表 8-2

项	目	节	细目	项目名称	项目特征	计量单位	工程量计算规则	工程内容
			b	光圆钢筋	1. 材料规格 2. 抗拉强度	kg	按设计图所示，各规格钢筋按有效长度（不计入规定的搭接长度），以重量计算	1. 制作、安装 2. 搭接
			c	带肋钢筋				
		7		洞顶（边墙墙背）回填				
			a	回填土石方	1. 土壤类别 2. 压实度	m^3	按设计图所示，以体积计算	1. 挖运 2. 回填 3. 压实
		8		洞外挡土墙				
			a	浆砌片石	1. 材料规格 2. 断面尺寸 3. 强度等级	m^3	按设计图所示，以体积计算	1. 挖基、基底处理 2. 砌筑、勾缝 3. 铺筑滤水层、制作安装泄水孔、沉降缝处理 4. 抹灰压顶

表 8-3　洞身开挖工程量清单计量规则

项	目	节	细目	项目名称	项目特征	计量单位	工程量计算规则	工程内容
五				隧道				第 500 章
	3			洞身开挖				第 503 节、第 507 节
		1		洞身开挖				
			a	挖土方	1. 围岩类别 2. 施工方法 3. 断面尺寸	m^3	按设计图所示，按横断面尺寸乘以长度，以天然密实方计算	1. 防排水 2. 量测布点 3. 钻孔装药 4. 找顶 5. 出渣、修整 6. 施工观测
			b	挖石方	1. 围岩类别 2. 施工方法 3. 爆破要求 4. 断面尺寸			

续表 8-3

项	目	节	细目	项目名称	项目特征	计量单位	工程量计算规则	工程内容
			c	弃方超运	1. 土壤类别 2. 超运里程	$m^3 \cdot km$	按设计图所示,弃土场地不足须增加弃土场或监理工程师批准变更弃土场导致弃方运距超过洞外 200 m,按超运弃方数量乘以超运里程计算	1. 弃方超运 2. 整修弃土场
		2		超前支护				
			a	注浆小导管	1. 材料规格 2. 强度等级	m	按设计图所示,以长度计算	1. 下料制作、运输 2. 钻孔、钢管顶入 3. 预注早强水泥浆 4. 设置止浆塞
			b	超前锚杆	1. 材料规格 2. 抗拉强度			1. 下料制作、运输 2. 钻孔 3. 安装锚杆
			c	自钻式锚杆				钻入
			d	管棚	1. 材料规格 2. 强度等级			1. 下料制作、运输 2. 钻孔、清孔 3. 安装管棚 4. 注早强水泥砂浆
			e	型钢	材料规格	kg	按设计图所示,以重量计算	1. 设计制造、运输 2. 安装、焊接、维护
			f	光圆钢筋	1. 材料规格 2. 抗拉强度		按设计图所示,各规格钢筋按有效长度(不计入规定的搭接长度),以重量计算	1. 制作、安装 2. 搭接
			g	带肋钢筋				
		3		喷锚支护				
			a	喷射钢纤维混凝土	1. 材料规格 2. 钢纤维掺配比例 3. 厚度 4. 强度等级	m^3	按设计图所示,按喷射混凝土面积乘以厚度,以立方米计量	1. 设喷射厚度标志 2. 喷射钢纤维混凝土 3. 回弹料回收 4. 养生
			b	喷射混凝土	1. 材料规格 2. 厚度 3. 强度等级			1. 设喷射厚度标志 2. 喷射混凝土 3. 回弹料回收 4. 养生

续表 8-3

项	目	节	细目	项目名称	项目特征	计量单位	工程量计算规则	工程内容
			c	注浆锚杆	1. 材料规格 2. 强度等级	m	按设计图所示，以长度计算	1. 钻孔 2. 加工安装锚杆 3. 注早强水泥浆
			d	砂浆锚杆				1. 钻孔 2. 设置早强水泥砂浆 3. 加工安装锚杆
			e	预应力注浆锚杆				1. 放样、钻孔 2. 加工、安装锚杆并锚固端部 3. 张拉预应力 4. 注早强水泥砂浆
			f	早强药包锚杆	1. 材料规格 2. 早强药包性能要求	m	按设计图所示，以长度计算	1. 钻孔 2. 设置药包 3. 加工、安装锚杆
			g	钢筋网	材料规格	kg	按设计图所示，以重量计算	1. 制作钢筋网 2. 布网、搭接、固定
			h	型钢				1. 设计制造 2. 安装、固定、维护
			i	连接钢筋				1. 下料制作 2. 连接、焊接
			j	连接钢管				
		4		木材	材料规格	m^3	按设计图所示，按平均横断面尺寸乘以长度，以体积计算	1. 下料制作 2. 安装

（三）洞身衬砌

洞身衬砌的工作内容包括隧道洞身衬砌、模板与支架、防水层和洞内附属工程等，以及有关工程的施工作业。洞身衬砌工程量清单计量规则见表 8-4。

表 8-4　洞身衬砌工程量清单计量规则

项	目	节	细目	项目名称	项目特征	计量单位	工程量计算规则	工程内容
五				隧道				第 500 章
	4			洞身衬砌				第 504 节、第 507 节
		1		洞身衬砌				
			a	砌墙	1. 材料规格 2. 断面尺寸 3. 强度等级	m^3	按设计图所示，以体积计算	1. 制备砖块 2. 砌砖墙、勾缝养生 3. 沉降缝、伸缩缝处理
			b	浆砌粗料石（块石）				1. 挖基、基底处理 2. 砌筑、勾缝 3. 沉降缝、伸缩缝处理
			c	现浇混凝土				1. 浇筑混凝土 2. 养生 3. 沉降缝、伸缩缝处理
			d	光圆钢筋	1. 材料规格 2. 抗拉强度	kg	按设计图所示，各规格钢筋按有效长度（不计入规定的搭接长度），以质量计算	1. 制作、安装 2. 搭接
			e	带肋钢筋				
		2		仰拱、铺底混凝土				
			a	仰拱混凝土	强度等级	m^3	按设计图所示，以体积计算	1. 排除积水 2. 浇筑混凝土、养生 3. 沉降缝、伸缩缝处理
			b	铺底混凝土				
			c	仰拱填充料	材料规格			1. 清除杂物、排除积水 2. 填充、养生 3. 沉降缝、伸缩缝处理

续表 8-4

项	目	节	细目	项目名称	项目特征	计量单位	工程量计算规则	工程内容
		3		管沟				
			a	现浇混凝土	1. 断面尺寸 2. 强度等级	m^3	按设计图所示，以体积计算	1. 挖基 2. 现浇混凝土 3. 养生
			b	预制混凝土				1. 挖基、铺垫层 2. 预制安装混凝土预制块
			c	（钢筋）混凝土盖板				预制安装（钢筋）混凝土盖板
			d	级配碎石	1. 材料规格 2. 级配要求			1. 运输 2. 铺设
			e	干砌片石	材料规格			干砌
			f	铸铁管	材料规格	m	按设计图所示，以长度计算	安装
			g	镀锌钢管				
			h	铸铁盖板		套	按设计图所示，以套计量	
			i	无缝钢管		kg	按设计图所示，以质量计算	
			j	钢管				
			k	角钢				
			l	光圆钢筋	1. 材料规格 2. 抗拉强度	kg	按设计图所示，各规格钢筋按有效长度（不计入规定的搭接长度及吊钩），以质量计算	1. 制作、安装 2. 搭接
			m	带肋钢筋				
		4		洞门				
			a	消防室洞门	1. 材料规格 2. 结构形式	个	按设计图所示，以个计量	安装
			b	通道防火闸门				
			c	风机启动柜洞门				
			d	卷帘门				
			e	检修门				
			f	双制铁门				
			g	格栅门				
			h	铝合金骨架墙	材料规格	m^2	按设计图所示，以面积计算	加工、安装
			i	无机材料吸音板				

续表 8-4

项	目	节	细目	项目名称	项目特征	计量单位	工程量计算规则	工程内容
		5		洞内路面				
			a	水泥稳定碎石	1. 材料规格 2. 掺配量 3. 厚度 4. 强度等级	m^2	按设计图所示，以顶面面积计算	1. 清理下承层、洒水 2. 拌和、运输 3. 摊铺、整形 4. 碾压 5. 养护
			b	贫混凝土基层	1. 材料规格 2. 厚度 3. 强度等级			1. 清理下承层 2. 拌和、运输 3. 摊铺、压实
			c	沥青封层	1. 材料规格 2. 厚度 3. 沥青用量		按设计图所示，以面积计算	1. 清理下承层、湿润 2. 拌和、运输 3. 摊铺、抹平 4. 压(刻)纹 5. 胀缝制作安装 6. 切缝、灌缝 7. 养生
			d	混凝土面层	1. 材料规格 2. 厚度 3. 配合比 4. 外掺剂 5. 强度等级			
			e	光圆钢筋	1. 材料规格 2. 抗拉强度	kg	按设计图所示，各规格钢筋按有效长度(不计入规定的搭接长度)，以重量计算	1. 制作、安装 2. 搭接
			f	带肋钢筋				
		6		消防设施				
			a	阀门井	1. 材料规格 2. 断面尺寸	个	按设计图所示，以个计量	1. 阀门井施工养生 2. 阀门安装
			b	集水池	1. 材料规格 2. 强度等级 3. 结构形式	座	按设计图所示，以座计量	1. 集水池施工养生 2. 防渗处理 3. 水路安装
			c	蓄水池				1. 蓄水池施工养生 2. 防渗处理 3. 水路安装
			d	取水泵房				1. 取水泵房施工 2. 水泵及管路安装 3. 配电施工
			e	滚水坝				1. 基础处理 2. 滚水坝施工 3. 养生

(四)防水与排水

防水与排水的工作内容包括隧道施工中的洞内外临时防水与排水和洞内防水、排水工程,以及防水层施工等的有关作业。防水与排水工程量清单计量规则见表 8-5。

表 8-5　防水与排水工程量清单计量规则

项	目	节	细目	项目名称	项目特征	计量单位	工程量计算规则	工程内容
五				隧道				第 500 章
	5			防水与排水				第 505 节、第 507 节
		1		防水与排水				
			a	复合防水板	材料规格	m^2	按设计图所示,以面积计算	1. 基底处理 2. 铺设防水板 3. 接头处理 4. 防水试验
			b	复合土工防水层				1. 基底处理 2. 铺设防水层 3. 搭接、固定
			c	止水带		m	按设计图所示,以长度计算	1. 安装止水带 2. 接头处理
			d	止水条				1. 安装止水条 2. 接头处理
			e	压注水泥-水玻璃浆液(暂定工程量)	1. 材料规格 2. 强度等级 3. 浆液配比	m^3	按实际完成数量,以体积计算	1. 制备浆液 2. 压浆堵水
			f	压注水泥浆液(暂定工程量)				
			g	压浆钻孔(暂定工程量)	孔径孔深	m	按实际完成,以长度计算	钻孔
			h	排水管	材料规格	m	按实际完成,以长度计算	安装
			i	镀锌铁皮		m^2	按设计图所示,以面积计算	1. 基底处理 2. 铺设镀锌铁皮 3. 接头处理

(五)洞内防火涂料和装饰工程

洞内防火涂料和装饰工程的工作内容包括隧道的洞内防火涂料及装饰施工,以及喷涂混凝土专用漆等有关工程的施工作业。洞内防火涂料和装饰工程量清单计量规则见表8-6。

表8-6 洞内防火涂料和装饰工程量清单计量规则

项	目	节	细目	项目名称	项目特征	计量单位	工程量计算规则	工程内容
五				隧道				第500章
	6			洞内防火涂料和装饰工程				第506节、第507节
		1		洞内防火涂料				
			a	喷涂防火涂料	1. 材料规格 2. 遍数	m^2	按设计图所示,以面积计算	1. 基底表面处理 2. 拌料 3. 喷涂防火涂料 4. 养生
		2		洞内装饰工程				
			a	镶贴瓷砖	1. 材料规格 2. 强度等级	m^2	按设计图所示,以面积计算	1. 混凝土墙表面处理 2. 砂浆找平 3. 镶贴瓷砖
			b	喷涂混凝土专用漆	材料规格	m^2	按设计图所示,以面积计算	1. 基底表面处理 2. 喷涂混凝土专用漆

四、工程案例

【例8-1】 某坡度为6°的长隧道洞口桩号从K10+100到K18+100,为了加快施工进度,在中间某处开挖长度为400 m的斜井。围岩均为Ⅲ级,开挖时采用隧道两端和斜井同时开挖,其中进出口开挖6 000 m,剩余部分从斜井开挖,采用机械开挖自卸汽车运土。试确定该段隧道工程中的预算定额。

解 该隧道长度 $l = 18\ 100 - 10\ 100 = 8\ 000$(m)。

(1)查《公路工程预算定额》(JTG/T 3832—2018)确定开挖定额。

正洞开挖定额:该隧道正洞开挖长度为6 000 m>5 000 m,故其中5 000 m的定额编号为3-1-3-27,另外1 000 m需叠加计算,即增加"3-1-3-33"×2。

斜井开挖定额:从斜井内开挖正洞的工程量为8 000−6 000=2 000(m),适用定额为3-1-3-9,斜井本身开挖工程量为400 m,适用定额为3-3-1-3。

(2)确定出渣定额。

通过进出口的正洞出渣,适用定额为"3-1-3-55"+"3-1-3-58"×1。

通过斜井的正洞出渣,出渣运输按正洞和斜井两段分别计算,两者叠加使用,适用定额为“3-1-3-46”+“3-1-3-61”。斜井内出渣适用定额为3-1-3-61。

【例8-2】 某隧道长200 m,洞口桩号为K21+280~K21+480,其中有100 m段围岩级别为Ⅳ级,采用机械开挖自卸汽车运输,拱部及边墙采用块石衬砌,断面示意如图8-1所示,试分别按定额和清单工程量计算规则计算该段隧道开挖和衬砌工程量,并套用定额计算直接工程费。

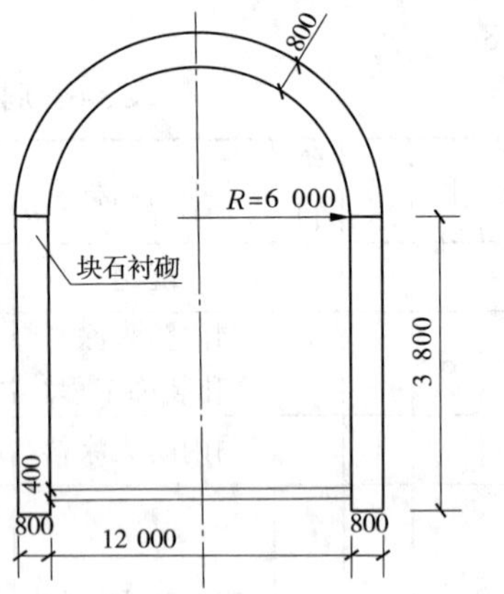

图8-1 隧道断面示意图 (单位:mm)

解 (1)开挖工程量计算。

①定额工程量计算。

$$V=\left[\frac{1}{2}\pi\times(6+0.8)^2+3.8\times(12+0.8\times2)\right]\times100$$

$$=(72.6+51.68)\times100=12\ 428(m^3)$$

套用定额3-1-3-4,单位为100 m³,定额基价为5 597元。

开挖定额直接工程费为

$$12\ 428/100\times5\ 597=695\ 595.16(元)$$

②清单工程量计算。由清单规则可知隧道开挖工程量按设计图示所示,横断面尺寸乘以长度,以天然密实方计算,故清单工程量与定额工程量相等,即 $V=12\ 428\ m^3$。

(2)衬砌工程量计算。

①定额工程量计算。

a.拱部衬砌块石计算:$\frac{1}{2}\pi\times[(6+0.8)^2-6^2]\times100=1\ 607.68(m^3)$。

拱部衬砌块石套用定额3-1-10-3,单位为10 m³,定额基价为3 268元。其中,M7.5、M10水泥砂浆为未计价材料,其材料消耗量分别为2.7 m³和0.18 m³,根据配合比计算得M7.5水泥砂浆的单价为224元/m³,M10水泥砂浆的单价为235元/m³。

其定额直接工程费$=1\ 607.68/10\times3\ 268+1\ 607.68/10\times2.7\times224+1\ 607.68/10\times0.18\times235=629\ 422.80$(元)。

b.边墙衬砌块石计算:$2\times3.8\times0.8\times100=608(m^3)$。

边墙衬砌块石套用定额3-1-10-7,单位为10 m³,定额基价为2 814元。其中,M7.5、M10水泥砂浆为未计价材料,其材料消耗量分别为2.7 m³和0.18 m³,根据配合比计算得M7.5水泥砂浆的单价为224元/m³,M10水泥砂浆的单价为235元/m³。

其定额直接工程费$=608/10\times2\ 814+608/10\times2.7\times224+608/10\times0.18\times235=210\ 434.88$(元)。

②清单工程量计算。由清单规则可知隧道衬砌工程量按设计图所示,以体积计算,故清单工程量与定额工程量相等。

【例8-3】 某隧道工程洞口桩为K1+220~K1+520,其中K1+360~K1+480段围岩级

别为Ⅲ级,采用机械开挖轻轨斗车运输,拱部及边墙采用现浇 C25 混凝土衬砌(模板台车),断面示意如图 8-2 所示,试分别按定额和清单工程量计算规则计算该段隧道开挖和衬砌工程量,并套用定额计算直接工程费。

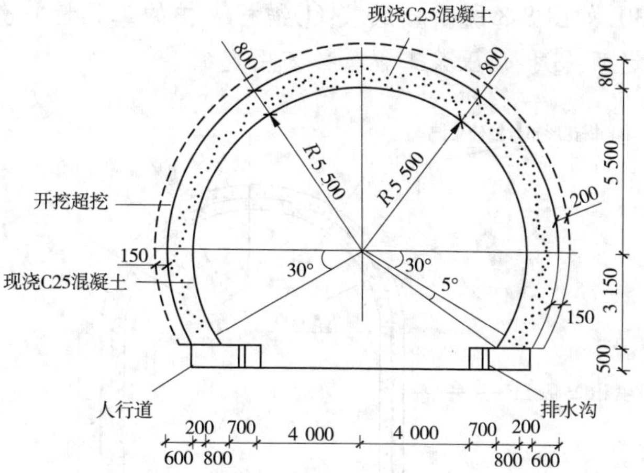

图 8-2　隧道断面示意图　(单位:mm)

解　该段隧道长度 $l=480-360=120$(m)。

(1)开挖工程量计算。

①定额工程量计算。

$$V=[\pi\times(5.5+0.8)^2\times(180+30\times2)/360+3.15/2\times(4+0.7+0.8+0.2)\times2+0.5\times(4+0.7+0.8+0.2)\times2]\times120$$
$$=12\,808.8(\mathrm{m}^3)$$

套用定额 3-1-2-2 和 3-1-2-4,单位为 100 m^3,定额基价为 11 805 元和 376 元。

开挖定额直接工程费:12 808.8/100×(11 805+376)= 1 560 239.93 元

②清单工程量计算。清单工程量与定额工程量相等,即 $V=12\,808.8\ \mathrm{m}^3$。

(2)衬砌工程量计算。定额工程量计算规则与清单工程量计算规则相同,即按设计图所示,以体积计算。

$$V=\pi\times[(5.5+0.8)^2-5.5^2]\times\frac{180+30\times2}{360}\times120+$$
$$\left[\frac{1}{2}\times3.15\times5.7\times2-\frac{1}{2}\times3.15\times4.7\times2-\pi\times5.5^2\times\frac{5\times2}{360}\right]\times120$$
$$=19.76\times120+0.51\times120$$
$$=2\,432.4(\mathrm{m}^3)$$

套用定额 3-1-9-1,单位为 10 m^3,定额基价为 4 035 元,材料消耗量中 C25 水泥混凝土为未计价材料,其消耗量为 11.70 m^3,查造价信息得 C25 水泥混凝土的单价为 300 元/m^3。

现浇混凝土衬砌定额直接工程费 = 2 432.4/10×4 035+2 432.4/10×11.7×300
= 981 473.4+853 772.4 = 1 835 245.8(元)

【例 8-4】 隧道工程,围岩等级为Ⅳ级,在 K1+100~K1+180 施工段的初期支护包括:砂浆锚杆,直径为 20 mm,长度为 3 m,支护间距为 10 m;喷射混凝土,初喷射厚度为 40 mm,混凝土强度等级为 C25,石料最大粒径为 15 mm;在拱顶衬砌圬工内预留孔压浆,水泥砂浆强度等级为 M30,如图 8-3 所示。试求:①锚杆支护的工程量并套用定额;②喷射混凝土工程量并套用定额;③拱顶压浆工程量并套用定额。

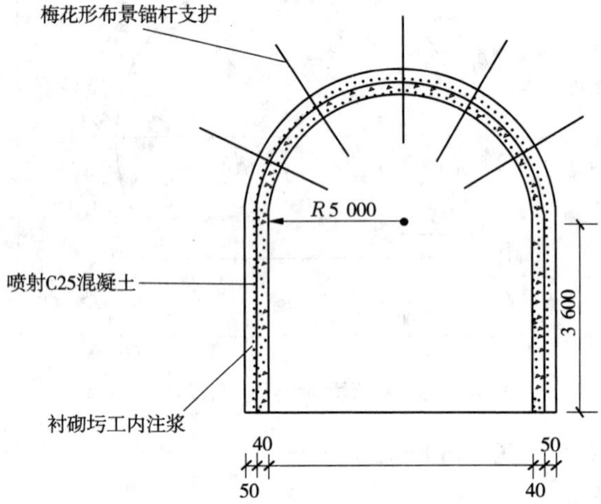

图 8-3 隧道示意图 (单位:mm)

解 该段隧道长度 $l=180-100=80(m)$。

(1)锚杆工程量计算。

①定额工程量计算。由图 8-3 可知一次支护 5 根锚杆,每 10 m 进行一次锚杆支护,共支护 80/10+1=9 次,并且直径 20 mm 钢筋的单根钢筋理论质量为 2.47 kg/m,故砂浆锚杆的工程量 $m=2.47\times3\times5\times9/10^3=0.33(t)$。

套用定额 3-1-6-1,单位为 t,定额基价为 9 019 元,其中 1:1水泥砂浆为未计价材料,其材料消耗量为 0.34 m^3,根据配合比计算得 1:1水泥砂浆的单价为 423 元/m^3。因此,完成该砂浆锚杆分项的定额直接工程费为

$$0.33/1\times9\ 019+0.33\times0.34\times423=3\ 023.73(\text{元})$$

②清单工程量计算。由清单规定可知砂浆锚杆的工程量按设计图所示,以长度计算,故砂浆锚杆的清单工程量 $l=3\times5\times9=135(m)$。

(2)喷射混凝土工程量。

①定额工程量计算。由定额可知,喷射混凝土的工程量按设计厚度乘以喷射面积计算,喷射面积按设计外轮廓线计算。

$$V=[\pi\times(5+0.04)+3.6\times2]\times80\times0.04=73.70(m^3)$$

套用定额 3-1-8-1,单位为 10 m^3,定额基价为 6 457 元,其中 C25 混凝土为未计价材料,其材料消耗量为 12 m^3,查造价信息得 C25 混凝土的单价为 300 元/m^3。喷射混凝土定额直接工程费$=73.70/10\times6\ 457+73.70/10\times12\times300=74\ 120.09$(元)。

②清单工程量计算。由清单规定可知喷射混凝土工程量按设计图所示,按喷射混凝土面积乘以厚度,以立方米计量,故清单工程量等于定额工程量,即 $V=73.70\ m^3$。

(3)拱顶压浆工程量。

①定额工程量计算。由定额可知,拱顶压浆的工程数量可按每延长米 $0.25\ m^3$ 综合考虑,即 $V_2=0.25\times80=20(m^3)$。

套用定额 3-1-14-4,单位为 $10\ m^3$,定额基价为 4 516 元,其中 M30 水泥砂浆为未计价材料,其材料消耗量为 $10.25\ m^3$,根据配合比计算得 M30 水泥砂浆的单价为 383 元/m^3,拱顶压浆定额直接工程费 $=20/10\times4\,516+20/10\times10.25\times383=16\,883.5$(元)。

②清单工程量计算。由清单规定可知拱顶压浆工程量按实际完成数量,以体积计算。故该清单工程量应按实际完成数量计算。

【例 8-5】 某隧道工程管棚施工示意如图 8-4 所示。管棚直径为 80 mm,分别设置在 K2+100~K2+130 和 K4+80~K4+105 两段,试计算管棚工程量并套定额。

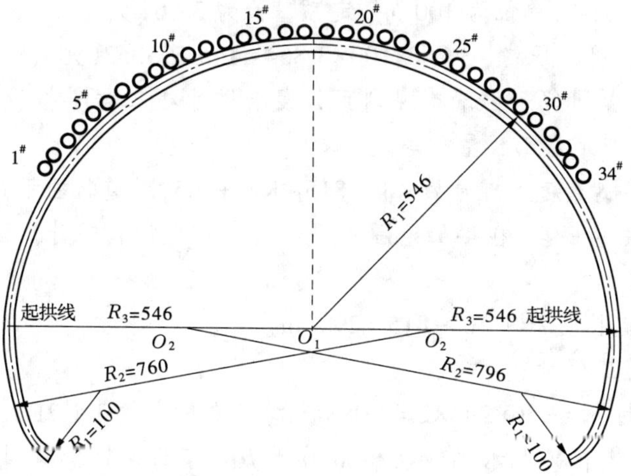

图 8-4　某隧道管棚工程示意图　(单位:cm)

解　(1)定额工程量计算。由定额可知,管棚的工程量按设计钢管长度计算。管棚长度 $l_1=130-100=30(m)$,$l_2=105-80=25(m)$。从图 8-4 可知,管棚根数为 34 根,管棚长度分别为 30 m 和 25 m。管棚工程量 $l=30\times34+25\times34=1\,870(m)$。套用定额 3-1-7-3,单位为 10 m,定额基价为 1 430 元,故管棚定额直接工程费 $=1\,870/10\times1\,430=267\,410$(元)。

(2)清单工程量计算。由清单规则可知管棚工程量按设计图所示,以长度计算,故清单工程量与定额工程量相等,即 $l=1\,870$ m。

【例 8-6】 某隧道起止桩号为 K46+215~K46+365,衬砌厚度为 0.5 m,采用复合式防水板,左右对称,示意如图 8-5 所示,试分别按定额和清单规则计算防水板工程量,并套定额计算直接工程费。

解　该段隧道长度 $l=365-215=150(m)$。

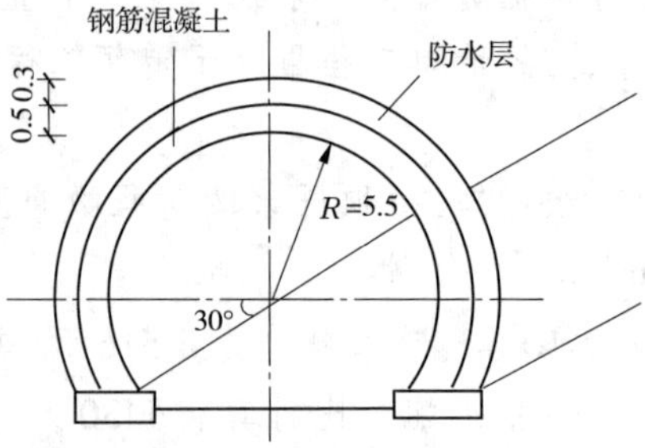

图 8-5　某隧道拱部防水层示意图　（单位：m）

(1)定额工程量计算。由定额可知，防水板的工程量按设计敷设面积计算。

$$S=\pi\times(5.5+0.5)\times2\times\frac{180+2\times30}{360}\times150=3\ 768(\mathrm{m}^2)$$

套用定额 3-1-11-1，单位为 100 m^2，定额基价为 3 864 元。

防水板定额直接工程费＝3 768/100×3 864＝145 595.52(元)。

(2)清单工程量计算。由清单规则可知复合防水板工程量按设计图所示，以面积计算，故清单工程量与定额工程量相等。

【例 8-7】 某隧道起止桩号为 K46+815～K47+105，隧道断面示意如图 8-3 所示，隧道两侧内边墙镶贴白色瓷砖，在拱部范围应用浅黄色防火涂料喷涂。试计算该隧道装饰工程工程量。

解　该段隧道长度 l＝1 105−815＝290(m)。

(1)镶贴瓷砖工程量。

①定额工程量 S_1＝3.6×290×2＝2 088(m^2)。套用定额 3-1-21-1，单位为 100 m^2，定额基价为 8 668 元，其中 M15 水泥砂浆和 M40 水泥砂浆为未计价材料，M15 水泥砂浆材料消耗量为 1.67 m^3，M40 水泥砂浆材料消耗量为 0.52 m^3，根据配合比计算可得 M15 水泥砂浆的单价为 260 元/m^3，M40 水泥砂浆的单价为 435 元/m^3。

定额直接工程费＝2 088/100×8 668+2 088/100×1.67×260+2 088/100×0.52×435
＝194 776.99(元)

②清单工程量。由清单规则可知镶贴瓷砖工程量按设计图所示，以面积计算，故清单工程量与定额工程量相等。

(2)防火涂料喷涂工程量。

①定额工程量 S_2＝π×5×290＝4 553(m^2)。套用定额 3-1-21-2，单位为 100 m^2，定额基价为 2 010 元。故定额直接工程费＝4 553/100×2 010＝91 515.3(元)。

②清单工程量。由清单规则可知防火涂料喷涂工程量按设计图所示，以面积计算，故清单工程量与定额工程量相等。

任务三　洞门工程

一、隧道洞门施工要求

(1)水泥、钢筋、砂石料应符合常规钢筋混凝土的材料要求。

(2)镶面用的粗料石,除强度应满足设计要求外,还应事先按砌体表面的形状和尺寸进行计算,专门加工,以保证洞门的美观。

(3)基坑超挖部分,需使用与基础相同材质回填,回填与基础施工同时进行。

(4)基底高程、基坑平面位置允许偏差见表8-7。基坑周边尺寸应能满足施工需要。基底承载力符合设计要求,否则应通知设计代表进行变更,基坑内无积水和杂物。

表8-7　基坑平面位置和基底高程允许偏差　单位:mm

项目	类型	
	土质	石质
基底高程	±50	+50,-200
平面位置	浆砌砌体50,现浇混凝土30	

(5)当端墙顶水沟砌筑在填土上时,填土必须夯实。洞门排水设施应与路堑排水系统连通。洞门排水、截水设施施工质量要求,根据类型不同,按排水工程相应项目检查。

(6)洞门装饰情况应符合:装饰施工前,应对基底进行整平清洗;装饰涂料要喷涂均匀,无气泡;贴面装饰,使用前应画好水平控制线和竖直控制线,保证接缝横平竖直,黏结材料符合要求,贴面紧密无空洞。

二、洞门工程定额工程量计算规则

(1)洞门工程包括洞门墙砌筑、现浇混凝土洞门墙和洞门墙装饰三部分。

(2)隧道和明洞洞门,均采用洞门工程定额。

(3)洞门墙工程量为主墙和翼墙等圬工体积之和。仰坡、截水沟等应按有关定额另行计算。

(4)洞门工程量均按设计工程数量计算。

三、洞门工程工程量清单计量规范

洞门工程的工作内容包括浆砌片石、料石,现浇混凝土,镶面等以及有关工程的施工作业。洞门工程工程量清单计量规则见表8-8。

表 8-8　洞门工程工程量清单计量规则

项	目	节	细目	项目名称	项目特征	计量单位	工程量计算规则	工程内容
五				隧道				第 500 章
	2			洞口与明洞工程				第 502 节、507 节
		4		洞门建筑				
			a	浆砌片石	1. 材料规格 2. 断面尺寸 3. 强度等级	m^3	按设计图所示，按体积计算	1. 挖基、基底处理 2. 砌筑、勾缝 3. 沉降缝、伸缩缝处理
			b	浆砌料(块)石				
			c	片石混凝土	1. 材料规格 2. 断面尺寸 3. 片石掺量 4. 强度等级			1. 挖基、基底处理 2. 拌和、运输、浇筑混凝土 3. 养生
			d	现浇混凝土	1. 材料规格 2. 断面尺寸 3. 强度等级			
			e	镶面	1. 材料规格 2. 强度等级 3. 厚度		按设计图所示，按不同材料以体积计算	1. 修补表面 2. 贴面 3. 抹平、养生
			f	光圆钢筋	1. 材料规格 2. 抗拉强度	kg	按设计图所示，各规格钢筋按有效长度(不计入规定的搭接长度)以质量计算	1. 制作、安装 2. 搭接
			g	带肋钢筋				
			h	锚杆		m	按设计图所示，按不同规格以长度计算	1. 钻孔、清孔 2. 锚杆制作安装 3. 注浆 4. 张拉 5. 抗拔力试验

四、工程案例

【例 8-8】 某隧道洞门为端墙式洞门，洞门和边墙砌筑均采用块石砌筑，砂浆强度等级为 M7.5，端墙砌筑厚度为 0.5 m，洞门上部拱圈是半径为 4.9 m 的半圆形。拱圈及边墙的厚度均为 0.6 m，洞门立面示意如图 8-6 所示。洞门砌筑范围为 20 m。试求拱圈、边墙、洞门的砌筑工程量。

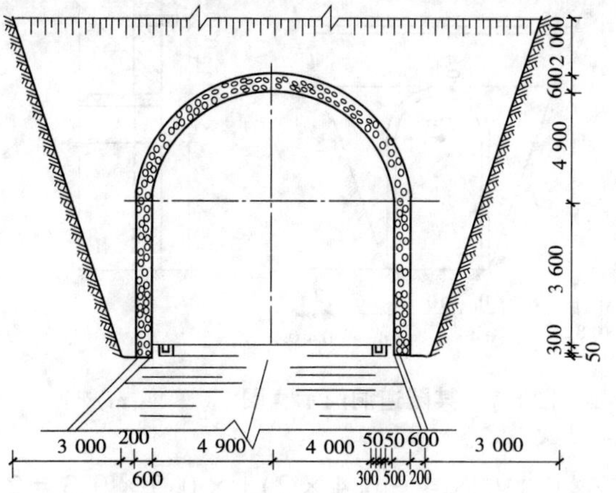

图 8-6　某隧道洞门立面示意图　（单位：mm）

解　(1)拱圈砌筑工程量 $V=\frac{1}{2}\pi\times[(4.9+0.6)^2-4.9^2]\times20=195.94(m^3)$。

(2)边墙砌筑工程量 $V=(3.6+0.3+0.05)\times20\times0.6\times2=94.8(m^3)$。

(3)端墙洞门砌筑工程量。

$$V_1=\frac{1}{2}\times[(4.9+0.6+0.2)\times2+(4.9+0.6+0.2+3)\times2]\times(0.05+0.3+3.6+4.9+0.6+2)\times0.5$$

$$=\frac{1}{2}\times(11.4+17.4)\times11.45\times0.5$$

$$=82.44(m^3)$$

$$V_2=\frac{1}{2}\pi\times(4.9+0.6)^2\times0.5=23.75(m^3)$$

$$V_3=(4.9+0.6)\times2\times(3.6+0.3+0.05)\times0.5=11\times3.95\times0.5=21.73(m^3)$$

$$V=V_1-V_2-V_3=82.44-23.75-21.73=36.96(m^3)$$

【例 8-9】　某公路隧道桩号为 K1+210～K1+700，洞门形式为端墙式洞门，采用 M10 水泥砂浆砌筑片石，砌筑厚度为 0.6 m，端墙外露面镶贴瓷砖，瓷砖和砂浆的厚度均为 30 mm，洞门示意如图 8-7 所示。求洞门砌筑和镶贴瓷砖工程量。

解　(1)端墙砌筑工程量。定额和清单计量规则一致，都是按体积计算。端墙断面为梯形。

上底长　$l_1=10+0.4\times2+8\times2+0.8\times2=28.4(m)$

下底长　$l_2=10+0.4\times2=10.8(m)$

高度　$h=6+5+0.4+3.2+0.3\times2=15.2(m)$

$$V=V_1+V_2-V_3-V_4$$

$$V_1=\frac{1}{2}\times(10.8+28.4)\times15.2\times0.6=178.75(m^3)$$

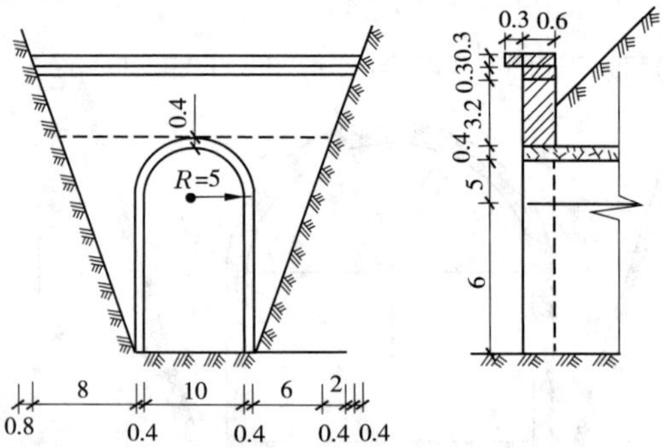

图 8-7　某隧道洞门示意图　(单位:m)

$$V_2 = \frac{1}{2} \times [28.4 + (28.4 - 0.4 \times 2)] \times 0.3 \times 0.3 = 2.52(\text{m}^3)$$

$$V_3 = \frac{1}{2}\pi \times (5 + 0.4)^2 \times 0.6 = 27.47(\text{m}^3)$$

$$V_4 = 6 \times 10.8 \times 0.6 = 38.88(\text{m}^3)$$

端墙砌筑工程量 $V = 178.75+2.52-27.47-38.88 = 114.92(\text{m}^3)$。

(2)镶贴瓷砖工程量。

①定额工程量按设计图所示面积计算:

$$S = S_1 - S_2 - S_3$$

$$S_1 = \frac{1}{2} \times (10.8 + 28.4) \times 15.2 = 297.92(\text{m}^2)$$

$$S_2 = \frac{1}{2}\pi \times (5 + 0.4)^2 = 45.78(\text{m}^2)$$

$$S_3 = 6 \times 10.8 = 64.8(\text{m}^2)$$

$$S = 297.92 - 45.78 - 64.8 = 187.34(\text{m}^2)$$

②清单工程量按设计图所示以体积计算。

$$V = 0.03S = 0.03 \times 187.34 = 5.62(\text{m}^3)$$

任务四　辅助坑道

一、辅助坑道定额相关说明

(1)斜井项目按开挖、出渣、通风及管线路分别编制,竖井项目定额中已综合了出渣、通风及管线路。

(2)斜井相关定额项目是按斜井长度 1 500 m 以内综合编制的,已含斜井建成后,通过斜井进行正洞作业时,斜井内通风及管线路的摊销部分。

(3)斜井支护按正洞相关定额计算。

二、辅助坑道定额工程量计算规则

(1)开挖、出渣工程量按设计断面数量(成洞断面加衬砌断面)计算,定额中已考虑超挖因素,不得将超挖数量计入工程量。

(2)现浇混凝土衬砌工程数量均按设计断面衬砌数量计算。

(3)喷射混凝土工程量按设计厚度乘以喷射面积计算,喷射面积按设计外轮廓线计算。

(4)锚杆工程量为锚杆、垫板及螺母等材料质量之和。

(5)斜井洞内通风、风水管照明及管线路的工程量按斜井设计长度计算。

三、辅助坑道的清单工程量计算规则

辅助坑道的开挖、钻孔爆破、施工支护、装渣运输等有关工作的清单工程量计算规则见洞身开挖工程量清单计算规则。

四、工程案例

【例 8-10】 某隧道工程在 K2+120~K2+170 施工段采用斜井开挖,围岩等级为Ⅴ级。斜井开挖采用光面爆破,初支喷射混凝土,厚度为 30 mm,C30 混凝土;衬砌采用台车模筑混凝土,厚度为 0.4 m,C25 混凝土。斜井布置图和断面图如图 8-8 所示,计算斜井开挖、喷射混凝土和衬砌工程量并套用定额。

解　斜井长度 $L=\dfrac{20}{\cos20°}+32=53.28(\text{m})$。

(1)斜井开挖工程量 $V=\left[\dfrac{1}{2}\pi\times(2.5+0.4+0.03)^2+2\times(5+0.4\times2+0.03\times2)\right]\times53.28$

$$=(13.48+11.72)\times53.28=1\ 342.66(\text{m}^3)$$

查《公路工程预算定额》(JTG/T 3832—2018),套用定额 3-3-1-23,单位为 100 m^3,定额基价为 10 929 元。故定额直接工程费=1 342.66/100×10 929=146 739.31(元)。

(2)斜井喷射混凝土工程量,按正洞相关定额计算。

$$V=[\pi\times(2.5+0.4+0.03)+2\times2]\times\left(\frac{20}{\cos20°}+32\right)\times0.03=21.1(\text{m}^3)$$

套用定额 3-1-8-1,单位为 10 m^3,定额基价为 6 457 元,其中 C25 混凝土为未计价材料,其材料消耗量为 12 m^3,查造价信息得 C25 水泥混凝土的单价为 300 元/m^3。

喷射混凝土定额直接工程费=21.1/10×6 457+21.1/10×12×300=21 220.27(元)

(3)斜井衬砌工程量 $V=\dfrac{1}{2}\pi\times[(2.5+0.4)^2-2.5^2]\times53.28+0.4\times2\times2\times53.28$

$$=180.68+85.25=265.93(\text{m}^3)$$

套用定额 3-3-3-1,单位为 10 m^3,定额基价为 4 702 元,其中 C25 混凝土为未计价材料,其材料消耗量为 10.4 m^3,查造价信息得 C25 混凝土的单价为 300 元/m^3。故定额直接工程费=265.93/10×4 702+265.93/10×10.4×300=208 010.45(元)。

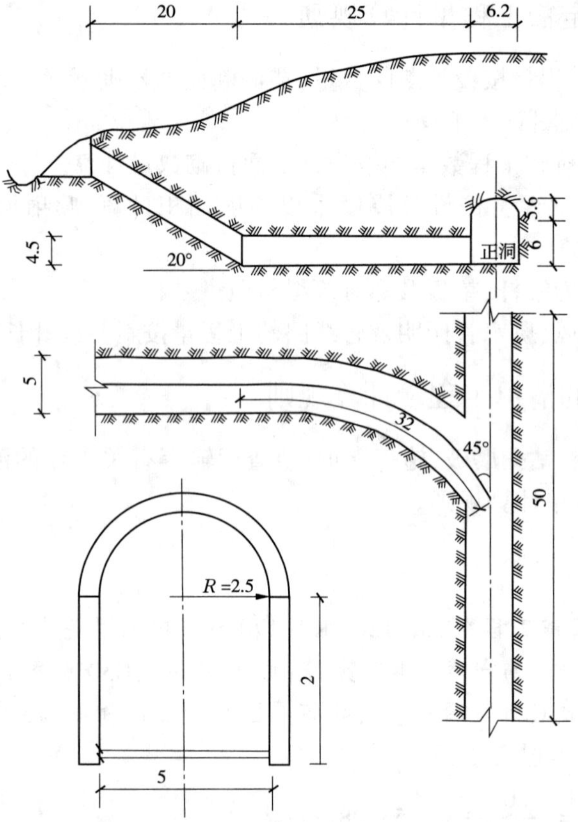

图 8-8　斜井布置图和断面图　(单位:m)

【例 8-11】　某隧道工程在 K1+120 ~ K1+200 施工段设有竖井开挖,该段无地下水,采用一般爆破开挖,围岩等级为Ⅳ级,采用机械开挖轻轨斗车运输,竖井布置如图 8-9 所示,计算该段隧道的工程量并套用定额。

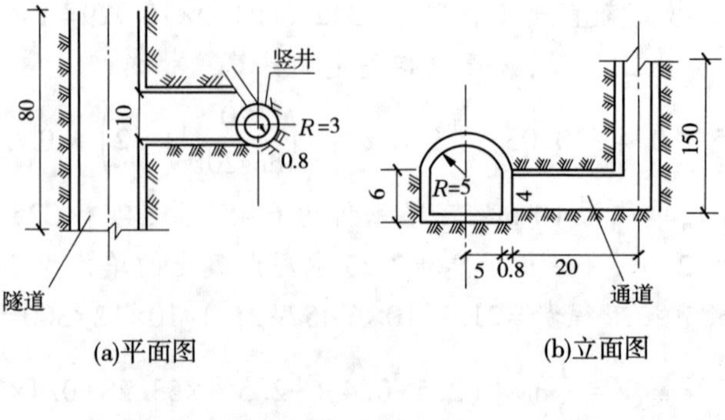

图 8-9　竖井布置示意图　(单位:m)

解　隧道长度 $l=200-120=80(\text{m})$。

(1)隧道正洞开挖工程量 $V=[(5+0.8)\times2\times6+\pi/2(5+0.8)^2]\times80=9\ 792.8(\text{m}^3)$。

(2)通道开挖工程量 $V=10\times4\times(20-3.8)=648(\text{m}^3)$。

查《公路工程预算定额》(JTG/T 3832—2018),套用定额 3-1-2-3,单位为 100 m^3,定额基价为 11 196 元。故隧道开挖定额直接工程费=(9 792.8+648)/100×11 196=1 168 951.97(元)。

(3)竖井开挖工程量 $V=\pi\times(3+0.8)^2\times150=6\ 801.24(m^3)$。

套用定额 3-3-5-3,单位为 100 m^3,基价 16 505 元。故竖井开挖定额直接工程费=6 801.24/100×16 505=1 122 544.66(元)。

项目小结

本项目内容主要依照隧道施工的工艺流程、按照隧道的组成部分讲授隧道各分项工程的工程量计算规则和方法,其中洞身部分工程计量是重点,包括开挖出渣、超前支护、初期支护、二次衬砌等工程量计算。

课程思政小课堂

作为举世瞩目的超级工程,港珠澳大桥在 2018 年顺利通车运营。它是我国第一条集桥梁、人工岛和海底隧道为一体的跨海通道,同时也是全球总体跨度最长、沉管最重、沉管隧道最长的跨海大桥。港珠澳大桥总长 55 km,大桥主体工程长约 29.6 km,包括 22.9 km 的桥梁、6.7 km 的海底隧道,以及连接隧道和桥梁的东、西人工岛。港珠澳大桥是超级工程,构建大桥海底隧道的 33 节沉管,每节超过 100 m 长,四层楼高,隧道内宽可达到双向六车道,绝对是沉管中的"巨无霸",被誉为交通工程的"珠穆朗玛峰"。

历时 9 年的施工建设,饱含着国家对这项伟大工程的重视,也饱含着所有施工人员的辛勤的汗水和默默无闻的付出。重重的阻力与施工上的历史性难题,都在充满智慧的建设者手中一一完成,谱写了中国桥梁史上新的篇章,也令世界桥梁专家为之惊叹,为之敬佩。在他们看来,在中国能完成这样伟大的工程简直就是天方夜谭,不可思议的事情。可是,不服输的中国人硬是把它建成了,并且走在了世界前沿,不能不说这是桥梁史上的伟大奇迹和创举。整个港珠澳大桥的使用寿命是 120 年,它所使用的钢铁材料,足足可以建造法国巴黎的 60 个埃菲尔铁塔,仅凭这些数字就足以令人激动与自豪。

习　题

一、填空题

1.《公路工程预算定额》(JTG/T 3832—2018)中"第三章　隧道工程"中规定本章定额包括隧道的________、________、防排水、衬砌、装饰、照明、通风及消防设施、洞门及辅助坑道等项目。

2. 洞身开挖、出渣工程量按设计________(成洞断面加衬砌断面)计算,包含洞身及所有附属洞室的数量,定额中已考虑超挖因素,不得将________计入工程量。

3. 管棚、小导管的工程量按设计________计算,当管径与定额不同时,可调整定额中钢管的________。

4. 喷射混凝土的工程量按________乘以喷射面积计算,喷射面积按设计________线计算。

5. 钢筋、钢筋网、型钢按设计图所示,以________计算。

6. 砂浆锚杆工程量为锚杆、垫板及螺母等材料________之和计算。中空注浆锚杆、自进式锚杆的工程量按锚杆________计算。

7. 防水板、明洞防水层的工程量按________计算。止水带(条)、盲沟、透水管的工程量,均按________计算。

二、选择题

1. 拱顶压浆的工程量按设计数量计算,设计时可按每延长米(　　)综合考虑。

A. 0.2 m^3　　B. 0.25 m^3　　C. 0.3 m^3　　D. 0.5 m^3

2. 隧道中钢筋、钢筋网、型钢按设计图所示,以(　　)计算。

A. 质量　　B. 长度　　C. 面积　　D. 体积

3. 隧道中管棚、小导管的工程量按设计钢管(　　)计算,当管径与定额不同时,可调整定额中钢管的消耗量。

A. 质量　　B. 长度　　C. 面积　　D. 体积

4. 隧道中砂浆锚杆工程量为锚杆、垫板及螺母等材料(　　)之和。

A. 质量　　B. 长度　　C. 面积　　D. 体积

5. 隧道中防水板、明洞防水层的工程量按设计(　　)计算。

A. 质量　　B. 长度　　C. 面积　　D. 体积

6. 洞内通风、风水管及照明、管线路的工程量按隧道设计(　　)计算。

A. 质量　　B. 长度　　C. 面积　　D. 体积

7. 隧道工程中喷射混凝土的工程量按设计图示尺寸(　　)计算。

A. 表面积　　B. 体积　　C. 外轮廓面积　　D. 长度

三、思考与练习题

1. 简述隧道的主要施工程序及相应的工程量计算规则。

2. 简述隧道长度的确定方法。

3. 简述隧道定额开挖工程量的计算规则。

4. 简述隧道超前支护的形式及其定额工程量计算规则。

5. 简述隧道初期支护的形式及其定额工程量计算规则。

6. 简述隧道二次衬砌及其定额工程量计算规则。

7. 简述隧道防排水工程量计算规则。

8. 简述定额与清单规则中砂浆锚杆的工程量计算规则。

9. 某隧道长 400 m,其围岩级别为Ⅲ级,采用机械开挖自卸汽车运输,拱部及边墙采用混凝土预制块砌筑,断面示意如图 8-10 所示,试分别按定额和清单工程量计算规则计算该段隧道开挖和衬砌工程量,并套用定额计算直接工程费。

10. 某公路隧道长 120 m,其围岩级别为Ⅴ级,采用砂浆锚杆支护,直径为 ϕ 20,长度为 2 m,支护间距为 10 m,如图 8-11 所示。试求锚杆支护的工程量并套用定额。

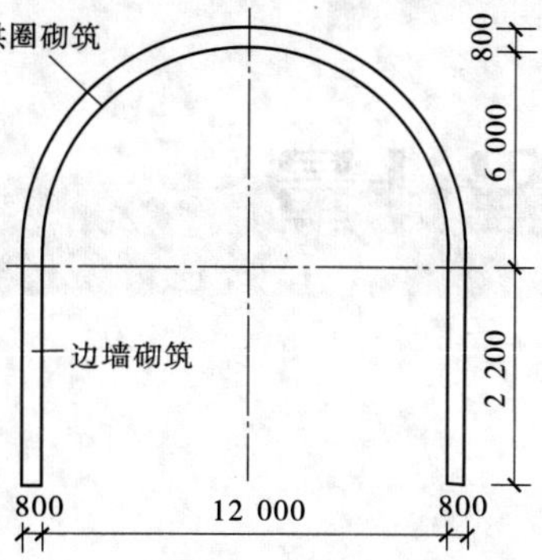

图 8-10　拱圈和边墙砌筑示意图　（单位:mm）

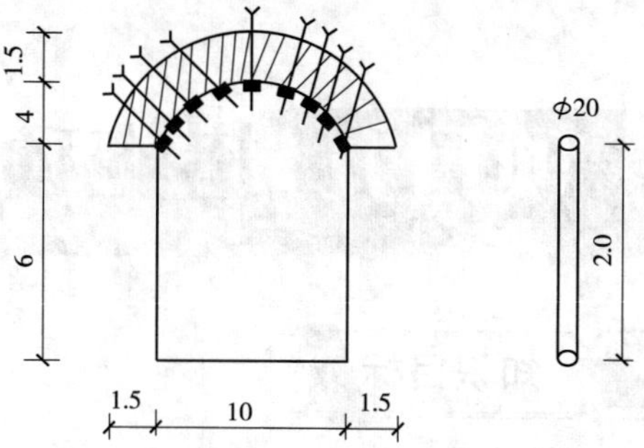

图 8-11　锚杆布置及尺寸图　（单位:m）

项目九 措施项目工程计量

知识目标

1. 掌握脚手架工程的工程量计算规则和方法。
2. 掌握模板工程的工程量计算规则和方法。
3. 掌握垂直运输工程的工程量计算规则和方法。
4. 掌握其他项目的工程量计算规则和方法。

能力目标

1. 能计算不同类型脚手架工程的工程量。
2. 能计算模板工程的工程量。
3. 能计算垂直运输工程的工程量。

素质目标

1. 培养学生热爱国家、坚定理想信念、自觉维护国家和公众利益的意识。
2. 培养学生具有良好的爱岗敬业、吃苦耐劳的职业道德。
3. 培养学生具备良好的团结合作,与人沟通、协调的能力。
4. 培养学生具备精益求精、认真细致的工匠精神。
5 培养学生具备持续学习、终身学习的能力。

项目重点

1. 不同类型脚手架的适用条件及工程量计算规则。
2. 梁板柱模板工程量计算规则。

项目难点

1. 综合脚手架和单项脚手架的区别。
2. 满堂脚手架的适用条件及工程量计算规则。
3. 梁板柱相交处模板工程量的计算。

案例引入

某办公楼工程为6层框架结构,建筑面积为7 200 m^2,利用辽宁省《房屋建筑与装饰

工程定额》计算出该工程直接费为 4 747 290.34 元,具体思考问题如下:

(1)该费用是否为工程造价?

(2)如果不是,还需要计算哪些项目?

(3)如何计算?

措施项目是指为完成工程项目施工,发生于该工程准备和施工过程中的技术、生活、安全、环境保护等方面的非工程实体项目。措施项目包括技术措施(可以计量的)和组织措施(不可计量的)。其中,技术措施包括脚手架工程,模板工程,垂直运输,建筑物超高增加费,特、大型机械安装、拆卸及场外运输,施工排水、降水等;组织措施包括环境保护费、文明施工费、安全施工费、夜间施工费、二次搬运费等。本项目所讲的措施项目主要是指技术措施项目。

任务一　脚手架工程

一、脚手架工程概述

脚手架是专门为高空施工作业、堆放和运送材料、保证施工过程工人安全而设置的架设工具或操作平台,如图 9-1 所示。脚手架不形成工程实体,属于措施项目。

图 9-1　脚手架图

脚手架按材料不同可分为木脚手架、竹脚手架、钢管脚手架;按搭设的位置分为外脚手架、里脚手架;按构造形式分为立杆式脚手架、桥式脚手架、门式脚手架、悬吊式脚手架、挂式脚手架、挑式脚手架、爬式脚手架。

二、综合脚手架

综合脚手架中包括外墙砌筑及外墙装饰、混凝土浇捣用脚手架,3.6 m 以内的内墙砌筑以及内墙面和天棚装饰脚手架。综合脚手架综合了依附斜道、上料平台、护卫栏杆、卷扬机架、电梯井架、悬空脚手架、基础脚手架、高层脚手架的卸载等各项内容。

(一)适用条件

(1)凡工业与民用建筑工程总承包的建筑物工程所搭设的脚手架,应按综合脚手架定额计算。

(2)单层建筑综合脚手架适用于檐高 20 m 以内的单层建筑工程。

(3)2 层及 2 层以上的建筑工程执行多层建筑综合脚手架项目,地下室部分执行地下室综合脚手架项目。

(二)工程量计算规则

(1)按设计图示尺寸以建筑面积计算。建筑面积按本定额建筑面积的计算规则计算。

(2)地下室的建筑面积单独计算。地下室综合脚手架按 20 m 以下相应定额计算。

(三)特殊情况说明

执行综合脚手架,有下列情况者,可另执行单项脚手架项目:

(1)满堂基础、条形基础底宽超过 3 m 或独立基础高度(垫层上皮至基础顶面)超过 1.2 m,按满堂脚手架基本层定额乘以系数 0.3 计算;高度超过 3.6 m,每增加 1 m 按满堂脚手架增加层定额乘以系数 0.3 计算。

(2)砌筑高度在 3.6 m 以外的砖内墙,按超过部分投影面积执行单排脚手架项目;砌筑高度在 3.6 m 以外的砌块内墙,按超过部分投影面积执行双排脚手架项目。

(3)砌筑高度在 1.2 m 以外的屋顶烟囱的脚手架,按设计图示烟囱外围周长另加 3.6 m 乘以烟囱出屋顶高度,以面积计算,执行里脚手架项目。

(4)砌筑高度在 1.2 m 以外的管沟墙及砖基础,按设计图示砌筑长度乘以高度,以面积计算,执行里脚手架项目。

(5)内墙墙面装饰高度在 3.6 m 以外的,超过部分执行内墙面装饰脚手架项目。

(6)天棚装饰高度在 3.6 m 以外的,执行满堂脚手架项目,如实际施工中未采用满堂脚手架,应按满堂脚手架项目基价的 30%计算脚手架费用。

(7)外墙高度在 3.6 m 以上墙面装饰不能利用原砌筑脚手架时,可按实际发生计算脚手架。

(8)凡室内计算了满堂脚手架,不再计算墙面装饰脚手架,只按每 100 m^2 墙面垂直投影面积增加改架一般技工工日 1.28 个。

(9)按照建筑面积计算规范的有关规定未计入建筑面积,但施工过程中需搭设脚手架的施工部位。

(10)由业主另行发包的专业分包工程,不能利用原总承包单位搭设脚手架,可执行相应的单项脚手架项目。

【例 9-1】 某单层建筑如图 9-2 所示,内外墙厚 240 mm,轴线居中。计算其脚手架工程量并套定额计价(2017 年辽宁省《定额》)。

解 $S_{脚手架}=S_{建筑面积}=(9\times4+0.24)\times(12+0.24)=443.58(m^2)$

【例 9-2】 某工程檐高及各部分面积如图 9-3 所示,地上建筑物层高均在 3.6 m 以下,地下室天棚抹灰,室内地面净面积为 2 300 m^2,施工时采用钢管脚手架。根据 2017 年辽宁省《定额》计算脚手架有关工程量。

解 同一建筑物有不同檐高时,按建筑物的不同檐高纵向分割,分别计算建筑面积,并按各自的檐高执行相应项目。

综合脚手架 20 m 以内: $S_2=5\ 240\ m^2$

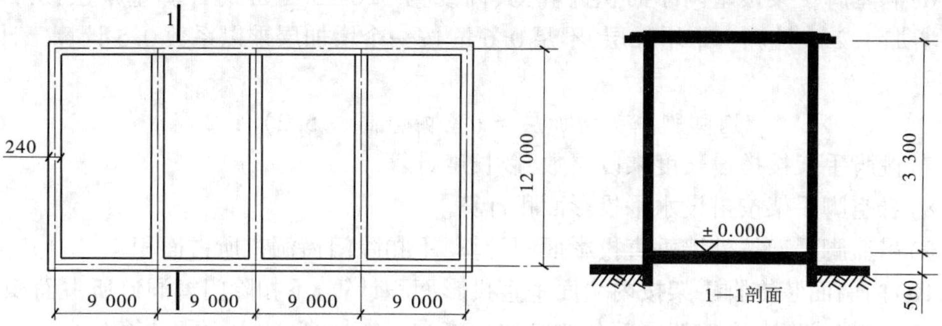

图 9-2　单层建筑平面图及剖面图　（单位：mm）

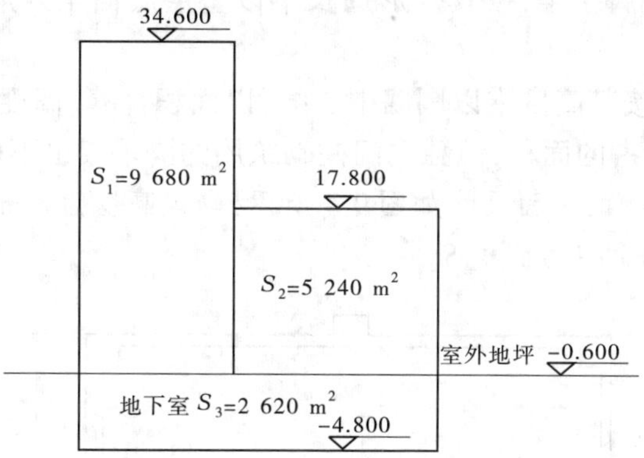

图 9-3　某工程檐高及各部分面积

综合脚手架 40 m 以内：　　　　$S_1 = 9\ 680\ m^2$

地下室综合脚手架 20 m 以内：　$S_3 = 2\ 620\ m^2$。

由于地下室层高为 4.2 m，超过 3.6 m，故地下室天棚抹灰需套用满堂脚手架基本层 3.6~5.2 m 以内：地下室满堂脚手架 5.2 m 以内：$S_4 = 2\ 300\ m^2$。

三、单项脚手架

(一) 适用条件

(1) 适用于不能计算建筑面积而必须搭设脚手架或专业分包工程所搭设的脚手架。

(2) 预制混凝土构件及金属构件安装工程中所需搭设的临时脚手架。

(二) 工程量计算规则

(1) 外脚手架、整体提升脚手架按外墙外边线长度(含墙垛及附墙井道)乘以外墙高度，以面积计算。

(2) 里脚手架按墙面垂直投影面积计算。

(3) 计算内、外墙脚手架时，均不扣除门、窗、洞口、空圈等所占面积。同一建筑物高度不同时，应按不同高度分别计算。

(4) 独立柱按设计图示尺寸，以结构外围周长另加 3.6 m 乘以高度，以面积计算。

(5) 现浇钢筋混凝土梁按梁顶面至地面(或楼面)间的高度乘以梁净长，以面积计算。

(6)满堂脚手架按室内净面积计算,其高度为3.6~5.2 m时计算基本层,5.2 m以外,每增加1.2 m计算一个增加层,不足0.6 m按一个增加层乘以系数0.5计算。计算公式如下:

$$\text{满堂脚手架增加层} = (\text{室内净高} - 5.2)/1.2 \tag{9-1}$$

(7)挑脚手架按搭设长度乘以层数,以长度计算。

(8)悬空脚手架按搭设水平投影面积计算。

(9)吊篮脚手架按外墙垂直投影面积计算,不扣除门窗洞口所占面积。

(10)内墙面装饰脚手架按内墙面垂直投影面积计算,不扣除门窗洞口所占面积。

(11)立挂式安全网按架网部分的实挂长度乘以实挂高度,以面积计算。

(12)挑出式安全网按挑出的水平投影面积计算。

(13)大型设备基础脚手架,按其外形周长乘以垫层底面至外形顶面之间高度,以面积计算。

(14)围墙脚手架,按其高度乘以围墙中心线,以面积计算,高度指室外设计地坪至围墙顶。不扣除围墙门所占的面积,但独立门柱砌筑用的脚手架也不增加。

【例9-3】 某建筑物的平面尺寸如图9-4所示,砌筑高度为8 m,试计算当b=200 mm和b=300 mm时外墙脚手架的面积S。

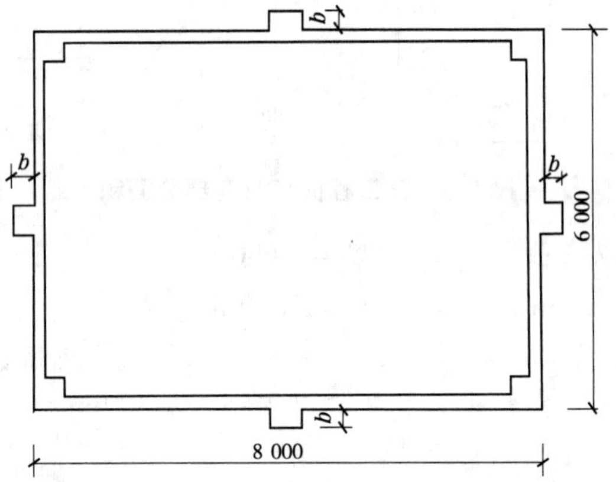

图9-4 某建筑物平面示意图 (单位:mm)

解 当b=200 mm时,小于240 mm,$S=(8+6)\times2\times8=224.00(m^2)$。

当b=300 mm时,大于240 mm,$S=[(8+6)\times2+8\times0.3]\times8=243.20(m^2)$。

【例9-4】 某包房平面图如图9-5所示,框架柱内的填充墙厚200 mm,轴线居中,该包房天棚做吊顶,室内净高4.8 m。请计算其满堂脚手架工程量。

解 因天棚装饰高度在3.6 m以外,故执行满堂脚手架项目,满堂脚手架面积按室内净面积计算:

$$S_{\text{脚手架}} = (9 - 0.2) \times (6.6 - 0.2) = 56.32(m^2)$$

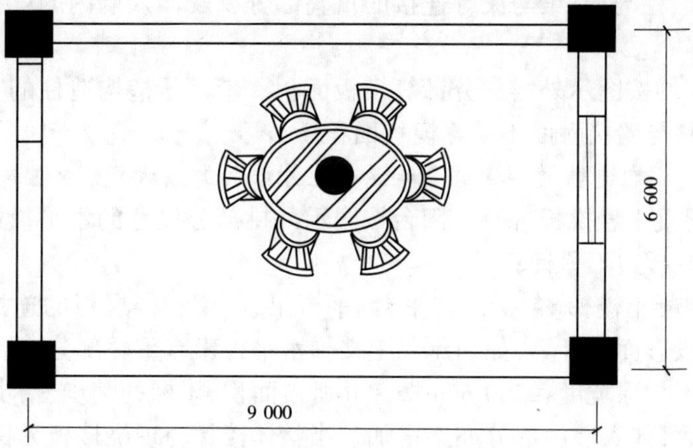

图 9-5　包房平面图　（单位:mm）

任务二　混凝土及钢筋混凝土模板及支架

模板分组合钢模板、大钢模板、复合模板,定额未注明模板类型的,均按木模板考虑。复合模板适用于竹胶、木胶等品种的复合板。

一、现浇混凝土构件模板工程量计算规则

现浇混凝土构件模板,除另有规定者外,均按模板与混凝土的接触面积(不扣除后浇带所占面积)计算。

(一)现浇混凝土构件模板的支模高度

现浇钢筋混凝土柱、梁、板、墙的支模高度是指设计室内地坪至板底、梁底或板面至板底、梁底之间的高度,以 3.6 m 以内为准。超过 3.6 m 部分模板超高支撑费用,按超过部分模板面积,套用相应定额乘以 1.2 的 n 次方(n 为超过 3.6 m 后每超过 1 m 的次数,若超过高度不足 1.0 m,舍去不计)。支模高度超过 8 m 时,按施工方案另行计算。

以柱为例,支撑高度超过 3.6 m 工程量为(柱高-3.6)×边长之和,套用相应定额乘以的系数为:

(1)当柱高≥3.6 m 且<4.6 m 时,$n=0$,超过高度不足 1.0 m,舍去不计。

(2)当柱高≥4.6 m 且<5.6 m 时,$n=1$,套用相应定额乘以系数 1.2。

(3)当柱高≥5.6 m 且<6.6 m 时,$n=2$,套用相应定额乘以系数 1.44。

(4)当柱高≥6.6 m 且<7.6 m 时,$n=3$,套用相应定额乘以系数 1.728。

(5)当柱高≥7.6 m 且<8 m 时,$n=4$,套用相应定额乘以系数 2.704。

(二)现浇混凝土构件模板工程量计算规则说明

(1)现浇钢筋混凝土墙、板上单孔面积在 0.3 m^2 以内的孔洞,不予扣除,洞侧壁模板亦不增加;单孔面积在 0.3 m^2 以上的,应予扣除,洞侧壁模板面积并入墙、板模板工程量之内计算。附墙柱并入墙内工程量计算。柱角按孔洞考虑。

(2)柱与梁、柱与墙、梁与梁等连接的重叠部分以及伸入墙内的梁头、板头部分,均不计算模板面积。

(3)构造柱均按图示外露部分计算模板面积。带马牙槎构造柱的宽度按马牙槎最宽处计算。构造柱与墙接触面不计算模板面积。

$$构造柱模板工程量=混凝土外露面的最大宽度×柱高 \quad (9\text{-}2)$$

(4)现浇混凝土悬挑板、雨篷、阳台按图示外挑部分尺寸的水平投影面积计算。挑出墙外的悬臂梁及板边不另计算。

(5)现浇混凝土楼梯(包括休息平台、平台梁、斜梁和楼层板的连接的梁),按设计图示尺寸以水平投影面积计算,如两跑以上楼梯水平投影有重叠部分,重叠部分单独计算水平投影面积。不扣除宽度≤500 mm 楼梯井所占面积,楼梯的踏步、踏步板、平台梁等侧面模板不另行计算,伸入墙内部分亦不增加。当整体楼梯与现浇楼板无梯梁连接时,以楼梯的最后一个踏步边缘加 300 mm 为界。

(6)混凝土台阶不包括梯带,按图示台阶尺寸的水平投影面积计算,台阶与平台连接时其投影面积应以最上层踏步外沿加 300 mm 计算。台阶端头两侧不另计算模板面积。

二、工程案例

【例 9-5】 试计算如图 9-6 所示的现浇混凝土独立基础的模板工程量。

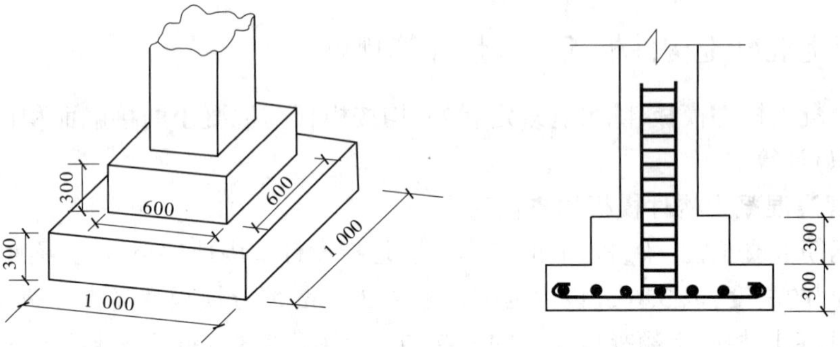

图 9-6 独立基础模板工程图 (单位:mm)

解 现浇混凝土独立基础的清单模板工程量:

$$S_{模板} = (1 \times 0.3 + 0.6 \times 0.3) \times 4 = 1.92(m^2)$$

【例 9-6】 某砖墙高 3 m,墙中构造柱有如图 9-7 所示四种断面形式,构造柱截面尺寸为 240 mm×240 mm,试分别计算如图不同形式的构造柱模板工程量。

一字形构造柱: $S_{模板} = (0.24 + 0.06 \times 2) \times 3 \times 2 = 2.16(m^2)$

十字形构造柱: $S_{模板} = 0.06 \times 2 \times 3 \times 4 = 1.44(m^2)$

L 形构造柱: $S_{模板} = (0.24 + 0.06) \times 3 \times 2 + 0.06 \times 3 \times 2 = 2.16(m^2)$

T 形构造柱: $S_{模板} = (0.24 + 0.06 \times 2) \times 3 + 0.06 \times 2 \times 3 \times 2 = 1.8(m^2)$

【例 9-7】 某现浇混凝土框架结构办公楼如图 9-8 所示,楼板顶标高为 3.6 m,柱基础顶标高为-0.5 m,柱截面尺寸为 500 mm×500 mm,混凝土板厚为 100 mm。要求根据辽宁省 2017 计价依据计算柱、梁、板模板相关工程量。

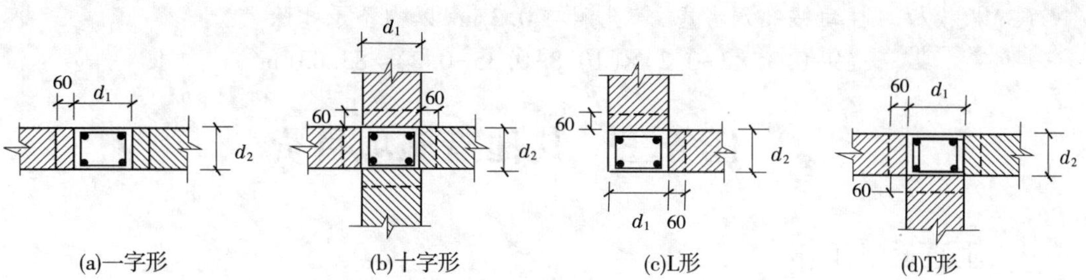

图 9-7　构造柱断面示意图　（单位：mm）

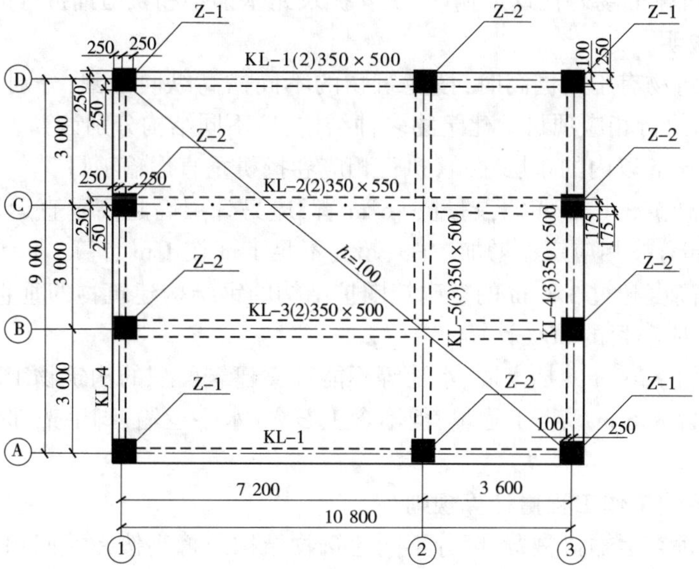

图 9-8　结构布置图　（单位：mm）

解　(1)柱模板(扣减梁、板重叠面积)。

Z-1：{0.5×4×(3.6+0.5)－0.5×0.1×2[扣柱板交界处]－0.35×(0.5－0.1)×2[扣柱梁交接处]}×4＝31.28(m^2)

Z-2：0.5×4×(3.6+0.5)×6－0.5×0.1×3×6[扣柱板交接处]－0.35×(0.5－0.1)×16[扣柱梁交接处]－0.35×(0.55－0.1)×2[扣柱梁交接处]＝45.75(m^2)

(2)梁模板。

KL-1：　(0.35+0.5×2－0.1)×(10.8－0.5×2)×2＝24.50(m^2)

KL-2：　{0.35+(0.55－0.1)×2}×(10.8－0.5)－0.35×(0.5－0.1)×2[扣 KL-5 与 KL-2 交接处]＝12.60(m^2)

KL-3：　{0.35+(0.5－0.1)×2}×(10.8－0.5)－0.35×(0.5－0.1)×2[扣 KL-5 与 KL-3 交接处]＝11.57(m^2)

KL-4：　(0.35+0.5×2－0.1)×(9－0.5×3)×2＝18.75(m^2)

KL-5：　{0.35+(0.5－0.1)×2}×(9－0.5－0.35×2)×2＝17.94(m^2)

小计：24.50+12.60+11.57+18.75+17.94＝85.36(m^2)

(3)板模板。柱角按孔洞考虑,若孔洞在0.3 m^2以内不予扣除。

$$(9-0.35\times2-0.2)\times(10.8-0.35-0.2)=83.03(m^2)$$

任务三　其他措施项目费

一、垂直运输工作

垂直运输工作内容包括单位工程在合理工期内完成全部工程项目所需的垂直运输机械台班,不包括机械的场外往返运输、一次安拆及路基铺垫和轨道铺拆等的费用。

(一)定额说明

(1)同一建筑物有不同檐高时,按建筑物的不同檐高纵向分割,分别计算建筑面积,并按各自的檐高执行相应项目。建筑物多种结构,按不同结构分别计算。

(2)檐高3.6 m以内的单层建筑,执行相应卷扬机垂直运输项目。

(3)定额层高按3.6 m考虑,超过3.6 m者,应另计层高超高垂直运输增加费,每超过1 m,其超高部分按相应定额增加10%,超高不足1 m按1 m计算。

(4)建筑物高度超过3.6 m的有砌筑围护结构的钢结构建筑物的垂直运输费按建筑工程垂直运输相应项目的30%计算。

(5)高度超过3.6 m的挡土墙、水池等不能计算建筑面积的构筑物工程,垂直运输费按该工程项目(含3.6 m以下工程量,但不含土石方、水平运输、脚手架部分)人工费乘以系数0.15计取。

(二)垂直运输工作工程量计算规则

(1)建筑物垂直运输机械费,区分不同建筑物结构及檐高按建筑面积以平方米计量。建筑面积按定额建筑面积计算规则计算。

(2)地下室建筑面积与地上建筑面积分别计算,地下室项目按全现浇结构30 m内相应项目的80%计算,地上部分套用相应高度的定额项目。

(3)本部分按泵送混凝土考虑,如采用非泵送,垂直运输费按以下方法增加:相应项目乘以非泵送混凝土数量占全部混凝土数量的百分比,再乘以调整系数10%。

二、建筑物超高增加费

在高层建筑物施工时,由于施工人员垂直交通时间以及休息时间的延长造成了人工降效,以及与施工人员配合使用的施工机械也随之产生了降效的原因,需在措施项目中计算超高增加的费用。

(一)建筑物超高施工增加费包括的工作内容

(1)工人上下班降低工效、上下楼及自然休息增加时间。

(2)垂直运输影响的时间。

(3)由于人工降效引起的机械降效。

(4)水压不足所发生的加压水泵台班。

(二)超高增加费工程量计算规则

建筑物超高增加费按建筑物的建筑面积计算,均不包括地下室部分。

(三)超高增加费定额说明

建筑物超高增加费定额适用于建筑物檐口高度超过 20 m 的工程项目。单层建筑按相应项目乘以系数0.6。

同一建筑物有不同檐高时,可按不同高度的建筑面积分别计算,以不同檐高分别编码列项。

三、大型机械设备进出场及安拆

大型机械设备进出场及安拆费是指机械整体或分体自停放场地往返施工现场所发生的机械进出场运输和转移费用,以及机械在施工现场进行安装、拆卸所需的人工费、材料费、机械费、试运转费和安装所需的辅助设施的费用。

(一)工程量计算规则

(1)大型机械设备安拆费按台次计算。

(2)大型机械设备进出场费按台次计算。

(二) 定额说明

1. 大型机械安拆费

(1)机械安拆费是安装、拆卸的一次性费用。

(2)机械安拆费中包括机械安装完毕后的试运转费用。

(3)柴油打桩机的安拆费中,已包括轨道的安拆费用。

(4)自升式塔式起重机安拆费按檐高 45 m 确定,>45 m 且檐高≤200 m,檐高每增高 10 m,按相应定额增加费用10%,尾数不足 10 m 按 10 m 计算。

2. 大型机械设备进出场费

(1)进出场费中已包括往返一次的费用。

(2)进出场费中已包括了臂杆、铲斗及附件、道木、道轨的运费。

(3)10 t 以内汽车式起重机,不计取场外开行费。10 t 以外汽车式起重机,进出场的场外开行费按其台班单价的 25%计算。

(4)机械运输路途中的台班费,不另计取。

3. 塔式起重机及施工电梯基础

(1)塔式起重机轨道铺拆以直线形为准,如铺设弧线形,定额乘以系数 1.15。

(2)固定式基础适用于混凝土体积在 10 m^3 以内的塔式起重机基础,如超出者按实际混凝土工程、模板工程、钢筋工程分别计算工程量,按定额相应项目执行。定额未考虑混凝土基础拆除。

(3)固定式基础如需打桩,打桩费用另行计算。

(4)塔式起重机和施工电梯基础埋件及附着臂埋件按实际用量,执行铁件定额。

四、施工排水、降水

(一)工程量计算规则

(1)轻型井点、喷射井点排水的井管安装、拆除以根为单位计算,使用以套/d 为单位计算;真空深井、直流深井排水的安装拆除以每口井为单位计算,使用以每口井/d 为单位计算。

(2)使用天数以每昼夜(24 h)为 1 d,并按确定的施工组织设计要求的使用天数计算。

(3)集水井按设计图示数量以座计算,大口井按累计井深以长度计算。

(二)定额说明

(1)轻型井点以 50 根为一套,喷射井点以 30 根为一套,使用时累计根数轻型井点少于 25 根,喷射井点少于 15 根,使用费按相应定额乘以系数 0.7。

(2)井管间距应根据地质条件和施工降水要求,按确定的施工组织设计确定,确定的施工组织设计未考虑时,可按轻型井点管距 1.2 m、喷射井点管距 2.5 m 确定。

(3)直流深井降水成孔直径不同时,只调整相应的黄砂含量,其余不变;PVC-U 加筋管直径不同时,调整管材价格的同时,按管子周长的比例调整相应的密目网及铁丝。

(4)排水井分集水井和大口井两种。集水井定额项目按基坑内设置考虑,井深在 4 m 以内,2017 年辽宁省《定额》计算。如井深超过 4 m,定额按比例调整。大口井按井管直径分两种规格,抽水结束时回填大口井的人工和材料未包括在消耗量内,实际发生时应另行计算。

五、临时设施项目

(一)工程量计算规则

(1)地面硬覆盖,按覆盖面积乘以覆盖厚度,以体积计算。

(2)现场整体临时围挡,按安装垂直投影以面积计算。

(3)分解计算的临时围挡及临时大门,钢结构柱、支撑部分按整体用钢量以重量计算;砖柱部分按砌筑量以体积计算;围挡面板、门扇按垂直投影以面积计算。

(4)临时建筑按安装尺寸以建筑面积计算。

(5)临时管线按敷设长度按延长米计算;临时配电箱以台计算。

(二)定额说明

(1)定额包括措施项目中的地面硬覆盖,现场临时围挡、大门,临时建筑,临时管线四个部分。

(2)定额项目均为临时性建筑设施,不适合永久性建筑设施。

(3)临时建筑包括办公用房、库房、宿舍、食堂、卫生间等,临时建筑含电气照明系统。

(4)定额未含临时设施的基础、地面及抹灰工程,如发生,套用其他章节相应定额。

(5)定额临时围挡面板采用彩钢板,如采用不同材料,材料可以代换,人工、机械不变。

(6)临时围挡项目可选用整体围挡,也可将围挡柱、支撑及面板分别计算工程量,按相应项目执行。

(7)临时钢柱定额适用于施工现场临时大门的钢柱及门上钢横梁。

(8)定额材料使用量为摊销量。

(9)定额人工、材料费含安装脚手架及摊销材料周转维护费。

六、冬期施工措施费

(一)工程量计算规则

(1)暖棚搭设:分暖棚墙体搭设与棚顶搭设,按实际搭设暖棚墙与棚顶的外表面积以 100 m^2 为计量单位计算。

(2)混凝土外加剂:根据确定的施工方案、混凝土需要加入的外加剂种类、实际温度,执行相应定额项目,按每立方米混凝土为计量单位计算。

(3)供热系统安装与拆除:临时锅炉、暖风机安装与拆除费用按套为计量单位,其设备价值分 5 次摊销另计;供热管道、光排管散热器以 10 m 为计量单位。

(4)供热设施费:按暖棚搭设的底面积,以 100 d 为计量单位计算。

(5)照明设施安装与拆除:按暖棚搭设的底面积,以 100 m^2 为计量单位计算。

(6)人工、机械降效:按冬期施工实际完成的工程量的人工费和机械费分别乘以相应的降效系数计算。

(二)定额说明

(1)冬期施工定额适用于连续 5 d 平均气温低于 5 ℃搭设暖棚法施工的建筑、市政桥梁工程,采用临时锅炉或暖风机供热方式进行供暖,添加外加剂施工方法。

(2)暖棚搭设的骨料按摊销量进入定额,保温材料及辅助材料按实际使用量一次性摊销。

(3)供暖系统安装与拆除:锅炉购置按 5 次摊销,供热管道以摊销量进入定额;管道保温按一次摊销量进入定额;散热设备按光排管散热器现场制作安装一次性摊销进入定额。

(4)供热设施运行费:按照暖棚实际面积每 100 m^2 每天消耗的燃料、动力用电、人工用量进入定额。

项目小结

本项目主要介绍了技术措施项目工程量计算的规则和方法,包括脚手架、模板、垂直运输费、超高增加费、大型机械设备进出场及安拆费、施工排水降水费、临时设施费、冬季施工措施费等。重点是不同类型脚手架的适用条件及工程量计算规则;满堂脚手架的适用条件及工程量计算规则;梁板柱相交处模板工程量的计算。

课程思政小课堂

2019 年 3 月,江苏扬州市某项目施工工地发生一起附着式升降脚手架坍塌事故,后经调查,本次事故发生的直接原因是,违规采用钢丝绳替代爬架提升支座,人为拆除爬架所有防坠器防倾覆装置,并拔掉同步控制装置信号线,在架体邻近吊点荷载增大,引起局部损坏时,架体失去超载保护和停机功能,产生连锁反应,造成架体整体坠落。一审法院认为,吕某、胡某等11人在生产、作业中违反有关安全管理的规定,因而发生重大伤亡事故,情节特别恶劣,其行为均已构成重大责任事故罪。法院判处吕某(安全员)有期徒刑4年,禁止其自刑罚执行完毕之日或者假释之日起三年内从事与安全生产相关的职业;判处胡某有期徒刑3年,禁止其自刑罚执行完毕之日或者假释之日起三年内从事与安全生产相关的职业。其他9名被告人也分别被判刑,并在数年内禁止从事与安全生产相关的职业。

从该起事故中,大家可以看出措施项目在项目施工中的重要性,例如案例中脚手架未按规定进行操作,直接造成人员伤亡的严重后果,同学们在以后的工作中一定要严格遵守相关政策和规定,不能有丝毫的侥幸心理和麻痹大意的意识,否则会造成不可挽回的严重后果。

习　题

一、填空题

1. 综合脚手架中包括________砌筑及外墙装饰、混凝土浇捣用脚手架、3.6 m以内的________砌筑以及内墙面和天棚装饰脚手架。

2. 综合脚手架工程量计算规则按设计图示尺寸以________计算;地下室的建筑面积单独计算,地下室综合脚手架按________ m以下相应定额计算。

3. 天棚装饰高度在________ m以外的,执行满堂脚手架项目,如实际施工中未采用满堂脚手架,应按满堂脚手架项目基价的________计算脚手架费用。

4. 单项脚手架适用于不能计算________而必须搭设脚手架或________工程所搭设的脚手架。

5. 独立柱按设计图示尺寸,以结构外围________另加3.6 m乘以高度以________计算。

6. 内墙面装饰脚手架按内墙面________面积计算,不扣除________所占面积。

7. 构造柱模板工程量均按图示________部分计算模板面积。带马牙槎构造柱的宽度按马牙槎________计算。构造柱与墙接触面不计算模板面积。

8. 柱与梁、柱与墙、梁与梁等连接的________部分以及伸入墙内的________、板头部分,均不计算模板面积。

9. 同一建筑物有不同檐高时,按建筑物的不同________纵向分割,分别计算________,并按各自的檐高执行相应项目。

二、选择题

1. 当以2017年辽宁省《定额》为计价依据时,外墙脚手架的工程量按(　　)计算。

A. 外墙外边线总长乘以外墙的砌筑高度以平方米面积

B. 外墙外边线总长以米为单位

C. 外墙的砌筑高度以米为单位

D. 外墙外边线总长乘以外墙的砌筑高度再乘以外墙厚度，以立方米为单位

2. 现浇混凝土独立柱的脚手架工程量(　　)。

A. 按柱图示周长乘以柱高，以平方米为单位计算

B. 按柱图示周长以米为单位计算

C. 按柱高以米为单位计算

D. 按柱图示周长另加 3.6 m 乘以柱高，以平方米为单位计算

3. 对檐高在(　　)以内的单层建筑，不计算垂直运输机械台班。

A. 3.0 m　　B. 3.3 m　　C. 3.6 m　　D. 3.9 m

4. 建筑物超高施工增加费适用于建筑物檐高(　　)以上的工程。

A. 20 m　　B. 25 m　　C. 30 m　　D. 35 m

三、简答和计算题

1. 综合脚手架中包括哪些内容？其工程量计算规则是什么？

2. 单项脚手架的适用条件是什么？外脚手架和里脚手架的工程量计算规则是什么？

3. 现浇混凝土及钢筋混凝土模板工程量计算规则是什么？

4. 现浇钢筋混凝土楼梯模板工程量计算规则是什么？

5. 建筑物超高施工增加费包括的工作内容有哪些？

6. 建筑物垂直运输机械费的工程量计算规则是什么？

7. 某工程建筑面积为 2 000 m^2，建筑物檐高为 7 m，采用钢管脚手架，计算综合脚手架费。

8. 某工程为混合结构，建筑面积为 2 000 m^2，建筑物檐高为 18 m，计算垂直运输费。

项目十 工程量清单计价

知识目标

1. 了解工程量清单计价的概念以及有关规定。
2. 掌握建筑工程工程招标控制价的编制方法。
3. 掌握建筑工程工程投标报价的编制方法。
4. 掌握建筑工程分部分项工程及措施项目工程综合单价的编制方法。
5. 理解《辽宁省建筑工程费用标准》中费用计算的程序。

能力目标

1. 能进行综合单价的组价。
2. 能进行工程量清单计价。
3. 能根据工程费用取费程序计算工程造价。

素质目标

1. 培养学生热爱国家、坚定理想信念、自觉维护国家和公众利益的意识。
2. 培养学生具有良好的爱岗敬业、吃苦耐劳的职业道德。
3. 培养学生具备良好的团结合作,与人沟通、协调的能力。
4. 培养学生具备精益求精,认真细致的工匠精神。
5. 培养学生具备持续学习、终身学习的能力。

项目重点

1. 招标控制价和投标报价的编制程序和内容。
2. 综合单价的编制。

项目难点

1. 根据具体情况确定综合单价的组价内容和风险费用的测算。
2. 根据工程费用取费程序计算工程造价。

案例引入

某工程采用现浇混凝土矩形柱,截面尺寸为 600 mm×600 mm,柱高为 7.2 m,共 20

根,混凝土强度等级为 C30,为商品混凝土,如何编制现浇混凝土柱工程量清单及工程量清单计价表。

任务一　工程量清单计价概述

一、工程量清单计价的概念

工程量清单计价是国际上普遍采用的工程招标方式,是一个广义的概念,工程量清单计价是指完成工程量清单所列项目的全部费用,费用包括分部分项工程费、措施项目费、其他项目费、规费和税金。推行工程量清单计价是适应我国工程投资体制和建设项目管理体制改革的需要,是深化我国工程造价管理改革的一项重要工作。

码 10-1　工程量清单计价概述

工程量清单计价包括招标人的招标控制价和投标人的投标报价。招标控制价是指招标人根据国家或省级、行业建设主管部门颁发的有关计价依据和办法,以及拟定的招标文件和招标工程量清单,结合工程具体情况编制的招标工程的最高投标限价。投标人的投标报价是指投标人依据招标工程量清单、拟建工程的施工方案,结合自身实际情况并考虑风险因素,确定工程项目各部分的单价,进而确定工程总价的过程或活动。

二、工程量清单计价有关规定

(1)单价项目。

单价项目是指工程量清单中以单价计价的项目,即根据合同工程图纸(含设计变更)和相关工程现行国家计量规范规定的工程量计算规则进行计量,与已标价工程量清单相应综合单价进行价款计算的项目。

(2)总价项目。

总价项目是指工程量清单中以总价计价的项目,即此类项目在相关工程现行国家计量规范中无工程量计算规则,以总价(或计算基础乘以费率)计算的项目。

(3)使用国有资金投资的建设工程施工发承包,必须采用工程量清单计价。

(4)非国有资金投资的建设工程,宜采用工程量清单计价。

(5)工程量清单宜采用综合单价计价。(强制性条文)

(6)措施项目中的安全文明施工费必须按国家或省级、行业建设主管部门的规定计算,不得作为竞争性费用。

(7)规费和税金必须按国家或省级、行业建设主管部门的规定计算,不得作为竞争性费用。

(8)建设工程发承包,必须在招标文件、合同中明确计价中的风险内容及其范围,不得采用无限风险、所有风险或类似语句规定计价中的风险内容及其范围。

三、工程量清单计价的依据

(一)招标工程量清单

招标人在招标文件发布的工程量清单,是承包商投标报价的重要依据。承包商在计价时需全面了解清单项目特征及其所包含的工程内容,才能做到准确计价。

(二)招标文件

招标文件中具体规定了发承包工程范围、内容、期限、工程材料及设备采购供应办法,只有在计价时按规定进行,才能保证计价的有效性。

(三)施工图样

承包商在投标报价时,需要根据施工图和施工方案计算报价工程量(计价工程量)。因而,施工图也是编制工程量清单报价的重要依据。

(四)施工组织设计

施工组织设计或施工方案是施工单位针对具体工程编制的施工作业指导性文件,需要对施工技术措施、安全措施、施工机械配置等进行详细设计,在计价过程中应予以重视。

(五)消耗量定额

消耗量定额包括由建设行政主管部门发布的预算定额和企业自行编制的企业定额。

(六)综合单价

单位工程造价主要由分部分项工程费和措施项目费组成,除一部分措施项目费外,这两部分费用都是以综合单价的形式表示的,故综合单价是计算以上费用的关键。

(七)《建设工程工程量清单计价规范》(GB 50500—2013)

它是工程量清单计价中措施项目清单费、其他项目清单费的依据。

任务二 招标控制价的编制

一、招标控制价的一般规定

码 10-2 招标控制价的编制

(一)招标控制价

招标控制价是指招标人根据国家或省级、行业建设主管部门颁发的有关计价依据和办法,以及拟定的招标文件和招标工程量清单,结合工程具体情况编制的招标工程的最高投标限价。

(二)关于招标控制价的一般规定

(1)国有资金投资的建设工程招标,招标人必须编制招标控制价,规定最高投标限价。

(2)招标控制价应由具有编制能力的招标人或受其委托具有相应资质的工程造价咨询人编制和复核。

(3)工程造价咨询人接受招标人委托编制招标控制价,不得再就同一工程接受投标人委托编制投标报价。

(4)招标控制价应按照13版《计价规范》的相关规定编制,不应上浮或下调。

(5)当招标控制价超过批准的概算时,招标人应将其报原概算审批部门审核。

(6)招标人应在招标人发布招标文件时公布招标控制价,同时应将招标控制价及有关资料报送工程所在地或有该工程管辖权的行业管理部门工程造价管理机构备查。

(7)招标控制价的作用决定了招标控制价不同于标底,无须保密。为体现招标的公平、公正性,防止招标人有意抬高或压低工程造价,招标人应在招标文件中如实公布招标控制价。

二、招标控制价的编制

(一)招标控制价的编制依据

招标控制价是在工程采用招标发包的过程中,由招标人根据国家或省级、行业建设主管部门颁发的有关计价依据和办法,以及拟定的招标文件和招标工程量清单,结合工程具体情况编制的招标工程的最高投标限价。其计价依据是:

(1)13版《计价规范》。

(2)国家或省级、行业建设主管部门颁发的计价定额和计价办法。

(3)建设工程设计文件及相关资料。

(4)拟定的招标文件及招标工程量清单。

(5)与建设项目相关的标准、规范、技术资料。

(6)工程施工现场情况、工程特点及常规施工方案。

(7)工程造价管理机构发布的工程造价信息,工程造价信息没有发布的材料,参照市场价。

(8)其他相关的材料。

(二)招标控制价的编制程序

招标控制价计价程序见图10-1。

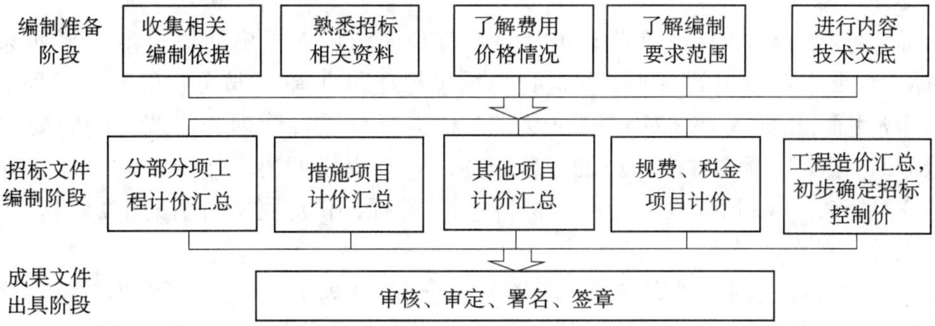

图10-1　招标控制价计价程序示意图

(三)招标控制价的编制内容

采用工程量清单计价时,招标控制价的编制内容包括分部分项工程费、措施项目费、其他项目费、规费和税金。

1. 分部分项工程费的编制

分部分项工程费应根据拟定的招标文件中的分部分项工程量清单项目的特征描述及有关要求计价,并应符合下列规定:

(1)分部分项工程费采用综合单价的方法编制。综合单价中应包括招标文件中划分的应由投标人承担的风险范围及其费用。招标文件中没有明确的,如是工程造价咨询人编制,应提请招标人明确;如是招标人编制,应予明确。

(2)分部分项工程项目中的单价项目,应根据拟定的招标文件和招标工程量清单项目中的特征描述及有关要求确定综合单价计算。

2. 措施项目费的编制

(1)措施项目中的单价项目,应根据拟定的招标文件和招标工程量清单项目中的特征描述及有关要求确定综合单价计算。

(2)措施项目中的总价项目应根据拟定的招标文件和常规施工方案按照国家或省级、行业建设主管部门的规定计算。

3. 其他项目费的编制

1)暂列金额

暂列金额应按招标工程量清单中列出的金额填写。招标工程量清单中列出的金额可根据工程的复杂程度、设计深度、工程环境条件(包括地质、水文、气候等)进行估算。一般可按分部分项工程费的10%~15%作为参考。

2)暂估价

暂估价中的材料、工程设备单价应按招标工程量清单中列出的单价计入综合单价,不再计入其他项目费。暂估价中的材料应按照工程造价管理机构发布的工程造价信息或参考市场价格确定。暂估价中的专业工程金额应按招标工程量清单中列出的金额填写。

3)计日工

招标人应按招标工程量清单中所列出的项目根据工程特点和有关计价依据确定综合单价计算。

4)总承包服务费

招标人应根据招标工程量清单列出的内容和向承包人提出的要求参照下列标准计算:招标人仅要求对分包的专业工程进行总承包管理和协调时,按分包的专业工程估算造价的1.5%计算;招标人要求对分包的专业工程进行总承包管理和协调并同时要求提供配合服务时,根据招标文件中列出的配合服务内容和提出的要求按分包的专业工程估算造价的3%~5%计算;招标人自行供应材料的,按招标人供应材料价值的1%计算。

4. 规费和税金的编制

规费和税金应按国家或省级、行业建设主管部门的规定计算,不得作为竞争性费用。

(四)编制招标控制价时应注意的问题

(1)政府投资项目采用的材料价格应是工程造价管理机构通过工程造价信息发布的材料价格,工程造价信息未发布材料单价的材料,其材料价格应通过市场调查确定。另外,未采用工程造价管理机构发布的工程造价信息时,需在招标文件或答疑补充文件中对招标控制价采用的与造价信息不一致的市场价格予以说明,采用的市场价格则应通过调查、分析确定，保证有可靠的信息来源。

(2)施工机械设备的选型直接关系到综合单价水平，应根据工程项目特点和施工条件，本着经济实用、先进高效的原则确定。

(3)应该正确、全面地使用行业和地方的计价定额与相关文件。

(4)不可竞争的措施项目费和规费、税金等费用的计算均属于强制性的条款，编制招标控制价时应按国家有关规定计算。

(5)不同工程项目、不同施工单位会有不同的施工组织设计，所发生的措施费用也会有所不同，因此对于竞争性的措施费用的确定，招标人应首先编制常规的施工组织设计或施工方案，经专家论证确认后再合理确定措施项目与费用。

任务三　投标报价的编制

一、投标报价的一般规定

(一)投标报价

投标报价是指施工企业采取投标方式承揽工程项目时，计算和自主确定承包该工程的投标总价格，投标报价应由投标人或受其委托具有相应资质的工程造价咨询人编制。

码 10-3　投标报价的编制

投标价是投标人投标时响应招标文件要求所报出的对已标价工程量清单汇总后标明的总价。它是投标人按照招标文件的要求，根据工程特点，并结合自身的施工技术、装备和管理水平，依据有关计价规定自主确定的工程造价，是投标人希望达成工程承包交易的期望价格，原则上它不能高于招标人设定的招标控制价。

(二)关于投标报价的一般规定

(1)投标价应由投标人或受其委托具有相应资质的工程造价咨询人编制。

(2)投标人应按照投标报价编制依据自主确定投标报价。

(3)投标报价不得低于工程成本。(强制性条文)

(4)投标人必须按招标工程量清单填报价格。项目编码、项目名称、项目特征、计量单位、工程量必须与招标工程量清单一致。(强制性条文)

(5)投标人的投标报价高于招标控制价的应予废标。

(6)报价时分部分项工程量清单是闭口清单，必须与招标工程量清单一致，不得改动；措施项目清单是开口清单，可依据施工组织设计增补。

二、投标报价的编制

(一)投标报价的编制依据

投标报价由投标人自主确定，但不得低于成本。投标报价的计价依据是：

(1)13 版《计价规范》。

(2)企业定额，国家或省级、行业建设主管部门颁发的计价定额。

(3)招标文件、招标工程量清单及其补充通知、答疑纪要。

(4)建设工程设计文件及相关资料。

(5)施工现场情况、工程特点及拟定的投标施工组织设计或施工方案。

(6)与建设项目相关的标准、规范等技术资料。

(7)市场价格信息或工程造价管理机构发布的工程造价信息。

(8)其他的相关资料。

(二)投标报价的编制程序

(1)在编制投标报价前,需要先对招标工程量清单项目及工程量进行复核。

(2)投标报价的编制过程,应首先根据招标人提供的工程量清单编制分部分项工程项目清单计价表、措施项目清单计价表、其他项目清单计价表和规费、税金项目清单计价表,然后汇总得到单位工程投标报价汇总表,再层层汇总,分别得出单项工程投标报价汇总表和工程项目投标总价汇总表。

投标报价编制程序见图 10-2。

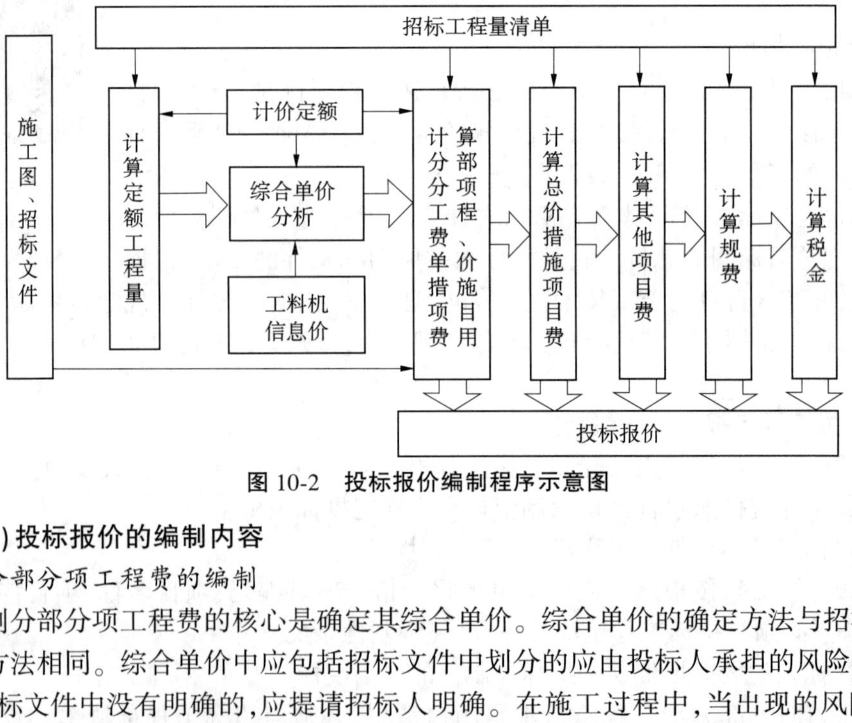

图 10-2　投标报价编制程序示意图

(三)投标报价的编制内容

1. 分部分项工程费的编制

编制分部分项工程费的核心是确定其综合单价。综合单价的确定方法与招标控制价的确定方法相同。综合单价中应包括招标文件中划分的应由投标人承担的风险范围及其费用,招标文件中没有明确的,应提请招标人明确。在施工过程中,当出现的风险内容及其范围(幅度)在合同约定的范围内时,合同价款不做调整。分部分项工程中的单价项目,应根据招标文件和招标工程量清单项目中的特征描述确定综合单价计算。

2. 措施项目费的编制

招标人在招标文件中列出的措施项目清单是根据一般情况确定的,没有考虑不同投标人的具体情况。因此,投标人投标报价时应根据自身拥有的施工装备、技术水平和采用的施工方法确定的施工方案,对招标人所列的措施项目进行调整,并确定措施项目费。

措施项目中的单价项目,应根据招标文件和招标工程量清单项目中的特征描述确定按综合单价计算。措施项目中的总价项目金额,应根据招标文件及投标时拟定的施工组织设计或施工方案,按照13版《计价规范》的规定自主确定。其中,安全文明施工费应按照国家或省级、行业建设主管部门的规定计算,不得作为竞争性费用。

3. 其他项目的编制

投标人对其他项目应按下列规定报价:

(1)暂列金额应按招标工程量清单中列出的金额填写,不得变动。

(2)材料、工程设备暂估价应按招标工程量清单中列出的单价计入综合单价,不得更改。

(3)材料、设备暂估价不再计入其他项目费。

(4)专业工程暂估价应按招标工程量清单中列出的金额填写,不得更改。

(5)计日工应按招标工程量清单中列出的项目和数量,自主确定综合单价并计算计日工金额。

(6)总承包服务费应根据招标工程量清单中列出的内容和提出的要求自主确定。

4. 规费和税金报价

(1)应按国家或省级、行业建设主管部门的规定计算,不得作为竞争性费用。

(2)招标工程量清单与计价表中列明的所有需要填写的单价和合价的项目,投标人均应填写且只允许有一个报价。未填写单价和合价的项目,可视为此项费用已包含在已标价工程量清单中其他项目的单价和合价中。当竣工结算时,此项目不得重新组价、调整。

5. 投标报价的汇总

投标总价应当与分部分项工程费、措施项目费、其他项目费和规费、税金的合计金额相一致。

任务四 综合单价的计算

一、综合单价的概念

综合单价是指完成一个规定清单项目所需的人工费、材料和工程设备费、施工机具使用费和企业管理费与利润,以及一定范围内的风险费用。

一个规定清单项目是指13版《计价规范》所指的分部分项清单、措施项目清单、其他项目清单。所指的风险是工程建设施工阶段发承包双方在招标投标活动和合同履约及施工中所面临涉及工程计价方面的风险,这一风险应在招标投标文件合同中明确风险内容及其范围,如材料价格、施工机具使用费等的风险。需要指出的是,该定义的综合单价并不是真正意义上的全包括的综合单价,而是一种狭义上的综合单价,规费和税金等不可竞争的费用并不包括在项目单价内。国际上的综合单价,一般是指全包括的综合单价。

13版《计价规范》规定的综合单价分析表的形式如表10-1所示。综合单价分析表集中反映了构成每一个清单项目综合单价的各个要素的价格及"主要的工、料、机"消耗量。投标人在投标报价时,需要对每一个清单项目进行组价,为了使组价工作具有可追溯性,需要标明每一个数据的来源。

综合单价分析表是评标委员会评审和判别综合单价组成及其价格完整性、合理性的主要基础,对因工程变更、工程量偏差等原因调整的综合单价也是必不可少的基础价格数据来源。采用经评审的最低投标价法评标时,该分析表的重要性更加突出。

综合单价分析表一般作为已标价工程量清单的组成部分随投标文件一同提交,以便中标后作为合同文件的附属文件。

表 10-1　清单综合单价分析表

项目编码			项目名称				计量单位			工程量	
清单综合单价组成明细											
定额编号	定额项目名称	定额单位	数量	单价				合价			
				人工费	材料费	机械费	管理费和利润	人工费	材料费	机械费	管理费和利润
人工单价	小计										
元/工日	未计价材料费/元										
清单项目综合单价/(元/m)											
材料费明细	主要材料名称、规格、型号				单位	数量	单价/元	合价/元	暂估单价/元		暂估合价/元
	其他材料费/元										
	材料费小计/元										

二、综合单价的影响因素

综合单价中应包括招标文件中划分的应由投标人承担的风险范围及其费用,招标文件中没有明确的,应提请招标人明确。在施工过程中,当出现的风险内容及其范围(幅度)在合同约定的范围内时,合同价款不做调整。分部分项工程中的单价项目,应根据招标文件和招标工程量清单项目中的特征描述确定综合单价计算。编制投标价的分部分项工程费核心是确定其综合单价。综合单价的确定方法与招标控制价的确定方法相同,但确定的依据有所差异,主要影响因素有以下几个方面。

(一)工程量清单项目特征描述

工程量清单中项目特征的描述决定了清单项目的实质,直接决定了工程的价值,是投标人确定综合单价最重要的依据。

在招标投标过程中,若招标文件中分部分项工程量清单特征描述与设计图纸不符,投标人应以分部分项工程量清单的项目特征描述为准,确定投标报价的综合单价;若施工中施工图纸或设计变更与工程量清单项目特征描述不一致，发承包双方应按实际施工的项目特征，依据合同约定重新确定综合单价。

（二）企业定额

企业定额是施工企业根据本企业具有的管理水平、拥有的施工技术和施工机械装备水平而编制的，完成一个规定计量单位的工程项目所需的人工、材料、施工机械台班的消耗标准，是施工企业内部进行施工管理的标准，也是施工企业投标报价确定综合单价的依据之一。投标企业没有企业定额时，可根据企业自身情况参照消耗量定额进行调整。

（三）人、材、机的价格

综合单价中的人工费、材料费、机械费是以企业定额的人工、材料、机械消耗量乘以人工、材料、机械的实际价格得出的，因此投标人拟投入的人工、材料、机械等资源的可获取价格直接影响综合单价的高低。

（四）企业管理费费率、利润率

企业管理费费率可由投标人根据本企业近年的企业管理费核算数据自行测定，也可以参照当地造价管理部门发布的平均参考值。利润率可由投标人根据本企业当前盈利情况、施工水平、拟投标工程的竞争情况及企业当前经营策略自主确定。

（五）风险费用

招标文件中要求投标人承担的风险范围及其费用，投标人应在综合单价中予以考虑，通常以风险费率的形式进行计算。风险费率应根据招标人要求结合投标人当前风险控制水平进行定量测算。

招标人要求投标人承担的风险费用，投标人应考虑计入综合单价。根据我国工程建设特点，投标人应完全承担的风险是技术风险和管理风险，如管理费和利润；应有限度承担的是市场风险，如材料价格、施工机械使用费等的风险，材料价格的风险宜控制在5%以内，施工机械使用费的风险可控制在10%以内，超过者予以调整；应完全不承担的是法律法规、规章和政策变化的风险，因此综合单价中不包含规费和税金。

在施工过程中，当出现的风险内容及其范围（幅度）在招标文件规定的范围（幅度）内时，综合单价不得变动，工程款不做调整。

三、综合单价的计算程序

（一）确定清单项目的组价子目

清单项目是按一个“综合实体”考虑的，一般包括多个工作内容。一个清单项目对应多个定额子目。因此，计算综合单价的第一步就是将清单项目的工作内容与定额项目的工作内容进行比较，结合清单项目的特征描述，确定拟组价清单项目应该由几个定额项目来组合。如“M10水泥砂浆砌筑机制红砖的砖基础”清单项目，13版《计量规范》规定此项目的工作内容包括砂浆制作、运输，砌砖、防潮层铺设、材料运输，结合消耗量定额分析此工作内容包括了“砖基础”和“防潮层”两个子目的工作内容，故该清单项目组价就由“砖基础”和“防潮层”这两个子目来组价。

（二）计算组价内容的工程量

由于一个清单项目可能对应几个定额子目，而清单项目给出的工程量只是主项工程量，如砖基础清单项目只给出了砖基础工程量，没有防潮层项目工程量，因此清单工程不能直接用于计价，在计价时必须考虑施工方案等各影响因素，根据所采用的计价定额及相应的工程量计算规则重新计算各定额子目的施工工程量，这个工程量也称为计价工程量或组价工程量。组价工程量的具体计算方法，应严格遵照与所采用的定额相对应的工程量计算规则。

（三）选择并套用企业定额或地区消耗量定额

13 版《计价规范》规定在编制招标控制价时应根据国家或省级、行业建设主管部门颁发的计价定额和计价办法来计算综合单价；在编制投标报价时，应优先采用企业定额，投标单位没有企业定额时，可参考国家或省级、行业建设主管部门颁发的计价定额和计价办法来计算综合单价。

（四）确定人工、材料和工程设备、施工机具的价格

人工、材料和工程设备、施工机具的价格，应根据工程项目的具体情况及市场资源的供求状况进行确定，采用市场价格作为参考，并考虑一定的调价系数。

（五）确定清单项目的直接工程费

按照组价子目的人工、材料、施工机械台班的消耗量及人工工资单价、材料的预算价格、施工机械台班单价计算出相应子目的人工费、材料费和机械费，汇总组价子目的人工、材料、机械费用得清单项目直接工程费。

（六）计算清单项目的管理费和利润

管理费和利润可根据企业的实际情况自主确定，也可参考各省建设主管部门规定的费率进行计算。企业管理费及利润的计算基础因所在地区和项目专业的不同而不同，例如，目前辽宁省建筑工程项目的管理费及利润的计费基数是“人工费+机械费”。

（七）测算风险费用

风险费用应根据清单项目的复杂程度和施工难易程度，结合建设环境、市场条件、合同条件、竞争状况以及企业自身抵御风险的能力，以费率的形式综合确定。

（八）计算清单项目的综合单价

将清单项目的直接费、管理费、利润及风险费汇总得到该清单项目合价，将该清单项目合价除以清单项目的工程量即得到该清单项目的综合单价。

任务五　辽宁定额费用计算

辽宁省建设工程计价依据《建设工程费用标准》（简称《费用标准》）是国有投资或国有投资为主的建设项目编制工程量清单、招标控制价、施工图预算、工程竣工结算的依据；是评定投标报价合理性的依据；是调解处理工程造价争议和纠纷、审计和司法鉴定的依据；是编制投资估算指标、概算指标和概算定额的依据。

非国有资金投资的建设工程使用《费用标准》时，应遵循《费用标准》的规定进行工程计价。

《费用标准》与 2017 年辽宁省《定额》《装配式建筑工程定额》《绿色建筑工程定额》《通用安装工程定额》《市政工程定额》配套使用。

2017 年辽宁省建设工程计价依据各专业工程定额的综合单价(包括人工费、材料费、机械费)和综合费用,其中综合费用包括按费用标准的基础费率计算的企业管理费和利润。

《费用标准》中的各项费用均不包含增值税可抵扣进项税额。

《费用标准》中的企业管理费、利润、文明施工费、环境保护费、雨季施工费、冬季施工费、市政工程施工干扰费,均为社会平均水平的基础费率。投标人在投标报价或非招标工程在签订施工合同时,应考虑工程复杂程度、工程规模、工期要求、风险等因素确定费率。若合同中没有约定或约定不明确,视为按《费用标准》的基础费率执行。

《费用标准》中的安全施工费,为最低费率,投标人在投标报价时,非招标工程签订施工合同时,可根据工程实际和企业自身情况确定。

一、工程费用取费程序表

工程费用取费程序见表 10-2。工程费用组成分别见表 10-3~表 10-8。

表 10-2　工程费用取费程序

序号	费用项目	计算方法
1	工程定额分部分项工程费、技术措施费合计	工程量×定额综合单价+主材费
1.1	其中:人工费+机械费	
2	一般措施项目费(不含安全施工措施费)	1.1×费率、按规定或按施工组织设计和签证
3	其他措施项目费	1.1×费率、按规定或按施工组织设计和签证
4	其他项目费	
5	工程定额分部分项工程费、一般措施项目费(不含安全施工措施费)、其他项目费合计	1+2+3+4
5.1	其中:企业管理费	1.1×费率
5.2	其中:利润	1.1×费率
6	规费	1.1×费率及各市规定
7	安全施工措施费	(5+6)×费率
8	税费前工程造价合计	5+6+7
9	税金	8×规定费率
10	工程造价	8+9

表 10-3　一般措施项目费用(不含安全施工措施费)组成表

2	一般措施项目费(不含安全施工措施费)	计算方法
2.1	环境保护和文明施工费	1.1×费率
2.2	雨季施工费	1.1×费率

表 10-4 其他措施项目费组成

3	其他措施项目费	计算方法
3.1	夜间施工增加费	按规定计算
3.2	二次搬运费	按批准的施工组织设计或签证计算
3.3	冬季施工费	1.1×费率
3.4	已完工程及设备保护费	按批准的施工组织设计或签证计算
3.5	市政工程干扰费	1.1×费率
3.6	其他	

表 10-5 其他项目费用组成

4	其他项目费	计算方法
4.1	暂列金额	
4.2	计日工	
4.3	总承包服务费	
4.4	暂估价	
4.5	其他	

表 10-6 企业管理费

5.1	企业管理费	计算方法
5.1.1	房屋建筑与装饰工程土石方部分	1.1×费率
5.1.2	房屋建筑与装饰工程其他	1.1×费率
5.1.3	通用安装工程部分	1.1×费率
5.1.4	市政工程土石方部分	1.1×费率

表 10-7 利润

5.2	利润	计算方法
5.2.1	房屋建筑与装饰工程土石方部分	1.1×费率
5.2.2	房屋建筑与装饰工程其他	1.1×费率
5.2.3	通用安装工程部分	1.1×费率
5.2.4	市政工程土石方部分	1.1×费率

表 10-8　规费费用组成表

6	规费	计算方法
6.1	社会保障费	1.1×费率
6.2	住房公积金	1.1×费率
6.3	工程排污费	按工程所在地规定计算
6.4	其他	

二、各项费用费率

各专业工程以工程定额分部分项工程费中的人工费与机械费之和为计费基数，其中部分专业项目以人工费与机械费之和的35%为计费基数。

(一)一般措施项目

(1)安全施工费：以建筑安装工程不含本项费用的税前造价为取费基数。房屋建筑与装饰工程为2.27%；市政工程、通用安装工程为1.71%。

(2)环境保护和文明施工费，按表10-9所示的取费基数和建议费率计算。

表 10-9　环境保护和文明施工费取费基数和费率

专业	取费基数	费率
《房屋建筑与装饰工程定额》第1、16章	人工费与机械费之和的35%	0.85%
《市政工程定额》第1、10册		
《房屋建筑与装饰工程定额》	人工费与机械费之和	
《通用安装工程定额》		
《装配式建筑工程定额》		
《绿色建筑工程定额》		
《市政工程定额》第3~9、11册 《绿化园林工程》		
《市政工程定额》第2册	人工费与机械费之和	1.26%

(3)雨季施工费，按表10-10所示的取费基数和建议费率计算。

(二)其他措施项目

(1)夜间施工增加费和白天施工需要照明费按表10-11所示的取费基数和建议费率计算。

表 10-10 雨季施工费取费基数及费率

专业	取费基数	费率
《房屋建筑与装饰工程定额》第 1、16 章	人工费与机械费之和的 35%	0.85%
《市政工程定额》第 1、10 册		
《房屋建筑与装饰工程定额》第 2~15、17 章	人工费与机械费之和	
《通用安装工程定额》		
《装配式建筑工程定额》		
《绿色建筑工程定额》		
《市政工程定额》第 3~9、11 册 《绿化园林工程》		
《市政工程定额》第 2 册	人工费与机械费之和	1.26%

表 10-11 夜间施工和白天施工需要照明费 单位:元/工日

项目	合计	夜餐补助费	工效降低和照明设施折旧费
夜间施工	32	10	22
白天施工需要照明	22	—	22

(2)二次搬运费,按批准的施工组织设计或签证计算。

(3)冬季施工费。冬季施工费费率见表 10-12。

冬季施工工程量,为达到冬季标准(气候学上平均气温连续 5 d 低于 5 ℃)所发生的工程量,按表 10-12 所示的取费基数和建议费率计算。

表 10-12 冬季施工费基数和费率

专业	取费基数	费率
《房屋建筑与装饰工程定额》第 1、16 章	人工费与机械费之和的 35%	4.75%
《市政工程定额》第 1、10 册		
《房屋建筑与装饰工程定额》第 2~15、17 章	人工费与机械费之和	
《通用安装工程定额》		
《装配式建筑工程定额》		
《绿色建筑工程定额》		
《市政工程定额》第 3~9、11 册 《绿化园林工程》		
《市政工程定额》第 2 册	人工费与机械费之和	7.13%

(4)已完工程及设备保护费,按正常施工情况,由编制人自行确定。

(5)市政工程(含园林绿化工程)施工干扰费,仅对符合发生市政工程干扰情形的工程项目或项目的一部分,按对应工程量的人工费与机械费之和的4%计取该项费用。

(三)其他项目费

(1)暂列金额。

(2)计日工。

(3)总承包服务费。

(四)企业管理费

企业管理费按表10-13所示的取费基数和建议费率计算。

表10-13　企业管理费取费基数和建议费率

<table>
<tr><th>专业</th><th>取费基数</th><th>建议费率</th></tr>
<tr><td>《房屋建筑与装饰工程定额》第1、16章</td><td rowspan="2">人工费与机械费之和的35%</td><td rowspan="7">11.05%</td></tr>
<tr><td>《市政工程定额》第1、10册</td></tr>
<tr><td>《房屋建筑与装饰工程定额》第2~15、17章</td><td rowspan="5">人工费与机械费之和</td></tr>
<tr><td>《通用安装工程定额》</td></tr>
<tr><td>《装配式建筑工程定额》</td></tr>
<tr><td>《绿色建筑工程定额》</td></tr>
<tr><td>《市政工程定额》第3~9、11册
《绿化园林工程》</td></tr>
<tr><td>《市政工程定额》第2册</td><td>人工费与机械费之和</td><td>16.58%</td></tr>
</table>

建议费率中未包含通过第三方检验机构进行的材料检测费用和项目附加税费。

(五)利润

利润按表10-14所示的取费基数和建议费率计算。

表10-14　利润取费基数及费率

<table>
<tr><th>专业</th><th>取费基数</th><th>建议费率</th></tr>
<tr><td>《房屋建筑与装饰工程定额》第1、16章</td><td rowspan="2">人工费与机械费之和的35%</td><td rowspan="7">9.75%</td></tr>
<tr><td>《市政工程定额》第1、10册</td></tr>
<tr><td>《房屋建筑与装饰工程定额》第2~15、17章</td><td rowspan="5">人工费与机械费之和</td></tr>
<tr><td>《通用安装工程定额》</td></tr>
<tr><td>《装配式建筑工程定额》</td></tr>
<tr><td>《绿色建筑工程定额》</td></tr>
<tr><td>《市政工程定额》第3~9、11册
《绿化园林工程》</td></tr>
<tr><td>《市政工程定额》第2册</td><td>人工费与机械费之和</td><td>14.63%</td></tr>
</table>

(六)规费

招标控制价的规费计算,按当地有权部门的规定和企业社会保险费的实际缴纳支出情况,由招标人自行确定。

(七)税金

按《中华人民共和国税法》《财政部　国家税务总局关于全面推开营业税改征增值税试点的通知》(财税〔2016〕36号)任务的相关规定执行。

项目小结

本项目主要内容包括工程量清单计价的概念以及有关规定,工程招标控制价和投标报价的编制程序和方法、综合单价的编制方法,以及辽宁省定额费用标准中费用计算的程序。要求学生重点掌握综合单价的组价、投标报价的编制,根据工程费用取费程序计算工程造价。

课程思政小课堂

工程建设项目招标中,投标单位为取得中标而恶意竞标的现象屡有发生。恶意中标后的结果是中标人会千方百计地寻找各种办法来补足利润缺口。由于建设单位对中标单位的做法不满,便会出现推迟发放中标通知书、推迟签订合同、拒签合理的变更签证、工程款拖延拨付等情况,而中标单位则以拖延工期或停工等方式来要挟建设单位,导致合同执行困难。此类情况的发生,产生恶性循环,损害了建设单位形象,影响了基本建设项目的正常进行。

《中华人民共和国招标投标法实施条例》第二十七条规定:招标人不得规定最低投标限价,目的是引入竞争机制,但对于规定的非竞争费用,可在招标文件的报价中做出要求,如低于规定的取费标准则做废标处理,以避免恶意低价竞标。规费、税金等属于不可竞争费,在招标文件中可据标底列出,要求各投标人的投标总价中包含该费用,但实际不参与价格竞争。

习　题

一、填空题

1. 工程量清单计价是国际上普遍采用的工程招标方式,是一个广义的概念,它包括招标人的________和投标人的________。

2. 工程量清单计价包括完成工程量清单所列项目的全部费用,包括分部分项工程费、________、其他项目费、________和税金。

3. 综合单价是一种狭义上的综合单价,并不是真正意义上的全费用综合单价,________和________等不可竞争的费用并不包括在项目单价中。

4. 清单项目的设置是以一个________考虑的,其项目一般包括________个定额项目工程内容。

5. 招标人负责编制工程量清单,所以工程量错误风险由________承担;投标人

________,所以报价风险由投标人承担。

6. 按清单工程量计算规则,计算所得的工程量只包括图示尺寸________,而措施________和损耗量由投标人在报价时考虑在综合单价中。

7. 2017 年辽宁省建设工程计价依据各专业工程定额的综合单价中的综合费用包括________和________。

8. 投标人必须按招标工程量清单填报价格。________、项目名称、________、计量单位、工程量必须与招标工程量清单一致。

9. 招标控制价应按照规范的相关规定编制,不应________或________。

二、选择题

1. 工程量清单计价应包括按招标文件规定完成工程量清单所需的全部费用,通常由分部分项工程费、措施项目费、其他项目费和(　　)组成。

A. 主要材料费　　B. 规费、税金　　C. 利润　　D. 零星工程费

2. 根据我国现行的工程量清单计价办法,单价采用的是(　　)。

A. 人工费单价　　B. 全费用单价　　C. 工料单价　　D. 综合单价

3.《建设工程工程量清单计价规范》(GB 50500—2013)规定,综合单价包括(　　)。

A. 人工费、材料费、机械费

B. 人工费、材料费、机械费、管理费、利润

C. 人工费、材料费、工程设备费、机械费、管理费、利润、风险费

D. 人工费、材料费、机械费、管理费、税金

4. 下列哪个费用并不包括在项目的综合单价中?(　　)

A. 人工费　　B. 规费、税金　　C. 利润　　D. 企业管理费

5. 综合单价依据(　　)自主报价,反映了企业自身的管理水平和技术水平。

A. 利润　　B. 市场　　C. 直接工程费　　D. 企业管理费

6. 2017 年辽宁省建设工程计价依据各专业工程定额的综合单价中的企业管理费和利润是按费用标准中的(　　)费率计算的。

A. 市场　　B. 直接　　C. 基础　　D. 最高

7. 招标控制价是指招标人根据国家或省级、行业建设主管部门颁发的有关计价依据和办法,以及拟定的招标文件和招标工程量清单,结合工程具体情况编制的招标工程的(　　)限价。

A. 最高投标　　B. 最高招标　　C. 投标　　D. 招标

8. 下列哪个是不正确的?(　　)

A. 投标价应由投标人或受其委托具有相应资质的工程造价咨询人编制

B. 投标人应按照投标报价编制依据自主确定投标报价

C. 投标报价可以低于工程成本

D. 投标人必须按招标工程量清单填报价格

9. 当招标人仅要求对分包的专业工程进行总承包管理和协调时,总承包服务费按分包的专业工程估算造价的(　　)计算。

A. 1.5%　　B. 2%　　C. 2.5%　　D. 3%。

参考文献

[1] 中华人民共和国国家标准. 建设工程工程量清单计价规范:GB 50500—2013[S]. 北京:中国计划出版社,2013.

[2] 中华人民共和国住房和城乡建设部标准定额研究所. 城市轨道交通工程预算定额:GCG 103—2008[S]. 北京:中国计划出版社,2008.

[3] 中华人民共和国交通部. 公路工程预算定额:JTG/T 3832—2018[S]. 北京:人民交通出版社,2007.

[4] 中华人民共和国国家标准. 房屋建筑与装饰工程工程量清单计价规范:GB 50854—2013[S]. 北京:中国计划出版社,2013.

[5] 中国建筑标准设计研究院. 混凝土结构施工图平面整体表示方法制图规则和构造详图:22G101-1 图集,22G101-2 图集,22G101-3 图集[M]. 北京:中国计划出版社,2022.

[6] 辽宁省住房和城乡建设厅. 房屋建筑与装饰工程定额[M]. 沈阳:北方联合出版传媒(集团)股份有限公司,万卷出版公司,2017.

[7] 辽宁省住房和城乡建设厅. 辽宁省建设工程计价依据 建筑工程费用标准 施工机械台班费用标准 混凝土砂浆配合比标准[M]. 沈阳:北方联合出版传媒(集团)股份有限公司,万卷出版公司,2017.

[8] 侯献语,尹晶. 工程计量与计价[M]. 北京:北京邮电大学出版社,2013.

[9] 朱溢镕,阎俊爱. 建筑工程计量与计价[M]. 北京:化学工业出版社,2018.

[10] 李希然. 建筑工程计量与计价[M]. 重庆:重庆大学出版社,2019.